热带气旋年鉴

2021

中国气象局　编

图书在版编目（CIP）数据

热带气旋年鉴 . 2021 / 中国气象局编 . -- 北京：气象出版社，2023.8
ISBN 978-7-5029-7984-3

Ⅰ . ①热… Ⅱ . ①中… Ⅲ . ①北太平洋－低压(气象)－2021－年鉴 Ⅳ . ①P732.3-54

中国国家版本馆CIP数据核字(2023)第103327号

审图号：GS（2023）1180号

热带气旋年鉴 2021
Redai Qixuan Nianjian 2021

出版发行：	气象出版社
地　　址：	北京市海淀区中关村南大街46号　　邮政编码：100081
电　　话：	010-68407112（总编室）　010-68408042（发行部）
网　　址：	http://www.qxcbs.com　　E - m a i l：qxcbs@cma.gov.cn
责任编辑：	隋珂珂　　终　审：张　斌
责任校对：	张硕杰　　责任技编：赵相宁
封面设计：	地大彩印设计中心
印　　刷：	北京中科印刷有限公司
开　　本：	889 mm × 1194 mm　1/16　　印　张：13.75
字　　数：	360千字
版　　次：	2023年8月第1版　　印　次：2023年8月第1次印刷
定　　价：	300.00元

本书如存在文字不清、漏印以及缺页、倒页、脱页等，请与本社发行部联系调换。

本书编委会

主　　任：白莉娜

副 主 任：万日金　郭　蓉　鲁小琴　许映龙

委　　员：雷小途　余　晖　钱传海　林良勋　潘劲松
　　　　　　罗　玲　邓　志　潘　宁　蔡亲波　姚建群
　　　　　　高晓梅　陈佩燕

前　言

热带气旋是热带或副热带洋面上出现并可能移向陆地的急速旋转的大气涡旋系统，也是影响我国的主要灾害性天气系统之一。在其活动的过程中，伴随有狂风、暴雨、巨浪和风暴潮。热带气旋影响陆地时，虽有解除部分地区干旱的作用，但也会给人民生命财产造成巨大损失。

我国北起辽宁，南至海南、广东、广西沿海一带，每年都有可能遭受热带气旋的袭击，其中又以登陆海南、广东、福建、浙江、台湾五省的热带气旋次数为最多。

自新中国成立以来，我国探测热带气旋的手段逐渐增多，热带气旋科研工作也取得了一定的成绩，热带气旋预报水平不断提高。为了适应农业、工业、国防和科学技术现代化的需要，满足各级气象局（台、站）及科研、国防、经济建设等部门的要求，中国气象局上海台风研究所受中国气象局委托具体负责整编出版《热带气旋年鉴》。《热带气旋年鉴》（原名《台风年鉴》）自1949年起，每年出版一册，一直持续至今。

承蒙中国气象局国家气象中心、国家卫星气象中心、国家气象信息中心、各有关省（区、市）气象局及气象台（站）、应急管理部国家减灾中心的大力支持和协助，使得本年鉴中的热带气旋路径、降水、大风、卫星云图、灾情等资料的整编得以顺利完成，在此一并表示感谢。

《热带气旋年鉴2021》编撰工作由中国气象局上海台风研究所白莉娜、万日金和郭蓉完成，图幅由白莉娜、郭蓉、鲁小琴和万日金完成。2021年热带气旋最佳路径定位定强由白莉娜、郭蓉、鲁小琴（上海台风研究所）、许映龙、钱传海（国家气象中心）、林良勋（广东省气象台）、潘宁（福建省气象台）、蔡亲波（海南省气象台）和罗玲（浙江省气象台）等完成。2021年热带气旋在我国影响时的降水、大风分布由万日金（上海台风研究所）、姚建群（上海市气象台）和高晓梅（潍坊市气象台）完成。

《热带气旋年鉴2021》的内容包括热带气旋概况、路径、大风区域演变图、卫星云图，以及热带气旋在我国影响时的降水、大风分布和引发的灾情，还包括热带气旋的相关资料和图表。

说　明

1. **基本说明**

   本年鉴主要整编西北太平洋和南海的热带气旋概况、热带气旋路径、卫星云图、大风区域演变情况，热带气旋在我国影响时的降水量和大风的分布图以及灾情等基本资料。根据《热带气旋等级》国家标准（GB/T 19201 – 2006），热带气旋分为以下六个等级：

   （1）热带低压（Tropical depression）

   底层中心附近最大平均风速达到 10.8 ～ 17.1 m/s（相当于风力 6 ～ 7 级）。

   （2）热带风暴（Tropical storm）

   底层中心附近最大平均风速达到 17.2 ～ 24.4 m/s（相当于风力 8 ～ 9 级）。

   （3）强热带风暴（Severe tropical storm）

   底层中心附近最大平均风速达到 24.5 ～ 32.6 m/s（相当于风力 10 ～ 11 级）。

   （4）台风（Typhoon）

   底层中心附近最大平均风速达到 32.7 ～ 41.4 m/s（相当于风力 12 ～ 13 级）。

   （5）强台风（Severe typhoon）

   底层中心附近最大平均风速达到 41.5 ～ 50.9 m/s（相当于风力 14 ～ 15 级）。

   （6）超强台风（Super typhoon）

   底层中心附近最大平均风速 ≥ 51.0 m/s（相当于风力 16 级或以上）。

   本年鉴所用时间为北京时（特别标注除外）。

2. **热带气旋的概述及特点**

   西北太平洋台风（台风、强台风、超强台风简称台风）、强热带风暴和热带风暴出现次数等统计表（表 1.1.1 ～ 表 1.1.7）中的"常年平均"均指 1951—2020 年 70 年的气候平均值。

3. **热带气旋中心位置资料表**

   （1）"中心气压"指热带气旋中心海平面最低气压。

   （2）"最大风速"指热带气旋中心附近最大 2 分钟平均风速。

   （3）"△"表示热带气旋已转变为温带气旋。

4. **热带气旋纪要表**

   （1）"发现点"指热带气旋路径的起始点。

   （2）热带气旋在我国的登陆地点，一般精确到县或市，如广东徐闻，即广东省徐闻县。登陆地点也可跨县或市，如台湾新港花莲。自 2018 年起，经第八届全国台风及海洋气象专家工作组会议审议决定，除台湾、舟山、香港、海南和崇明岛以外，新增福建省平潭市、东山县和广东省汕头市南澳岛（县）为台风登陆点。热带气旋在我国登陆后越过海面，再次在我国登陆，则依次列出登陆地点。

（3）"转向"指路径总的趋向由偏西方向转为向偏东方向移动。

东转向：东经140°以东转向。中转向：东经125°—140°之间转向。西转向：东经120°—125°之间转向。南海转向：在南海海面或台湾海峡转向。登陆转向：在我国登陆后转向。

5. 热带气旋降水

（1）热带气旋和其他天气系统共同造成的降水，仍列入整编。

（2）"日降水量图"指前一日20时—当日20时的降水总量分布。

"总降水量图"指一次热带气旋过程中在我国引起的降水总量分布。按10 mm、25 mm、50 mm、100 mm、200 mm……等级分析等雨量线，如等值线很密时可跨级分析。大的降水中心，一般标注其最大的总降水量数值。

（3）"降水日数图"指一次热带气旋过程在我国引起的降水总量≥10 mm的降水日数分布图。

（4）我国沿海岛屿的总降水量和降水日数，由于距离陆地较远，不进行分析，用数字标注。

6. 热带气旋大风

（1）热带气旋与其他天气系统共同造成的大风，仍列入整编。

（2）"大风区域演变图"指一次热带气旋过程中逐日的风区演变。根据卫星微波遥感洋面风信息ASCAT资料分析而成。图中标注的是日期，时间为每天08时；点线表示6级风以上区域，点矩划线表示8级风以上区域，实线表示10级风以上区域。

7. 灾情

由应急管理部国家减灾中心提供。

8. 云图

根据中国气象局国家卫星气象中心提供的云图资料绘制。

9. 地面气象观测站资料

由中国气象局国家气象信息中心提供。

10. 500 hPa 高度场

采用NCEP/NCAR再分析格点（2.5°×2.5°）资料绘制。

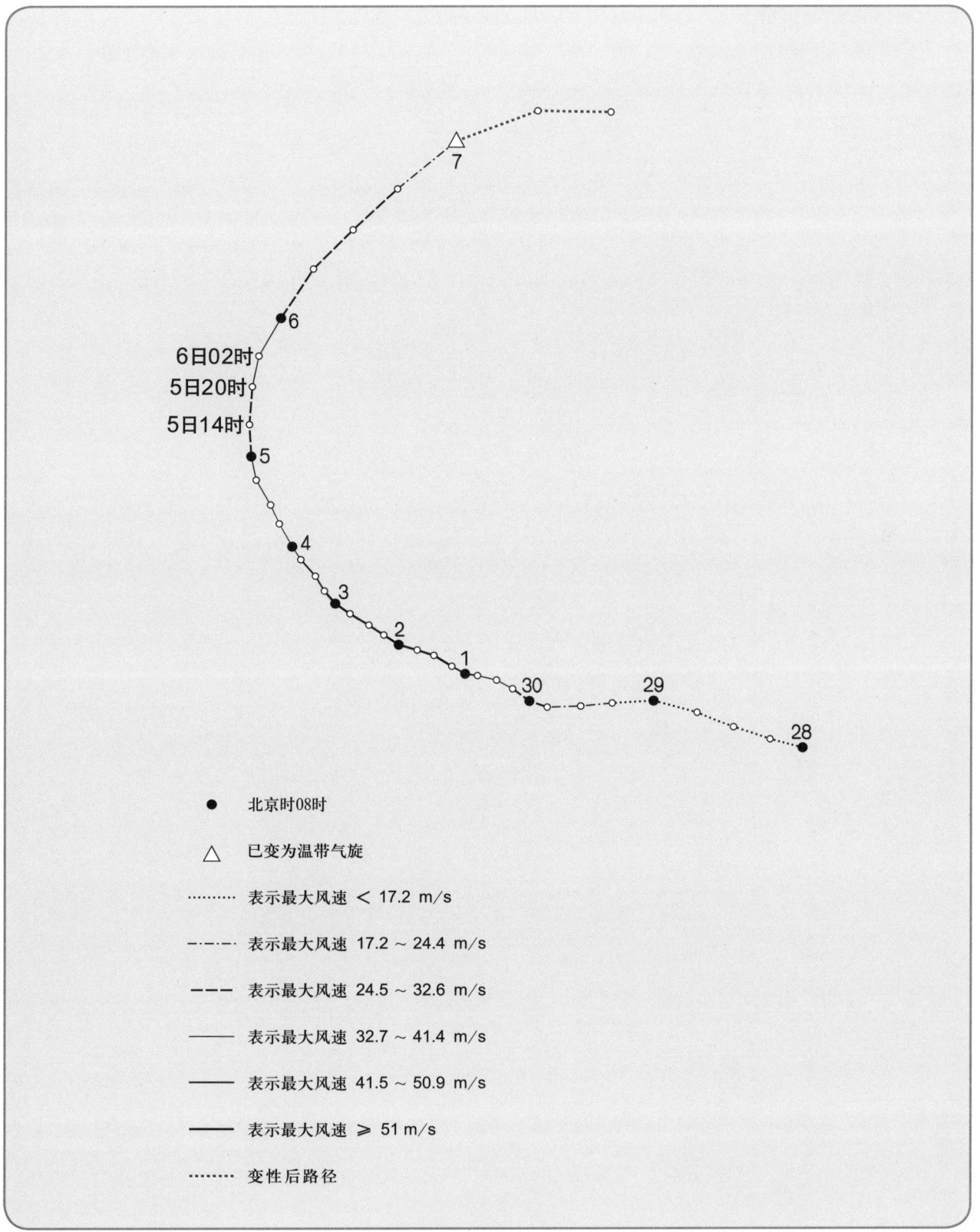

热带气旋路径图例

目 录

前 言

说 明

热带气旋路径图例

1　2021年热带气旋概述

1.1　2021年热带气旋活动特点及影响 …………………………………………………（3）

1.2　2021年热带气旋纪要表 ………………………………………………………………（13）

1.3　2021年登陆我国的热带气旋纪要表 …………………………………………………（14）

1.4　2021年热带气旋对我国的影响简表 …………………………………………………（15）

1.5　2021年热带气旋编号、名称、日期对照表 …………………………………………（18）

2　2021年逐个热带气旋概述

2.1　2101号热带风暴"杜鹃"（Dujuan）……………………………………………………（23）

2.2　2102号超强台风"舒力基"（Surigae）…………………………………………………（26）

2.3　热带低压（TD2101）……………………………………………………………………（32）

2.4　2103号热带风暴"彩云"（Choi-wan）…………………………………………………（35）

2.5　2104号热带风暴"小熊"（Koguma）……………………………………………………（39）

2.6　2105号台风"蔷琵"（Champi）…………………………………………………………（46）

2.7　热带低压（TD2102）……………………………………………………………………（50）

2.8　2106号强台风"烟花"（In-Fa）…………………………………………………………（56）

2.9　2107号台风"查帕卡"（Cempaka）……………………………………………………（76）

2.10　2108号热带风暴"尼伯特"（Nepartak）………………………………………………（86）

2.11　2109号热带风暴"卢碧"（Lupit）………………………………………………………（90）

2.12　2110号强热带风暴"银河"（Mirinae）…………………………………………………（100）

2.13　2111号强热带风暴"妮妲"（Nida）……………………………………………………（104）

2.14　2112号强热带风暴"奥麦斯"（Omais）………………………………………………（108）

2.15　热带低压（TD2103）……………………………………………………………………（113）

2.16　2113号强热带风暴"康森"（Conson）…………………………………………………（116）

2.17　2114号超强台风"灿都"（Chanthu）…………………………………………………（123）

2.18　2115号热带风暴"电母"（Dianmu）……………………………………………………（138）

2.19　2116号超强台风"蒲公英"（Mindulle） ……………………………………………（144）
2.20　2117号热带风暴"狮子山"（Lionrock） …………………………………………（150）
2.21　2118号台风"圆规"（Kompasu） …………………………………………………（158）
2.22　2119号台风"南川"（Namtheun） …………………………………………………（166）
2.23　2120号台风"玛瑙"（Malou） ………………………………………………………（171）
2.24　热带低压（TD2104） …………………………………………………………………（176）
2.25　2121号超强台风"妮亚图"（Nyatoh）） ……………………………………………（179）
2.26　2122号超强台风"雷伊"（Rai） ……………………………………………………（183）

附录A　台风委员会西北太平洋和南海热带气旋命名方案（2021年启用） ……………（190）
附录B　2021年热带气旋在西北太平洋和南海活动时的气象卫星云图 …………………（196）

1 2021年热带气旋概述

1.1 2021年热带气旋活动特点及影响

1.1.1 2021年热带气旋活动特点

（1）热带气旋生成频数偏少

2021年西北太平洋和南海的热带气旋共有26个，其中超强台风5个，强台风1个，台风5个，强热带风暴4个，热带风暴7个，热带低压4个（图1.1.1、表1.1.1）。达到热带风暴级别以上的热带气旋为22个，较常年平均（26.8个）偏少约5个。

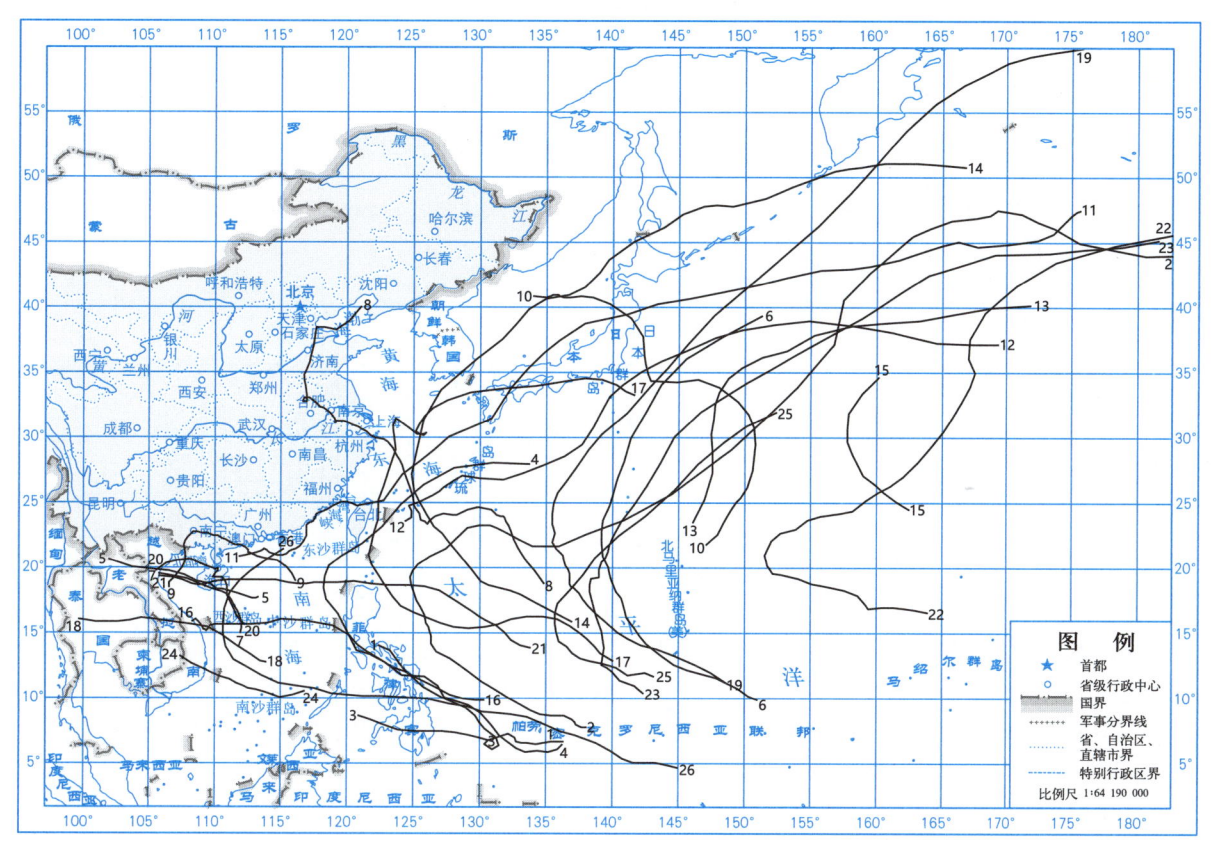

图1.1.1 2021年热带气旋路径

从2021年西北太平洋和南海的热带气旋（热带风暴及以上）生成月际分布看（图1.1.2），1月、3月没有热带气旋生成，仅2月、4月、6月和10月较常年平均略多，其他月份均较少，其中在台风活跃期（7—10月）共15个热带气旋生成，较常年平均偏少3.6个。

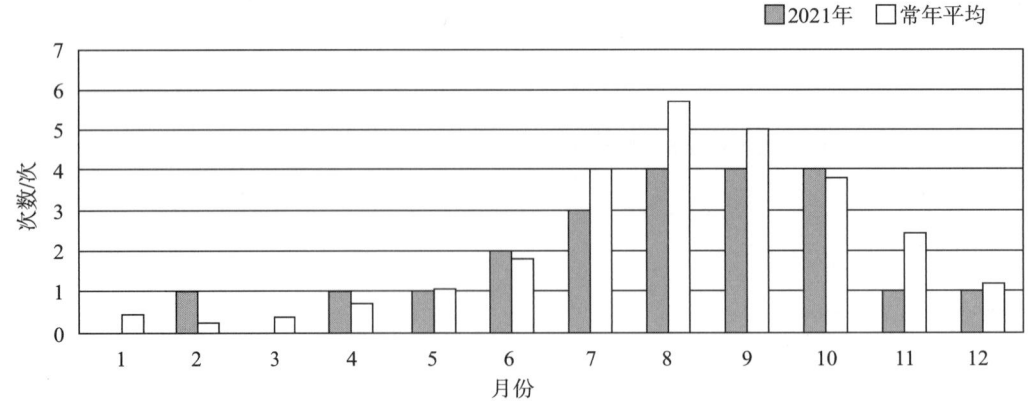

图 1.1.2　西北太平洋和南海台风、强热带风暴、热带风暴出现次数

2021 年南海海域共有 9 个热带气旋（除热带低压外）活动，较常年（9.87 个）平均略少。在南海海域生成为热带风暴级以上的热带气旋有 5 个，另有 4 个由西北太平洋移入南海海域。月际分布与常年相比，南海海域的热带气旋活动集中在 6—10 月和 12 月，其中 6 月、9 月和 10 月均有 2 个热带气旋活动，较常年同期平均偏多；其他月份均没有热带气旋活动（图 1.1.3、表 1.1.2）。

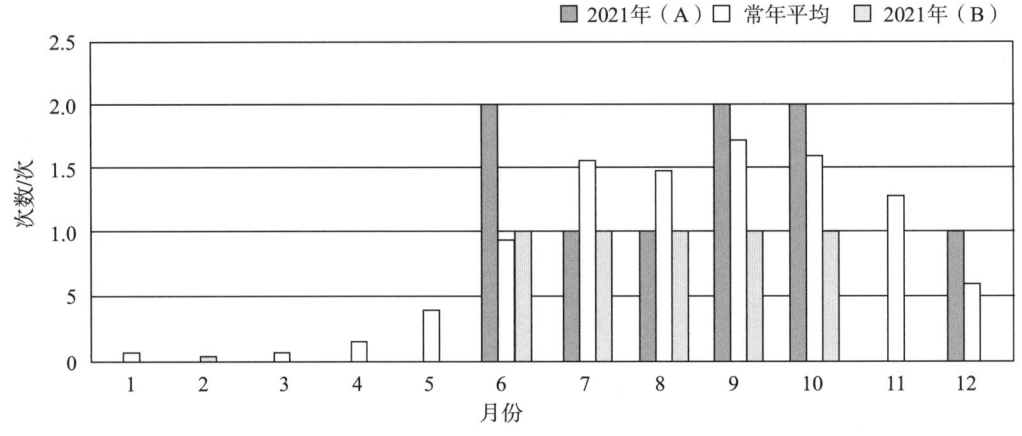

图 1.1.3　南海台风、强热带风暴、热带风暴出现次数

注：（A）西北太平洋进入南海和南海产生的台风、强热带风暴、热带风暴出现次数；
　　（B）南海产生的台风、强热带风暴、热带风暴或由西北太平洋产生的热带低压移入南海后加强为热带风暴级的出现次数。

（2）生成源地偏西、近海生成偏多

2021 年西北太平洋热带气旋（除热带低压外）生成源地平均位置为 14.2°N、134.8°E，较常年平均偏西约 6.2°，偏北 0.4°。其中 150°E 以东生成热带气旋仅有 2 个，只占全年总数的 9.1%，较常年平均值显著偏少；120°—150°E 之间生成的热带气旋为 15 个，较常年平均略偏少；120°E 以西生成的热带气旋为 5 个，占全年总数的 22.7%，较常年平均偏多（图 1.1.4）。其中，2109 年热带气旋"卢碧"（Lupit）生成源地距离海岸线仅有约 70 km；2104 年热带气旋"小熊"（Koguma）增强为热带风暴时距离海岸线仅 70 km。

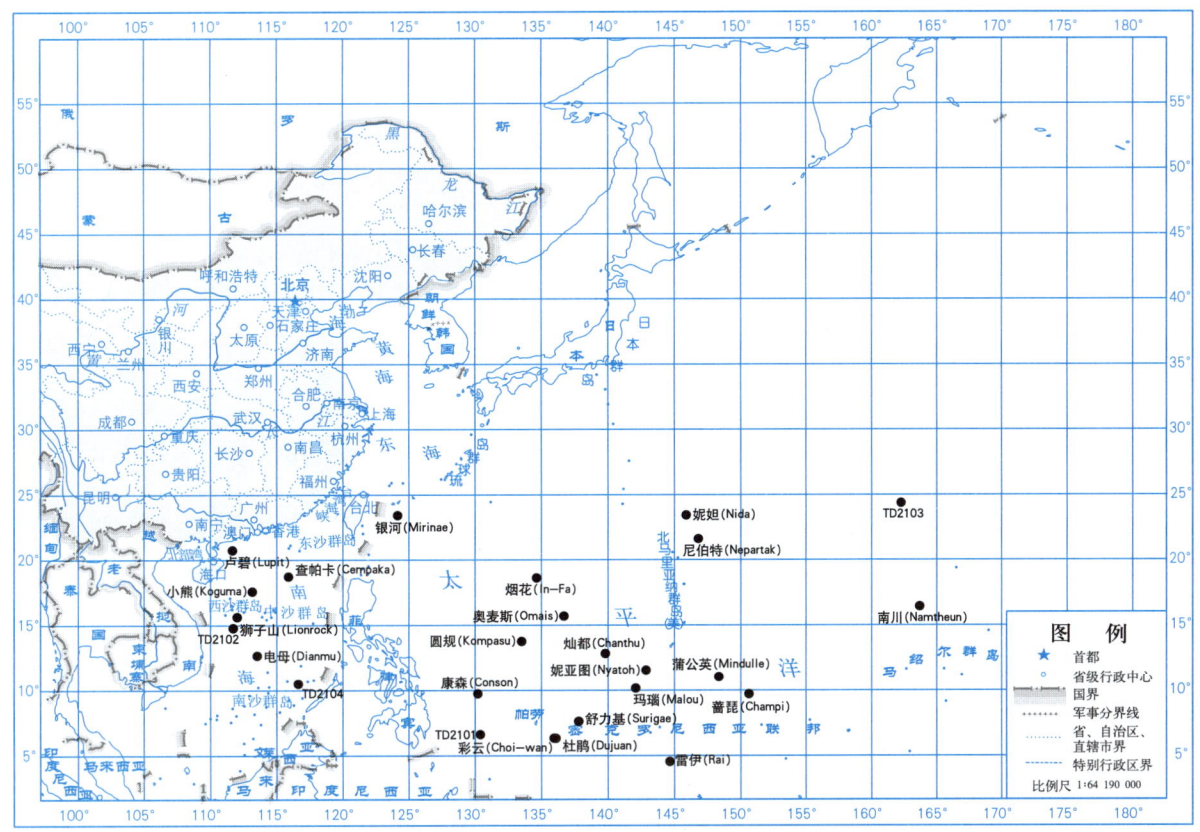

图 1.1.4　2021 年热带气旋生成源地位置

2021 年热带气旋（除热带低压外）在西北太平洋海域生成源地最南的是第 2122 号超强台风"雷伊"（Rai），生成位置为（4.7°N，144.9°E）；生成源地最北的是第 2110 号强热带风暴"银河"（Mirinae），生成位置为（23.6°N，124.3°E）；生成源地最西的是第 2109 号热带风暴"卢碧"（Lupit），生成位置为（20.9°N，111.8°E）；生成源地最东的是第 2119 号台风"南川"（Nantheun），生成位置为（16.6°N，163.9°E）。

（3）热带气旋路径趋势以转向为主

2021 年生成的热带气旋（除热带低压）路径趋势以转向路径为主，共 10 个，占全年热带气旋的 45.5%，其中东转向 1 个、中转向 4 个、西转向 3 个和南海转向 2 个，之后依次为西行（5 个）、西北行（4 个）和东北行（3 个）。全年转向路径的热带气旋较常年平均偏少 2.5 个；从转向路径的月际分布来看，4 月、6 月、12 月较常年平均偏多，10 月与常年平均持平，其他月份均偏少（图 1.1.5、表 1.1.3）。

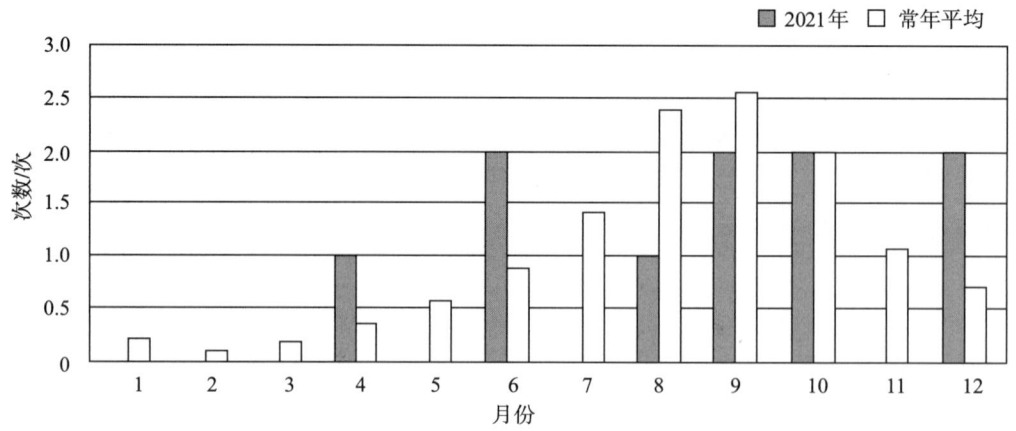

图 1.1.5 台风、强热带风暴、热带风暴转向次数（以转向点的时间统计）

（4）热带气旋平均强度偏弱

2021 年热带气旋（不包括热带低压）强度偏弱，平均强度为风速 35.6 m/s、气压 967.6 hPa，较常年平均强度（风速 39.8 m/s、气压 965 hPa）偏弱。2021 年强度最强的热带气旋为 2102 超强台风"舒力基"（Surigae），其生命史最大强度为风速 72 m/s，气压 895 hPa。

热带风暴级（近中心最大风速 17.2～24.4 m/s）共 7 个，占全年总数的 30.4%，约是常年平均（16.0%）的两倍。台风级（近中心最大风速 32.7～41.4 m/s）出现频率为 21.7%，与常年平均（21.1%）相当；强台风及以上级别（近中心最大风速 ≥ 41.5 m/s）的热带气旋出现频率为 17.4%，约为常年平均的一半，显著偏少（图 1.1.6，表 1.1.4）。

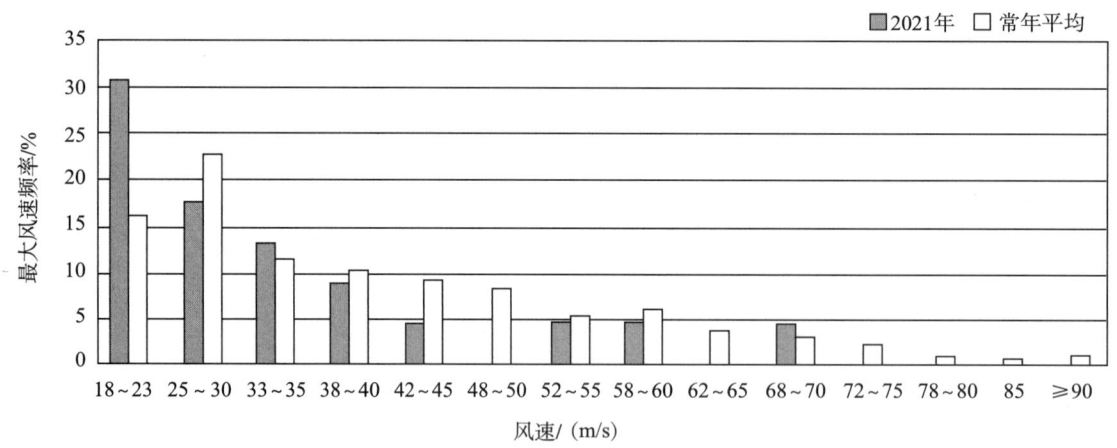

图 1.1.6 台风、强热带风暴、热带风暴最大风速极值频率分布

近中心最低气压极值出现两极分化的分布，其中 970～999 hPa 的频率最多，占全年频率总数的 68.2%，较常年平均（50.9%）显著偏多；低于 920 hPa 的热带气旋也较常年偏多 5.1%。而位于中间强度（920～969 hPa）的热带气旋均较常年偏少（图 1.1.7、表 1.1.5）。

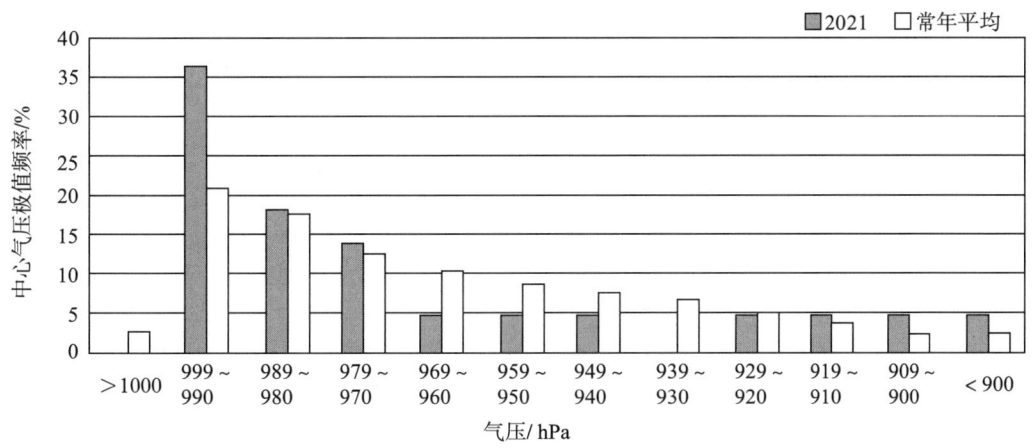

图 1.1.7　台风、强热带风暴、热带风暴中心气压极值频率分布

（5）登陆个数/次数偏少、登陆强度偏弱、近海快速增强

2021 年登陆我国的热带气旋有 7 个，共 10 次登陆，登陆个数和次数均较常年平均（8.9 个/11.9 次）偏少。其中 7 月有 3 个，10 月有 2 个，6 月和 8 月分别有 1 个热带气旋登陆（图 1.1.8）。热带气旋登陆地区较为集中，其中，海南 4 次、广东和浙江各 2 次、台湾和福建各 1 次。与常年平均相比，海南和浙江偏多，其余省（市）的登陆次数都较常年平均偏少（表 1.1.6 和表 1.1.7）。

从热带气旋登陆强度来看，平均登陆强度为风速 23.9 m/s、气压 982.7 hPa，弱于常年平均登陆强度值。其中，登陆强度为热带风暴级最多，有 5 次，占总次数的 50%；台风和强热带风暴级分别有 2 次；热带低压有 1 次。

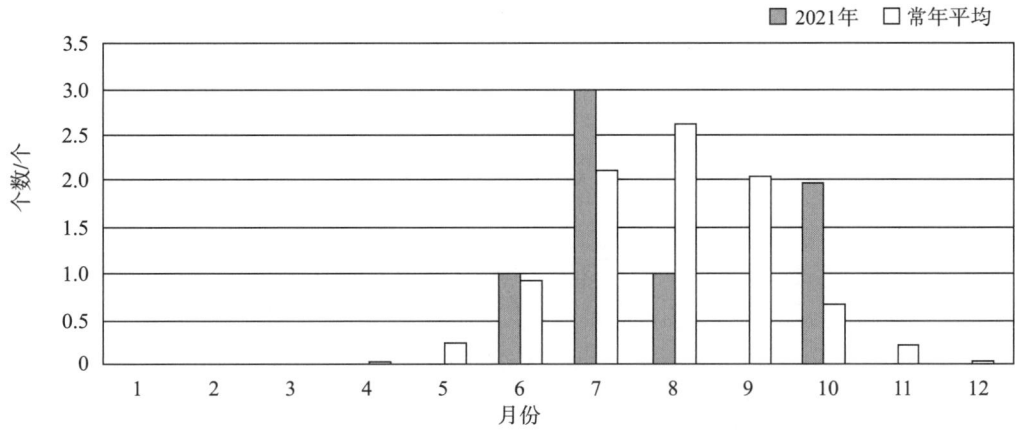

图 1.1.8　热带气旋登陆中国的个数

2109 号热带风暴"卢碧"（Lupit）登陆次数最多，分别在广东、福建和台湾登陆各 1 次；2106 号台风"烟花"（In-Fa）登陆浙江舟山时强度为风速 35 m/s、气压 968 hPa，为本年度登陆我国最强的热带气旋。

登陆的 7 个热带气旋中，2104 号"小熊"（Koguma）、2107 号"查帕卡"（Cempaka）、2109 号"卢碧"（Lupit）和 2117 号"狮子山"（Lionrock）生成时距离海岸线均不超过 400 km，预报难度增大。

1.1.2　2021年严重影响我国的热带气旋概况

2021年共有11个热带气旋给我国带来了风雨影响，其中有7个热带气旋在海南、广东、广西、云南、福建、河北、内蒙古、辽宁、上海、江苏、浙江、安徽、山东13个省（市）引发了不同程度的灾情和经济损失，总计受灾人数达到644.05万人，死亡人口4人，紧急避险转移人口161.31万人，紧急转移安置人口197.81万人，农作物受灾面积达到44.10万 hm^2，农作物绝收面积4.44万 hm^2，倒塌房屋600间，直接经济损失达到152.57亿元。其中第2106号强台风"烟花"（In-Fa）是2021年影响我国时造成的灾情和经济损失最为严重的台风。

第2106号强台风"烟花"是由7月16日夜间位于美国塞班岛以西约1210 km的西北太平洋洋面上一个热带低压发展形成。其形成后低压中心向西北方向移动，强度逐渐增强，18日凌晨发展为热带风暴，次日加强为强热带风暴，20日下午继续增强为台风，并转向西偏南方向移动。21日，"烟花"进一步增强至强台风，次日折向北偏西，尔后强度减弱为台风，穿过琉球群岛，24日进入东海海域，逐渐向华东沿海靠近。之后，"烟花"继续向北偏西方向移动，强度维持，于25日12时30分登陆浙江舟山，登陆时近中心最大风速35 m/s，中心最低气压968 hPa。登陆后，"烟花"强度明显减弱，当日夜间进入杭州湾，于26日09时50分二次登陆浙江平湖，登陆时近中心最大风速25 m/s，中心最低气压978 hPa。二次登陆后，"烟花"强度进一步减弱，向西北方向移动，移速缓慢，途经浙江、江苏、安徽，并数次在原地打转。28日夜间，"烟花"转向偏北，强度减弱至低压，经过山东、河北，于30日折向偏东，移入渤海海域，随即变性为温带气旋，加速向东北方向移动，31日早晨快速在渤海海域消散。

受强台风"烟花"和台风"查帕卡"以及北方冷空气共同影响，7月21—30日，江西西部部分、福建沿海部分及九仙山和秀屿、浙江沿海大部及西部局部、上海部分、江苏部分、安徽局部、湖北蕲春、山东部分、山西壶关和隰县、河南局部、河北南部局部出现最大风力6～7级、阵风7～11级；浙江北部沿海局部、安徽黄山、江苏西连岛、山东泰山出现最大风力8～9级、阵风10～13级；浙江嵊泗出现最大风力11级（32.5 m/s）、阵风13级（40.8 m/s）；浙江大陈出现最大风力11级（32.0 m/s）、阵风14级（42.8 m/s）为本次强台风影响过程风极值。

受其影响，7月21日—8月1日，广东东部部分、福建大部、湖南东部局部、江西部分、浙江南部部分、安徽局部、湖北局部、河南大部、山东半岛部分、山西部分、河北部分、北京东南部部分、内蒙古东部部分、吉林部分、辽宁部分、黑龙江中西部部分总雨量为10～50 mm；广东东部局部、江西万载和南康、福建局部、浙江中南部部分、安徽大部、江苏沿海局部、山东部分、河南东部局部、河北东南部部分、北京南部局部、天津大部、辽宁中西部大部、吉林局部、黑龙江中西部部分、内蒙古东部局部总雨量为50～150 mm；浙江沿海和北部部分、上海北部部分、江苏大部、安徽局部、湖北东部局部、山东中西部南部部分、河北东部局部、北京门头沟、天津中南部部分总雨量为150～300 mm；浙江北部局部、上海部分、江苏局部、安徽黄山总雨量为300～481 mm。浙江定海总雨量480.8 mm，江苏泗阳28日雨量322.3 mm，河北衡水1日00时雨量81.1 mm，分别为本次强台风影响过程总雨量、日雨量及时雨量极值。

受台风"烟花"外围云系影响，7月22—23日，福建和浙江出现中到大雨局部暴雨；7月24—26日，

"烟花"逐渐靠近并登陆浙江北部沿海，浙江中北部连续3 d出现大面积暴雨到大暴雨；25—27日，上海连续3 d出现大面积暴雨到大暴雨；随着"烟花"继续移向西北并在安徽北部打转，27—28日，暴雨大暴雨区向安徽、江苏和山东不断扩展，28日江苏西部出现大面积大暴雨，洪泽（263.7 mm）、高邮（287.1 mm）、江都（319.0 mm）和泗阳（322.3 mm）出现特大暴雨。29日，"烟花"转向北上，给山东和河南东南部以及天津带来了大面积暴雨到大暴雨。7月30日—8月1日，"烟花"折向东北行，雨势减弱，但仍给天津、河北及东北三省带来了大到暴雨。

受其影响，造成河北、内蒙古、辽宁、上海、江苏、安徽和山东省（区、市）出现了一定程度的灾情。总计受灾人数达到481.9万人，紧急避险转移人口114.1万人，紧急转移安置人口143万人，农作物受灾面积达到35.82万 hm^2，农作物绝收面积达到3.64万 hm^2，倒塌房屋500间，直接经济损失132亿元（表2.8.2）。

表1.1.1 近10年西北太平洋台风、强热带风暴、热带风暴出现次数（2012—2021年）

年份	1月	2月	3月	4月	5月	6月	7月	8月	9月	10月	11月	12月	合计
2012			1		1	4	4	5	5	3	1	1	25
2013	1	1				4	3	7	7	6	2		31
2014	2	1		2		2	5	1	5	2	2	1	23
2015	1	1	2	1	2	2	4	4	4	4	1	1	27
2016							4	8	6	5	2	1	26
2017					1		1	8	6	4	4	2	2	28
2018	1	1	1			4	5	9	4	1	3		29
2019	1	1				1	4	5	6	4	6	1	29
2020						1	1	7	4	6	3	1	23
2021		1		1	1	2	3	4	4	4	1	1	22
常年平均	0.44	0.24	0.39	0.67	1.04	1.81	4.01	5.73	5.06	3.77	2.44	1.20	26.81

表1.1.2 近10年南海台风、强热带风暴、热带风暴出现次数（2012—2021年）

年份	1月	2月	3月	4月	5月	6月	7月	8月	9月	10月	11月	12月	合计
2012(A)			1			2	1	2	1	1	1	1	10
2013(A)	1	1				2	2	2	2	2	2		14
2014(A)		1				2	1		2	1		2	9
2015(A)				1			1	1	1	2	1		7
2016(A)							2	1	2	3	1	1	10

(续表)

年份	1月	2月	3月	4月	5月	6月	7月	8月	9月	10月	11月	12月	合计
2017(A)						1	4	3	2	1	3	3	17
2018(A)	1	1				2	1	1	2	1	2		11
2019(A)	1						2	1	1	1	1	2	9
2020(A)					1	1		3	1	4	4	1	15
2021(A)						2	1	1	2	2			9
常年平均	0.07	0.04	0.07	0.14	0.40	0.94	1.56	1.47	1.71	1.59	1.29	0.59	9.87
2012(B)			1			1	1		1				4
2013(B)		1				1	1	1	1		1		6
2014(B)							1				1		2
2015(B)						1			1				2
2016(B)							1	1	1				3
2017(B)						1	4	1	2		3		11
2018(B)	1					1	1	1	1		2		7
2019(B)	1						2	1	1	1	1		7
2020(B)						1		3	1	2	1	1	9
2021(B)						1	1	1	1	1			5

注：（A）西北太平洋进入南海和南海产生的台风、强热带风暴、热带风暴出现次数；
（B）南海产生的台风、强热带风暴、热带风暴或由西北太平洋产生的热带低压移入南海后增强为热带风暴级的出现次数。

表 1.1.3　近 10 年台风、强热带风暴、热带风暴转向次数（2012—2021 年）

年份	1月	2月	3月	4月	5月	6月	7月	8月	9月	10月	11月	12月	合计
2012						1	2	1	1	2	3	1	11
2013							1	1	2	5			9
2014							1	2	1	3	2	1	10
2015					2		1	4	3	2	1		13
2016								2	3	3	2		10
2017					1		1	1	2	2	2		9

（续表）

年份	1月	2月	3月	4月	5月	6月	7月	8月	9月	10月	11月	12月	合计
2018		1			1	2	4	2	1	1			12
2019							1	2	3	4	3		13
2020								1	1	1			3
2021				1		2	1	2	2		2		10
常年平均	0.23	0.11	0.19	0.37	0.57	0.89	1.41	2.39	2.56	2.00	1.07	0.71	12.50

表 1.1.4　近 10 年台风、强热带风暴、热带风暴中心最大风速极值频率分布（2012—2021 年）

年份	风速 /（m/s）														
	18~23	25~30	33~35	38~40	42~45	48~50	52~55	58~60	62~65	68~70	72~75	78~80	85	≥90	合计
2012	12.00	28.00	4.00	12.00	16.00	8.00	4.00	8.00	8.00						100
2013	29.03	22.58	6.45	3.23	12.90	6.45	3.23	9.68	3.23		3.23				100
2014	26.09	26.09	4.35		8.70	4.35	4.35	4.35	4.35	13.04	4.35				100
2015	14.81	7.41	7.41		11.11	3.70	25.93	14.81	11.11	3.70					100
2016	30.77	19.23	3.85		7.69	7.69	11.54	3.85	3.85	3.85	7.69				100
2017	39.29	17.86	3.57	10.71	14.29		10.71	3.57							100
2018	20.69	27.59	6.90	3.45	10.34	3.45		13.79	10.34	3.45					100
2019	27.59	13.79	10.34	6.90	10.34	10.34	3.45	6.90	6.90	3.45					100
2020	21.74	21.74	8.70	13.04	8.70	13.04	4.35	4.35		4.35					100
2021	30.43	17.39	13.04	8.70	4.35		4.35	4.35		4.35					100
常年平均	15.95	22.94	11.00	10.12	9.16	8.23	5.28	5.97	3.85	2.83	2.11	0.90	0.64	0.99	100

表 1.1.5　近 10 年台风、强热带风暴、热带风暴中心气压极值频率分布（2012—2021 年）

年份	气压 /hPa											
	1004~1000	999~990	989~980	979~970	969~960	959~950	949~940	939~930	929~920	919~910	909~900	<900	合计
2012		12.00	24.00	8.00	20.00	8.00	8.00		8.00	12.00			100
2013	12.90	12.90	22.58	6.45	3.23	12.90	9.68	3.23	6.45	6.45		3.23	100
2014	4.35	21.74	26.09	4.35	4.35	4.35	4.35	4.35	4.35	4.35	13.04	4.35	100

(续表)

年份	气压 /hPa												合计
	1004~1000	999~990	989~980	979~970	969~960	959~950	949~940	939~930	929~920	919~910	909~900	<900	
2015		18.52	3.70	7.41		11.11	7.41	33.33	7.41	7.41	3.70		100
2016		26.92	23.08	3.85		7.69	11.54	7.69	3.85	3.85	3.85	7.69	100
2017	3.57	35.71	17.86	3.57	10.71	14.29		10.71	3.57				100
2018	10.34	13.79	27.59	3.45	6.90	10.34	3.45		10.34	6.90	3.45	3.45	100
2019		27.59	13.79	10.34	13.79	3.45	10.34	3.45	6.90	6.90	3.45		100
2020	4.35	17.39	21.74	13.04	13.04	13.04	8.70		4.35		4.35		100
2021		36.36	18.18	13.64	4.55	4.55	4.55	0	4.55	4.55	4.55	4.55	100
常年平均	2.61	20.82	17.62	12.49	10.40	8.52	7.52	6.58	4.84	3.55	2.39	2.58	100

表1.1.6 近10年在我国登陆的热带气旋个数（2012—2021年）

年份	1月	2月	3月	4月	5月	6月	7月	8月	9月	10月	11月	12月	合计
2012						1	1	5					7
2013						1	3	4	1	1			10
2014						1	2	1	3				7
2015						1	1	1	1	1			5
2016					1		2	2	2	2			9
2017						1	3	2	2	1			9
2018						2	3	5	2				12
2019							1	3	1	1			6
2020							1	4	1				6
2021							1	3	1	2			7
常年平均	0	0	0	0.03	0.24	0.93	2.13	2.64	2.04	0.66	0.20	0.03	8.91

表 1.1.7　近 10 年热带气旋在我国登陆的地区分布（2012—2021 年）

年份	广西	广东（香港）	海南	台湾	福建	浙江	上海	江苏	山东	辽宁	天津	合计
2012		3	2	0/1	1		1					7/8
2013		3	2	1	3/4	1						10/11
2014	0/1	2/4	2	2/3	1/2	0/1	0/1		0/1			7/15
2015		2	1	2	0/2							5/7
2016	0/1	4	2	2	1/3							9/12
2017		6	1	2	0/2							9/11
2018*		3/7	2/4	2/2	1/2	2/2	3/3		0/1			12/20
2019	0/1	0/1	3	1	0/1	2			0/2			6/11
2020		2	2		1	1						6/6
2021		2/2	4/4	0/1	0/1	1/2						7/10
常年平均	0.03/0.51	4.63/5.33	1.97/2.06	2.00/2.07	0.60/1.74	0.54/0.69	0.07/0.11	0.06/0.09	0.14/0.29	0.04/0.16	0/0.01	8.91/11.94

注：分母为首次和多次登陆次数，分子为第一次登陆次数，如两者相同，则用整数表示。

* 2018 年 1812 号强台风"云雀"（Jongdari）登陆浙江平湖—上海金山交界，在表 1.1.7 的分省统计中，浙江和上海各算登陆 1 次；在全年合计中，只算登陆 1 次。

1.2　2021 年热带气旋纪要表

2021 年西北太平洋热带气旋纪要表

序号	中央气象台编号	国际编号	中英文名称	起讫日期/（月.日）	强度	达到热带风暴强度开始日期/（月.日）	中心气压极值/hPa	最大风速极值/（m/s）	发现点 北纬/°N	发现点 东经/°E	路径趋势
1	2101	2101	杜鹃（Dujuan）	2.16—2.23	热带风暴	2.18	990	23	6.7	136.3	西北行
2	2102	2102	舒力基（Surigae）	4.13—5.1	超强台风	4.14	895	72	7.8	138.0	西转向
3				5.12—5.15	热带低压		1002	15	6.8	130.6	西行
4	2103	2103	彩云（Choi-wan）	5.29—6.6	热带风暴	5.31	995	20	6.5	136.2	南海转向
5	2104	2104	小熊（Koguma）	6.11—6.13	热带风暴	6.12	992	20	17.8	113.3	西行
6	2105	2105	蔷琵（Champi）	6.20—6.28	台风	6.23	980	33	9.9	150.9	中转向
7				7.6—7.8	热带低压		998	15	15.0	111.9	西北行
8	2106	2106	烟花（In-Fa）	7.16—7.31	强台风	7.18	955	42	18.8	134.8	西北行

(续表)

序号	中央气象台编号	国际编号	中英文名称	起讫日期/(月.日)	强度	达到热带风暴强度开始日期/(月.日)	中心气压极值/hPa	最大风速极值/(m/s)	发现点 北纬/°N	发现点 东经/°E	路径趋势
9	2107	2107	查帕卡（Cempaka）	7.17—7.24	台风	7.19	965	38	19.0	116.1	西行
10	2108	2108	尼伯特（Nepartak）	7.23—7.31	热带风暴	7.24	995	20	21.8	147	西北行
11	2109	2109	卢碧（Lupit）	8.2—8.16	热带风暴	8.4	982	23	20.9	111.8	东北行
12	2110	2110	银河（Mirinae）	8.3—8.11	强热带风暴	8.5	985	25	23.6	124.3	东北行
13	2111	2111	妮妲（Nida）	8.4—8.8	强热带风暴	8.4	990	25	23.5	146	东北行
14	2112	2112	奥麦斯（Omais）	8.19—8.30	强热带风暴	8.20	992	25	15.9	136.9	西转向
15				9.1—9.4	热带低压		1008	15	24.5	162.5	东转向
16	2113	2113	康森（Conson）	9.5—9.13	强热带风暴	9.6	988	28	9.9	130.3	西行
17	2114	2114	灿都（Chanthu）	9.5—9.19	超强台风	9.6	905	68	12.9	140	西转向
18	2115	2115	电母（Dianmu）	9.22—9.26	热带风暴	9.23	998	18	12.8	113.9	西行
19	2116	2116	蒲公英（Mindulle）	9.22—10.7	超强台风	9.23	920	60	11.2	148.6	中转向
20	2117	2117	狮子山（Lionrock）	10.6—10.11	热带风暴	10.8	990	20	15.7	112.2	西北行
21	2118	2118	圆规（Kompasu）	10.8—10.14	台风	10.9	970	33	13.9	133.8	西行
22	2119	2119	南川（Namtheun）	10.9—10.20	台风	10.10	975	33	16.6	163.9	东转向
23	2120	2120	玛瑙（Malou）	10.23—10.31	台风	10.25	970	40	10.4	142.3	中转向
24				10.24—10.27	热带低压		1002	15	10.6	116.8	西行
25	2121	2121	妮亚图（Nyatoh）	11.29—12.5	超强台风	11.30	940	55	11.7	143.1	中转向
26	2122	2122	雷伊（Rai）	12.12—12.21	超强台风	12.13	915	62	4.7	144.9	南海转向

1.3 2021年登陆我国的热带气旋纪要表

2021年登陆我国的热带气旋纪要表

序号	中央气象台编号	国际编号	中英文名称	强度	在我国登陆 地点	在我国登陆 时间	最大 风力/级	最大 风速/(m/s)	中心气压/hPa
5	2104	2104	小熊（Koguma）	热带风暴	海南陵水	6月12日09时45分	8	20	990
7				热带低压	海南陵水	7月7日11时	7	15	998
8	2106	2106	烟花（In-Fa）	强台风	浙江舟山	7月25日12时30分	12	35	968
					浙江平湖	7月26日09时50分	10	25	978

(续表)

序号	中央气象台编号	国际编号	中英文名称	强度	在我国登陆					中心气压/hPa
					地点	时间	最大			
							风力/级	风速/(m/s)		
9	2107	2107	查帕卡(Cempaka)	台风	广东阳江	7月20日21时50分	12	33		968
11	2109	2109	卢碧（Lupit）	热带风暴	广东汕头	8月5日11时20分	9	23		985
					福建东山	8月5日16时50分	8	20		986
					台湾新竹	8月7日08时30分	8	18		992
20	2117	2117	狮子山(Lionrock)	热带风暴	海南琼海	10月8日22时40分	8	20		990
21	2118	2118	圆规（Kompasu）	台风	海南琼海	10月13日15时20分	11	30		972

1.4 2021年热带气旋对我国的影响简表

2021年热带气旋对我国的影响简表

中央气象台编号	中英文名称	热带气旋对我国的影响			
		项目	日期/（月.日）	概况	极值
2104	小熊(Koguma)	大风	6.11—6.13	海南西沙、陵水和东方、广东西南部局部、广西南部局部和云南元江出现最大风力6级、阵风7～9级	广东高要13.6（18.9 m/s）广东上川岛11.7（20.8 m/s）
		降水	6.11—6.13	海南部分、广东大部、广西部分和云南南部局部总雨量为10～50 mm；海南部分、广东局部总雨量为50～106 mm	海南珊瑚187.1 mm（2 d）
TD02		大风	7.6—7.8	广东徐闻、广西南部局部出现最大风力6级、阵风8～10级	广西天等13.6（27.6 m/s）
		降水	7.6—7.8	海南部分、广东中西部部分和广西南部部分总雨量为10～50 mm，海南局部、广东西南部局部和广西南部局部总雨量50～177 mm	海南三亚176.7 mm（2 d）
2106	烟花(In-Fa)	大风	7.21—7.30	江西西部部分、福建沿海部分及九仙山和秀屿、浙江沿海大部及西部局部、上海部分、江苏部分、安徽局部、湖北蕲春、山东部分、山西壶关和隰县、河南局部、河北南部局部出现最大风力6～7级、阵风7～11级；浙江北部沿海局部、安徽黄山、江苏西连岛、山东泰山出现最大风力8～9级阵风10～13级；浙江嵊泗和大陈出现最大风力11级、阵风13～14级	浙江嵊泗32.5（40.8 m/s）浙江大陈32.0（42.8 m/s）

(续表)

中央气象台编号	中英文名称	热带气旋对我国的影响			极值
		项目	日期/(月.日)	概况	
2106	烟花 (In-Fa)	降水	7.21—8.1	广东东部部分、福建大部、湖南东部局部、江西部分、浙江南部部分、安徽局部、湖北部分、河南大部、山东半岛部分、山西部分、河北部分、北京东南部部分、内蒙古东部部分、吉林部分、辽宁部分、黑龙江中西部部分总雨量为 10～50 mm；广东东部局部、江西万载和南康、福建局部、浙江中南部部分、安徽大部、江苏沿海局部、山东部分、河南东部部分、河北东南部部分、北京南部局部、天津大部、辽宁中西部大部、吉林局部、黑龙江中西部部分、内蒙古东部局部总雨量为 50～150 mm；浙江沿海和北部部分、上海北部部分、江苏大部、安徽部分、湖北东部部分、山东中西部南部部分、河北东部部分、北京门头沟、天津中南部部分总雨量为 150～300 mm；浙江北部局部、上海部分、江苏局部、安徽黄山总雨量为 300～481 mm	浙江定海 480.8 mm （6 d）
2107	查帕卡 (Cempaka)	大风	7.19—7.22	广西局部、江西瑞金和会昌、湖南衡山和冷水滩出现最大风力 6～7 级、阵风 7～9 级；广东上川岛和阳江出现最大风力 8 级、阵风 10～11 级。	广东阳江 17.8（29.3）m/s
		降水	7.17—7.24	海南部分、广东部分、广西大部、云南富宁、贵州南部部分、湖南南部部分及洪江、江西南部部分、福建南部局部总雨量为 10～50 mm；海南部分、广东南部部分、广西部分、贵州丹寨和三都、江西南部局部、福建龙海为 50～150 mm；海南文昌、广西北海和横县、广东中西部沿海部分总雨量为 150～350 mm	广西涠洲岛 349.1 mm （3 d）
2109	卢碧 (Lupit)	大风	8.2—8.8	广东部分、广西部分、湖南南岳和衡山、江西上栗和上高、福建局部、浙江沿海局部、安徽黄山和天柱山、湖北咸宁和大治出现最大风力 6～7 级、阵风 7～10 级；广西来宾和融水出现最大风力 8 级、阵风 10～11 级	广西融水 20.5（30.1）m/s
		降水	8.2—8.7	海南部分、广东少部、广西大部、湖南部分、江西部分、福建部分、浙江局部、湖北南部部分、安徽局部、江苏溧阳总雨量为 10～50 mm；海南北部部分、广东大部、广西东南部部分、湖南南部部分、江西局部、福建部分、浙江沿海部分总雨量为 50～150 mm；广东南部局部、广西博白和陆川、湖南新田、福建沿海部分、浙江南部局部总雨量为 150～300 mm；福建沿海中北部部分总雨量为 300～521 mm	福建长乐 520.6 mm （4 d）
2113	康森 (Conson)	大风	9.11—9.13	海南三亚出现最大风力 6 级、阵风 9 级	海南三亚 12.7（21.6）m/s
		降水	9.9—9.13	海南大部、广东西南部局部、广西东南部局部总雨量为 10～50 mm；海南局部总雨量为 50～125 mm	海南万宁 124.1 mm（2 d）

(续表)

中央气象台编号	中英文名称	热带气旋对我国的影响			极 值
		项目	日期/(月.日)	概 况	
2114	灿都 (Chanthu)	大风	9.11—9.17	福建沿海局部及九仙山、浙江沿海局部、江西瑞金和贵溪、安徽南部局部、上海南汇、江苏沿海局部出现最大风力6～7级、阵风7～10级；福建三沙、浙江大陈和石浦出现最大风力8级、阵风10级；浙江嵊泗出现最大风力11级、阵风13级	浙江嵊泗 30.4（39.2）m/s
		降水	9.11—9.17	广东东部沿海局部、江西局部、福建沿海部分及其余局部、浙江东部部分、安徽南部局部、江苏南部部分、山东东营和阳信、辽宁皮口总雨量为10～50 mm；广东潮州、福建平潭和三沙、浙江北部部分和南部沿海局部、上海大部、江苏南部局部、安徽黄山总雨量为50～150 mm；浙江中北部沿海大部、上海局部总雨量为150～244 mm；浙江定海总雨量379.2 mm	浙江定海 379.2 mm （4 d）
2115	电母 (Dianmu)	大风	9.23—9.24	海南三亚、广东西南部局部、广西中南部部分出现最大风力6～7级、阵风7～9级	广西容县 14.7（24.3）m/s
		降水	9.22—9.25	海南局部、广东中西部部分、广西中南部部分和云南南部局部总雨量为10～50 mm；海南东部大部、广东雷州、广西南部局部总雨量为50～123 mm	海南琼海 122.6 mm （3 d）
2117	狮子山 (Lionrock)	大风	10.7—10.10	海南局部、广东沿海局部及高要、广西局部、福建沿海部分、湖南南岳出现最大风力6～7级、阵风7～10级；福建九仙山出现最大风力8级、阵风10级	福建九仙山 20.7（24.5）m/s 广东上川岛 15.8（27.3）m/s
		降水	10.7—10.11	海南西沙、广东部分、广西部分、福建南部局部、江西南部局部、湖南大部、湖北西南部局部、贵州大部、重庆大部、四川东南部局部、云南东部局部总雨量为10～50 mm；海南部分、广东中南部部分、广西部分、云南东南部局部、贵州局部、湖南桃江、福建部沿海局部总雨量为50～150 mm；海南中东部分、广东南部沿海大部、广西南部沿海局部总雨量为150～300 mm；海南局部、广东珠江口附近部分总雨量为300～481 mm	海南临高 480.1 mm （3 d）
2118	圆规 (Kompasu)	大风	10.11—10.14	海南部分、广东部分、广西中东部部分、湖南临澧和南岳、江西局部、福建沿海大部及永定、浙江沿海局部、安徽天柱山和望江、湖北金沙出现最大风力6～7级、阵风7～10级；广东上川岛、福建南部局部、浙江大陈、安徽黄山出现最大风力8～9级阵风10～11级	福建东山 22.5（28.7）m/s 海南三亚 20.3（32.0）m/s

(续表)

中央气象台编号	中英文名称	热带气旋对我国的影响			
		项目	日期/（月.日）	概况	极值
2118	圆规 (Kompasu)	降水	10.11—10.14	海南局部、广东南部部分、广西西部南部部分及金秀、云南东南部局部、贵州西南部局部、湖南南部局部、江西井冈山、福建南部和东部部分、浙江部分、上海部分、江苏南部部分、安徽南部局部总雨量为10～50 mm；海南大部、广东南部沿海部分、广西上思、福建局部、浙江沿海部分、上海松江总雨量为50～150 mm；海南昌江、福建柘荣、浙江中南部沿海部分总雨量为150～207 mm	浙江大陈 206.1 mm （2 d）
2122	雷伊 (Rai)	大风	12.18—12.21	海南局部、广东上川岛和福建东山出现最大风力6～7级、阵风8～9级	广东上川岛 14.6（20.2）m/s 海南珊瑚 13.4（21.6）m/s
		降水	12.18—12.21	海南部分、广东部分、广西南部局部、湖南南部局部、江西南部局部、福建大部、浙江南部部分总雨量为10～50 mm；海南保亭和文昌、广东珠江口附近及东部部分、江西南康、福建中南部部分总雨量为50～103 mm	广东台山 102.2 mm （1 d）

注：1. 括号内的天数是指一次台风过程降水量≥10 mm 的天数。

2. 无括号的风速为最大风速，有括号的风速为极大风速，即阵风。

1.5 2021 年热带气旋编号、名称、日期对照表

2021 年热带气旋编号、名称、日期对照表

热带气旋等级	序号	中央气象台编号	中英文名称	起讫日期/（月.日）
超强台风	2	2102	舒力基（Surigae）	4.13—5.1
	17	2114	灿都（Chanthu）	9.5—9.19
	25	2121	妮亚图（Nyatoh）	11.29—12.5
	26	2122	雷伊（Rai）	12.12—12.21
强台风	19	2116	蒲公英（Mindulle）	9.22—10.7
	8	2106	烟花（In-Fa）	7.16—7.31
台风	6	2105	蔷琵（Champi）	6.20—6.28
	9	2107	查帕卡（Cempaka）	7.17—7.24
	21	2118	圆规（Kompasu）	10.8—10.14
	22	2119	南川（Namtheun）	10.9—10.20

(续表)

热带气旋等级	序号	中央气象台编号	中英文名称	起讫日期/（月.日）
台风	23	2120	玛瑙 Malou	10.23—10.31
强热带风暴	12	2110	银河（Mirinae）	8.3—8.11
	13	2111	妮妲 Nida	8.4—8.8
	14	2112	奥麦斯（Omais）	8.19—8.30
	16	2113	康森（Conson）	9.5—9.13
热带风暴	1	2101	杜鹃（Dujuan）	2.16—2.23
	4	2103	彩云（Choi-wan）	5.29—6.6
	5	2104	小熊（Koguma）	6.11—6.13
	10	2108	尼伯特（Nepartak）	7.23—7.31
	11	2109	卢碧（Lupit）	8.2—8.16
	18	2115	电母（Dianmu）	9.22—9.26
	20	2117	狮子山（Lionrock）	10.6—10.11
热带低压	3			5.12—5.15
	7			7.6—7.8
	15			9.1—9.4
	24			10.24—10.27

2 2021年逐个热带气旋概述

2.1　2101号热带风暴"杜鹃"（Dujuan）

第2101号热带风暴"杜鹃"是由2月16日夜间位于菲律宾棉兰老岛以东约1100 km的西北太平洋洋面上一个热带低压发展形成。形成后低压中心向偏西方向移动，18日早晨增强为热带风暴，并折向西偏南方向，移速减慢，随后沿着逆时针方向旋转一周，于20日转向西北方向移动。之后，热带风暴"杜鹃"强度逐渐减弱，21日夜间减弱为热带低压，移速加快，逐渐靠近菲律宾以东沿海，次日早晨在菲律宾萨马岛南部沿海登陆，登陆后继续西北行，强度进一步减弱，于23日凌晨在菲律宾境内减弱消散。

表2.1.1是热带风暴"杜鹃"的中心位置和强度。图2.1.1～图2.1.3别是热带风暴"杜鹃"路径图、大风区域演变图和2021年2月18日08时500 hPa高度场图。

表2.1.1　2101号热带风暴"杜鹃"（Dujuan）2月16—23日中心位置和强度

年	月	日	时	中心位置		中心气压 /hPa	中心风速 /（m/s）
				北纬 /°N	东经 /°E		
2021	2	16	20	6.7	136.3	1002	13
	2	17	02	6.7	135.3	1002	13
	2	17	08	6.5	134.2	1002	13
	2	17	14	6.6	133.5	1002	13
	2	17	20	6.6	133.1	1000	15
	2	18	02	6.7	132.7	1000	15
	2	18	08	7.0	132.6	998	18
	2	18	14	7.3	132.1	998	18
	2	18	20	7.2	131.8	995	20
	2	19	02	7.1	131.5	995	20
	2	19	08	7.0	131.1	995	20
	2	19	14	6.8	130.6	995	20
	2	19	20	6.5	130.3	990	23
	2	20	02	6.1	130.9	990	23
	2	20	08	6.4	131.4	995	20
	2	20	14	7.0	131.2	995	20
	2	20	20	7.7	130.3	998	18
	2	21	02	8.2	129.9	998	18

(续表)

年	月	日	时	中心位置		中心气压 /hPa	中心风速 /(m/s)
				北纬 /°N	东经 /°E		
2021	2	21	08	8.7	129.6	998	18
	2	21	14	9.3	128.9	998	18
	2	21	20	10.1	127.1	1000	15
	2	22	02	10.9	125.7	1002	13
	2	22	08	12.2	124.3	1002	13
	2	22	14	13.0	123.7	1002	13
	2	22	20	13.7	123.2	1004	10
	2	23	02	14.1	122.3	1004	10
消散							

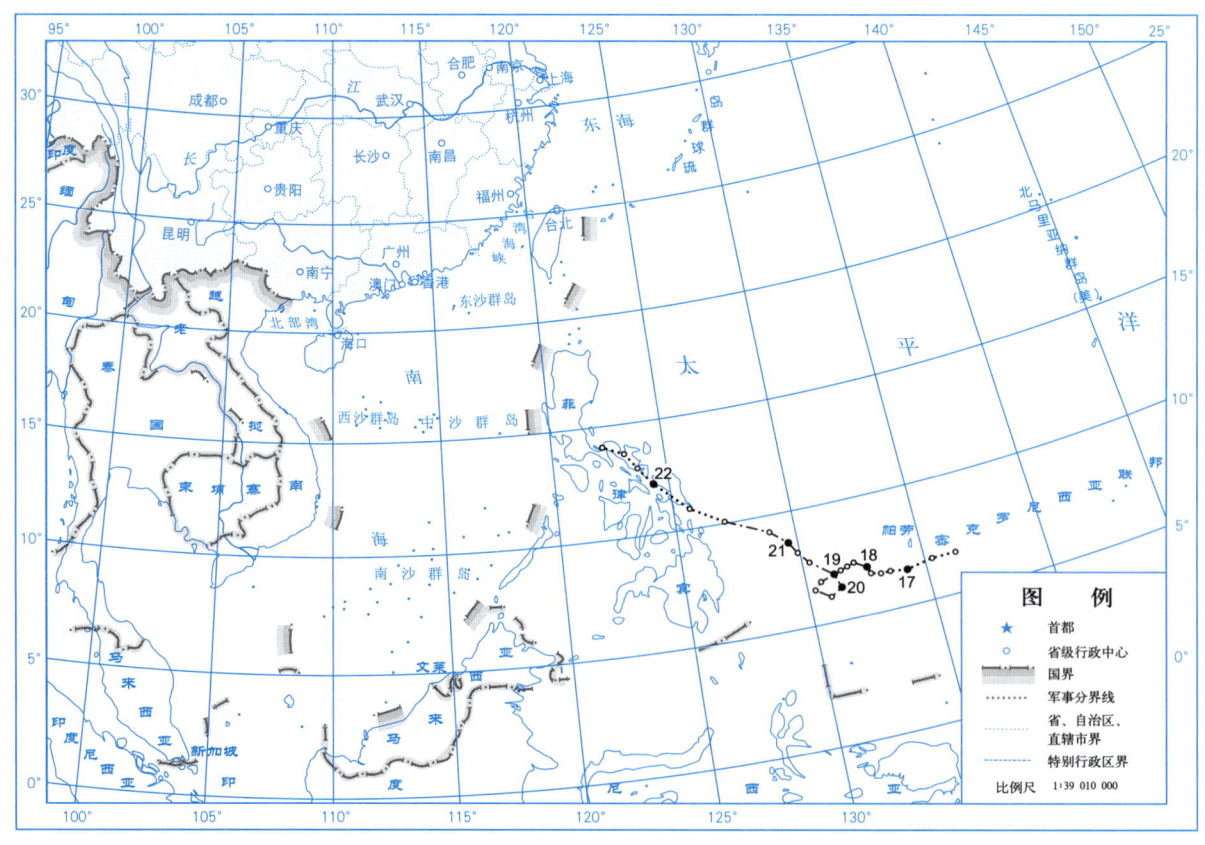

图 2.1.1　2101 号热带风暴"杜鹃"（Dujuan）路径

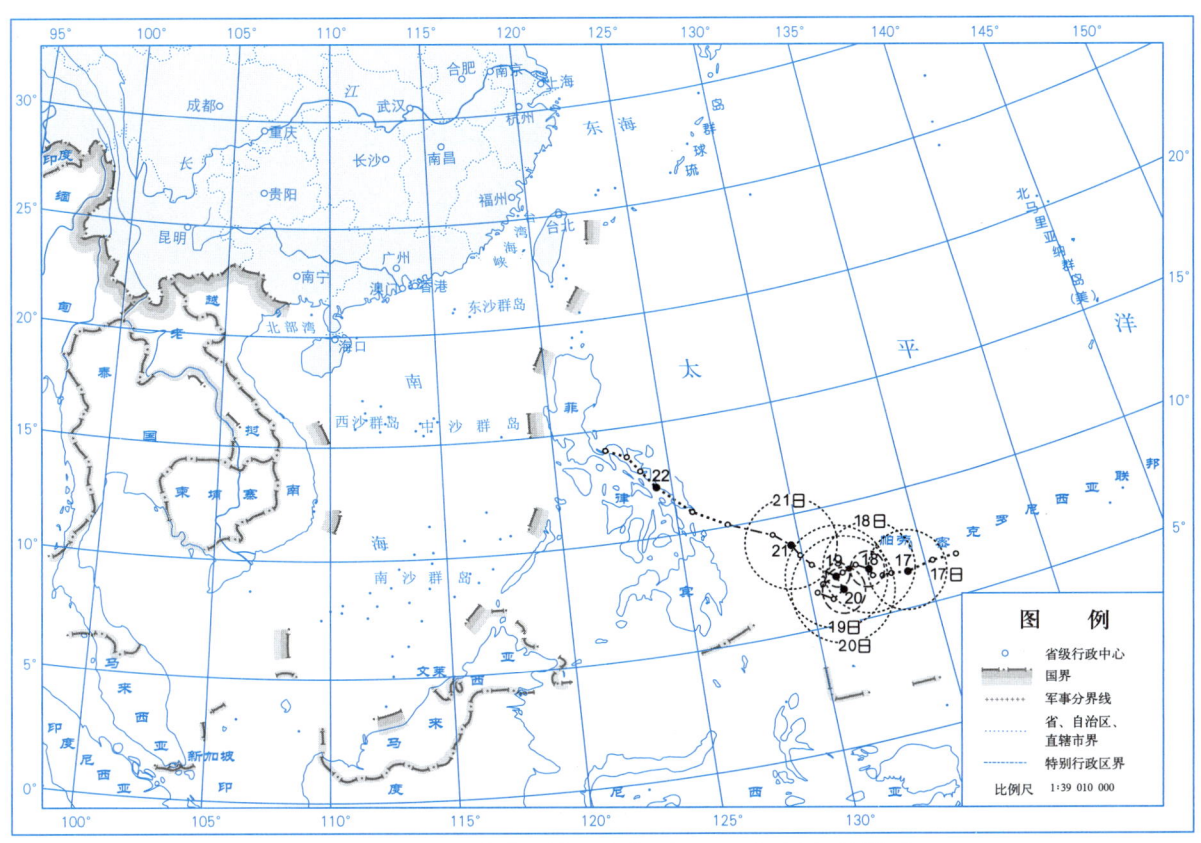

图 2.1.2　2101 号热带风暴"杜鹃"（Dujuan）大风区域演变

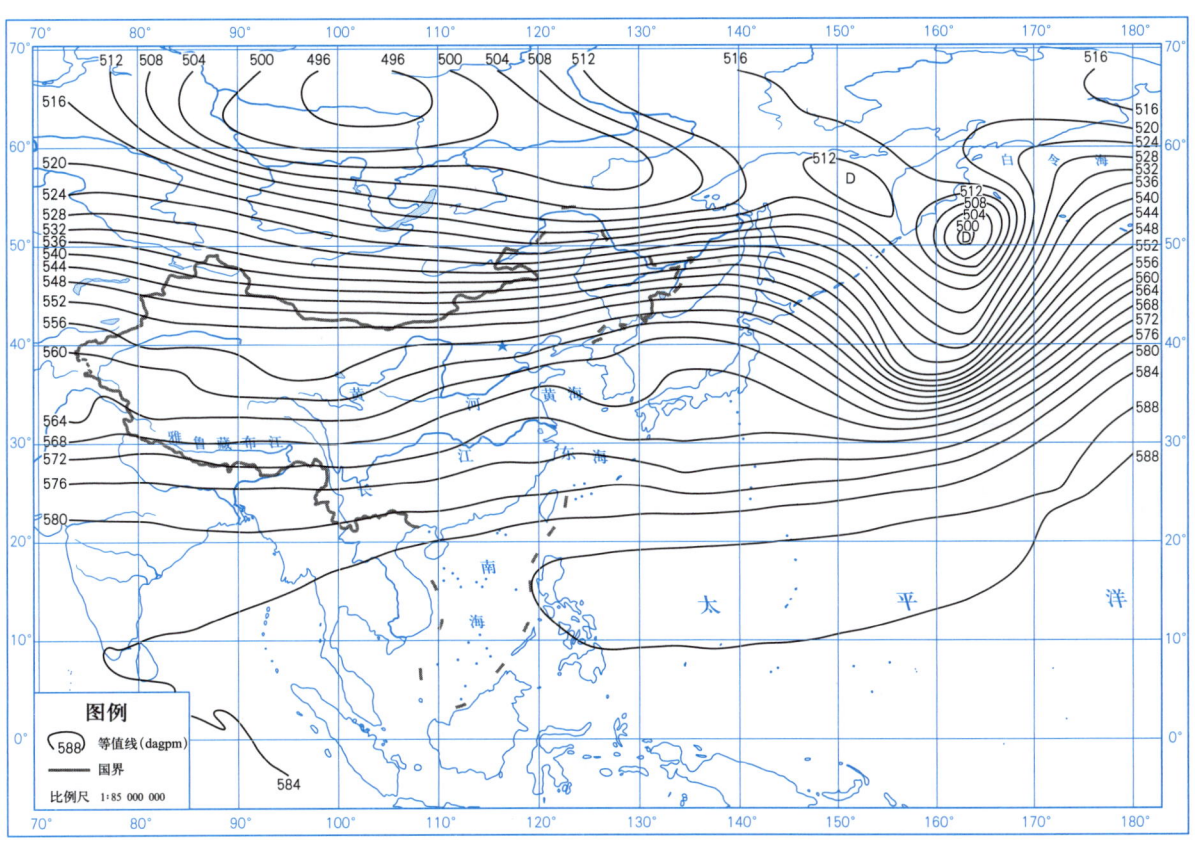

图 2.1.3　2021 年 2 月 18 日 08 时 500 hPa 高度场

2.2 2102号超强台风"舒力基"(Surigae)

第2102号超强台风"舒力基"是由4月13日凌晨位于美国关岛西南约970 km的西北太平洋洋面上一个热带低压发展形成。形成后低压中心缓慢地向偏西方向移动,强度快速增强,14日发展为热带风暴,次日增强为强热带风暴,16日快速增强至强台风,17日进一步增强为超强台风。之后,超强台风"舒力基"转向西北行,移速略有加快,于17日夜间达到其生命史最大强度,近中心最大风速72 m/s,中心附近最低气压895 hPa。19日凌晨,超强台风"舒力基"加大北行的分量,强度缓慢减弱,21日在巴士海峡附近海域减弱为强台风,并逐渐转向东北,强度继续减弱,23日减弱为强热带风暴,次日早晨减弱为热带风暴,并折向东偏南方向。随后,"舒力基"于25日下午变性为温带气旋,加速向东北方向移动,强度经历减弱后再缓慢增强,尔后移至千岛群岛以东洋面移速放缓,并加大偏东移动的分量,强度减弱,于5月1日凌晨在阿留申群岛以南的太平洋洋面上减弱消散。

表2.2.1是超强台风"舒力基"的中心位置和强度。图2.2.1~图2.2.3分别是超强台风"舒力基"路径图、大风区域演变图和2021年4月18日08时500 hPa高度场图。

表2.2.1 超强台风"舒力基"(Surigae)4月13日—5月1日中心位置和强度

年	月	日	时	中心位置		中心气压 /hPa	中心风速 /(m/s)
				北纬 /°N	东经 /°E		
2021	4	13	02	7.8	138.0	1002	13
	4	13	08	7.8	137.8	1002	13
	4	13	14	7.8	137.6	1000	15
	4	13	20	7.9	137.4	1000	15
	4	14	02	8.0	137.2	998	18
	4	14	08	8.2	137.1	995	20
	4	14	14	8.4	136.9	995	20
	4	14	20	8.5	136.7	990	23
	4	15	02	8.6	136.5	990	23
	4	15	08	8.7	136.3	990	23
	4	15	14	8.7	136.0	988	25
	4	15	20	8.7	135.7	985	28
	4	16	02	8.7	135.3	980	30
	4	16	08	8.8	134.5	970	35
	4	16	14	9.1	133.8	965	38
	4	16	20	9.5	133.1	955	42

(续表)

年	月	日	时	中心位置		中心气压 /hPa	中心风速 /（m/s）
				北纬 /°N	东经 /°E		
2021	4	17	02	10.0	132.2	945	48
	4	17	08	10.7	131.1	935	52
	4	17	14	11.3	130.1	915	62
	4	17	20	12.0	129.2	895	72
	4	18	02	12.6	128.4	895	72
	4	18	08	13.1	127.7	895	72
	4	18	14	13.4	127.1	905	68
	4	18	20	13.6	126.7	915	62
	4	19	02	13.9	126.5	915	62
	4	19	08	14.2	126.3	915	62
	4	19	14	14.5	126.3	930	58
	4	19	20	14.8	126.3	935	55
	4	20	02	15.1	126.2	940	52
	4	20	08	15.5	126.1	940	52
	4	20	14	15.8	125.9	940	52
	4	20	20	16.4	125.8	940	52
	4	21	02	17.0	125.5	940	52
	4	21	08	17.5	125.2	940	52
	4	21	14	18.1	125.0	940	52
	4	21	20	18.7	124.8	945	50
	4	22	02	19.3	124.7	950	45
	4	22	08	19.8	124.9	950	45
	4	22	14	20.3	125.3	950	45
	4	22	20	20.9	126.2	955	42
	4	23	02	21.5	127.4	960	40
	4	23	08	22.5	128.4	975	33
	4	23	14	23.1	129.0	980	30
	4	23	20	23.3	129.9	985	28
	4	24	02	23.3	130.7	988	25

(续表)

年	月	日	时	中心位置		中心气压 /hPa	中心风速 /（m/s）
				北纬 /°N	东经 /°E		
2021	4	24	08	23.1	131.2	990	23
	4	24	14	22.8	131.8	992	20
	4	24	20	22.2	132.9	992	20
	4	25	02	21.7	133.9	995	18
	4	25	08	21.7	135.9	995	18
△	4	25	14	22.6	137.9	995	18
	4	25	20	23.7	140.8	995	15
	4	26	02	25.7	144.4	995	15
	4	26	08	29.1	148.9	990	18
	4	26	14	33.9	153.9	990	18
	4	26	20	37.2	156.7	975	20
	4	27	02	40.6	157.4	950	25
	4	27	08	42.7	159.4	945	28
	4	27	14	44.3	161.3	950	25
	4	27	20	45.5	162.7	955	23
	4	28	02	46.1	164.0	960	23
	4	28	08	46.7	165.6	970	20
	4	28	14	46.9	167.5	970	20
	4	28	20	47.1	168.6	972	18
	4	29	02	47.5	169.2	975	18
	4	29	08	47.4	169.9	980	15
	4	29	14	47.3	170.5	985	15
	4	29	20	47.2	171.1	990	13
	4	30	02	46.6	172.3	990	13
	4	30	08	46.1	173.6	990	13
	4	30	14	45.0	175.5	990	13
	4	30	20	44.0	180.5	995	10
	5	1	02	44.1	184.8	995	10
消散							

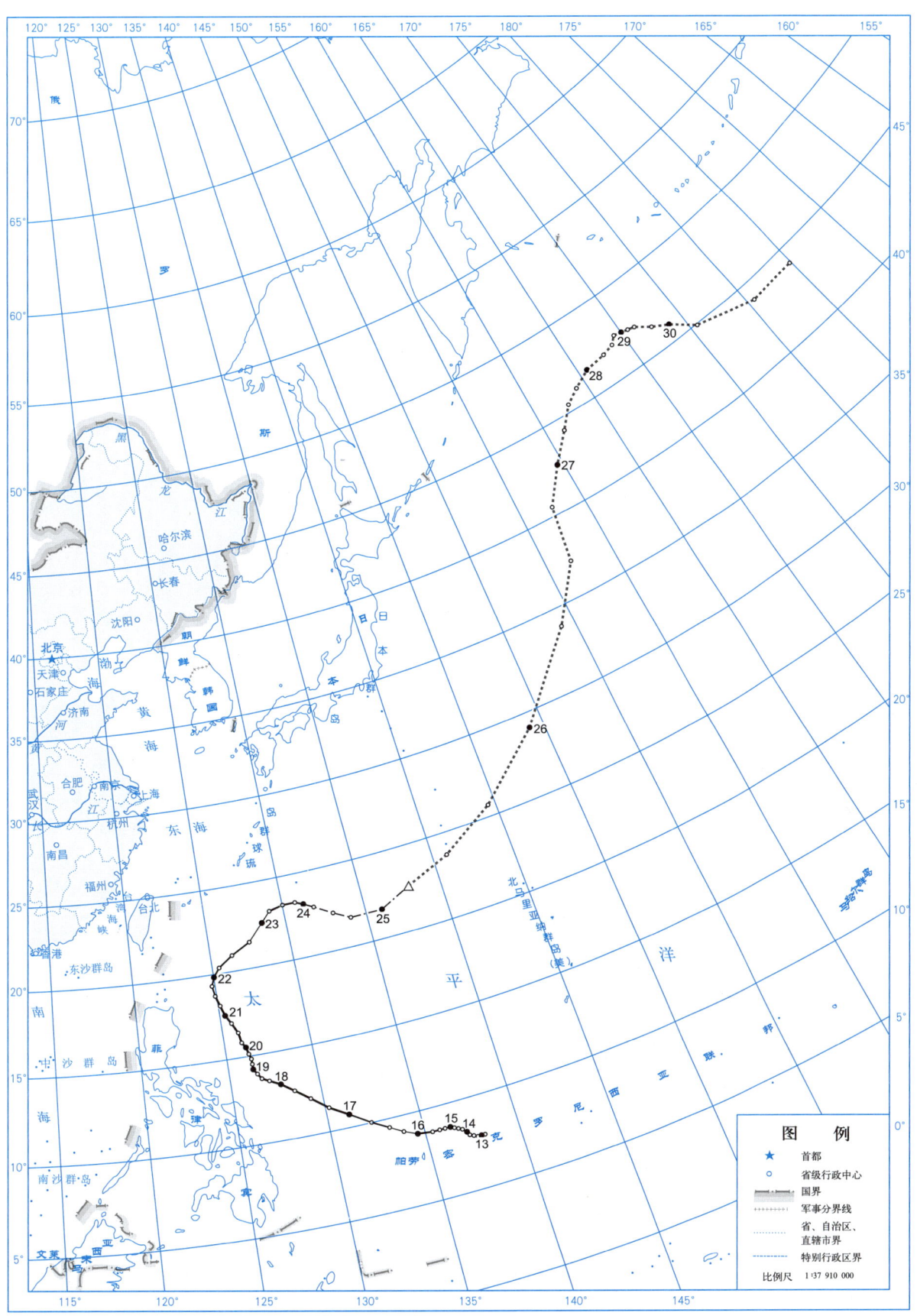

图 2.2.1 超强台风"舒力基"(Surigae)路径

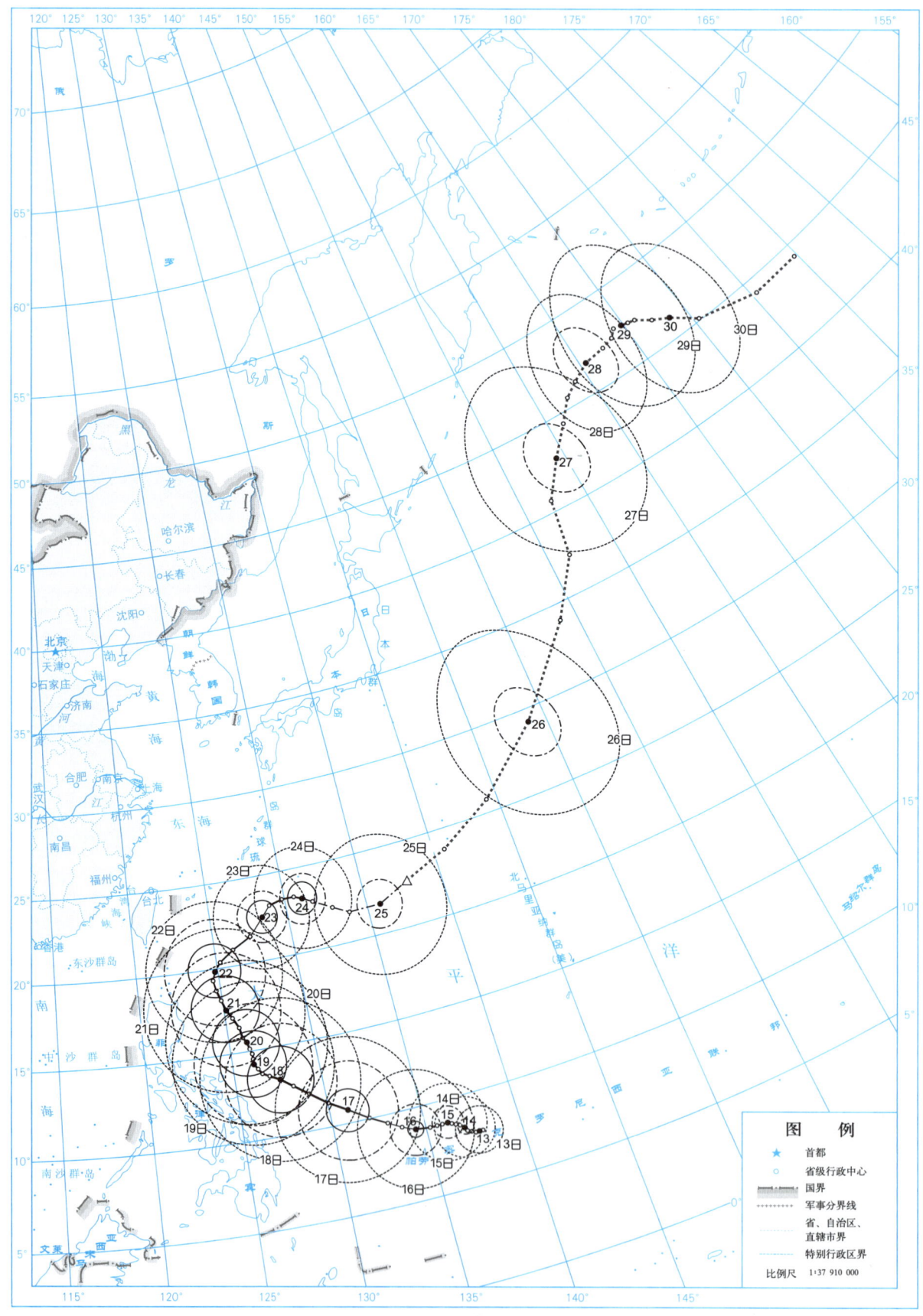

图 2.2.2 超强台风"舒力基"(Surigae)大风区域演变

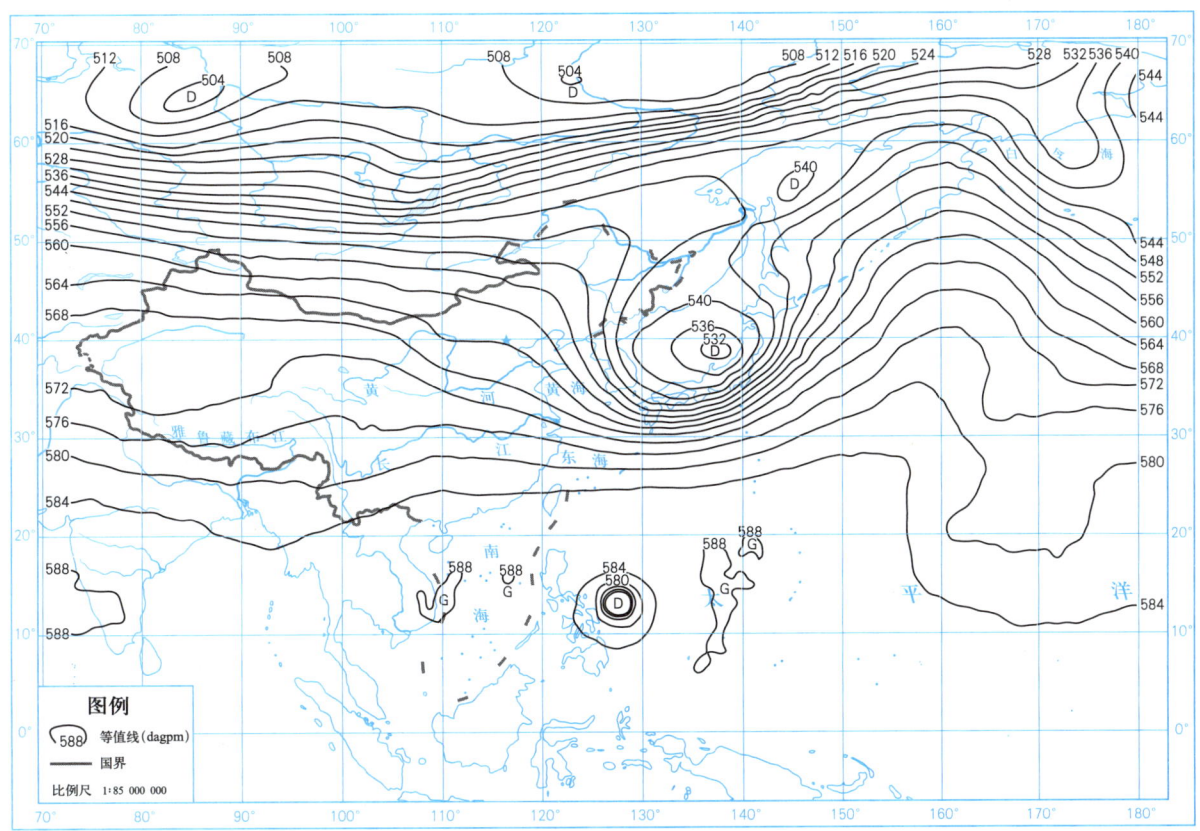

图 2.2.3　2021 年 4 月 18 日 08 时 500 hPa 高度场

2.3 热带低压（TD2101）

热带低压（TD2101）5月12日夜间在菲律宾棉兰老岛以东约450 km的西北太平洋洋面上形成。其形成后低压中心稳定地向偏西方向移动，13日夜间登陆菲律宾棉兰老岛东部沿海，之后，穿过菲律宾群岛，进入苏禄海海域，于15日早晨在苏禄海海面减弱消散。

表2.3.1是热带低压（TD2101）的中心位置和强度。图2.3.1～图2.3.3分别是热带低压（TD2101）的路径图、大风区域演变图和2021年5月13日14时500 hPa高度场图。

表2.3.1 热带低压（TD2101）5月12—15日中心位置和强度

年	月	日	时	中心位置		中心气压/hPa	中心风速/(m/s)
				北纬/°N	东经/°E		
2021	5	12	20	6.8	130.6	1005	13
	5	13	02	7.0	129.9	1005	13
	5	13	08	7.2	129.1	1002	15
	5	13	14	7.4	128.1	1002	15
	5	13	20	7.5	127.1	1002	15
	5	14	02	7.5	126.1	1005	13
	5	14	08	7.5	125.0	1005	13
	5	14	14	7.6	123.8	1005	13
	5	14	20	8.0	122.7	1005	13
	5	15	02	8.4	121.7	1005	13
	5	15	08	8.7	120.8	1005	13
消散							

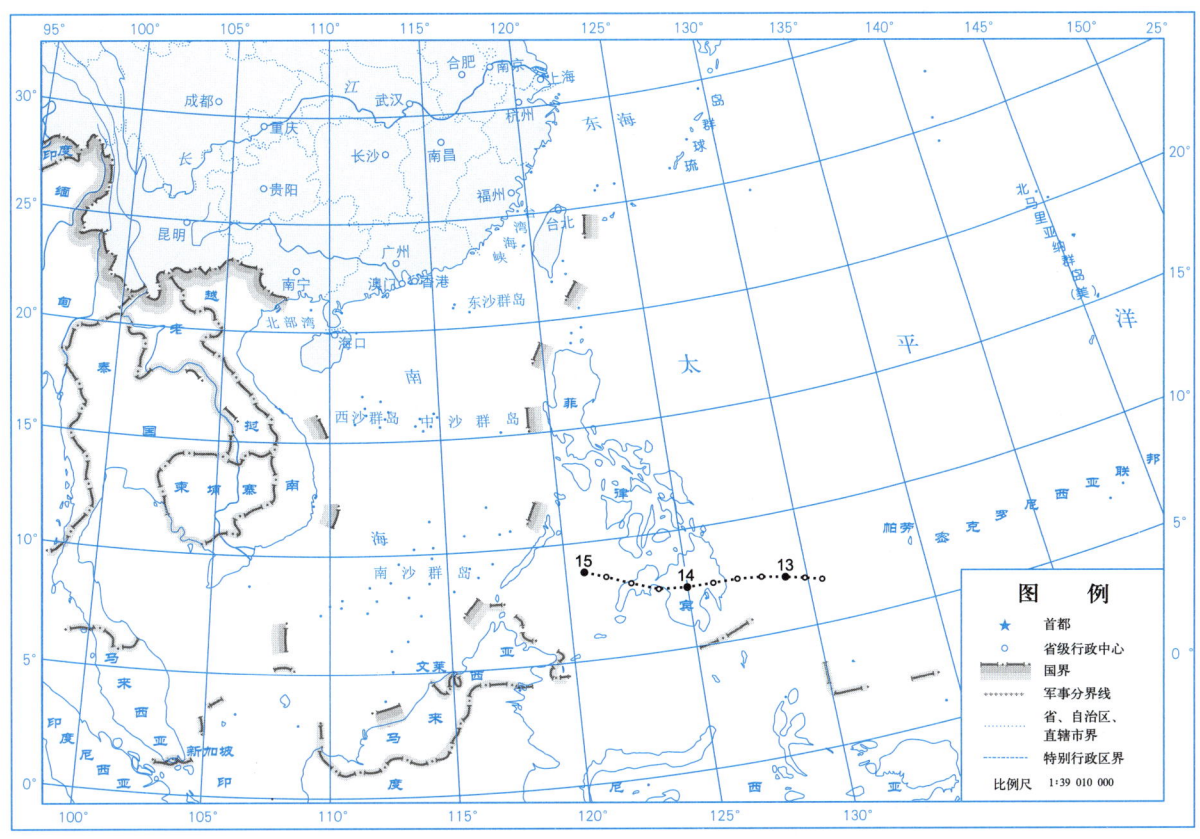

图 2.3.1 热带低压（TD2101）路径

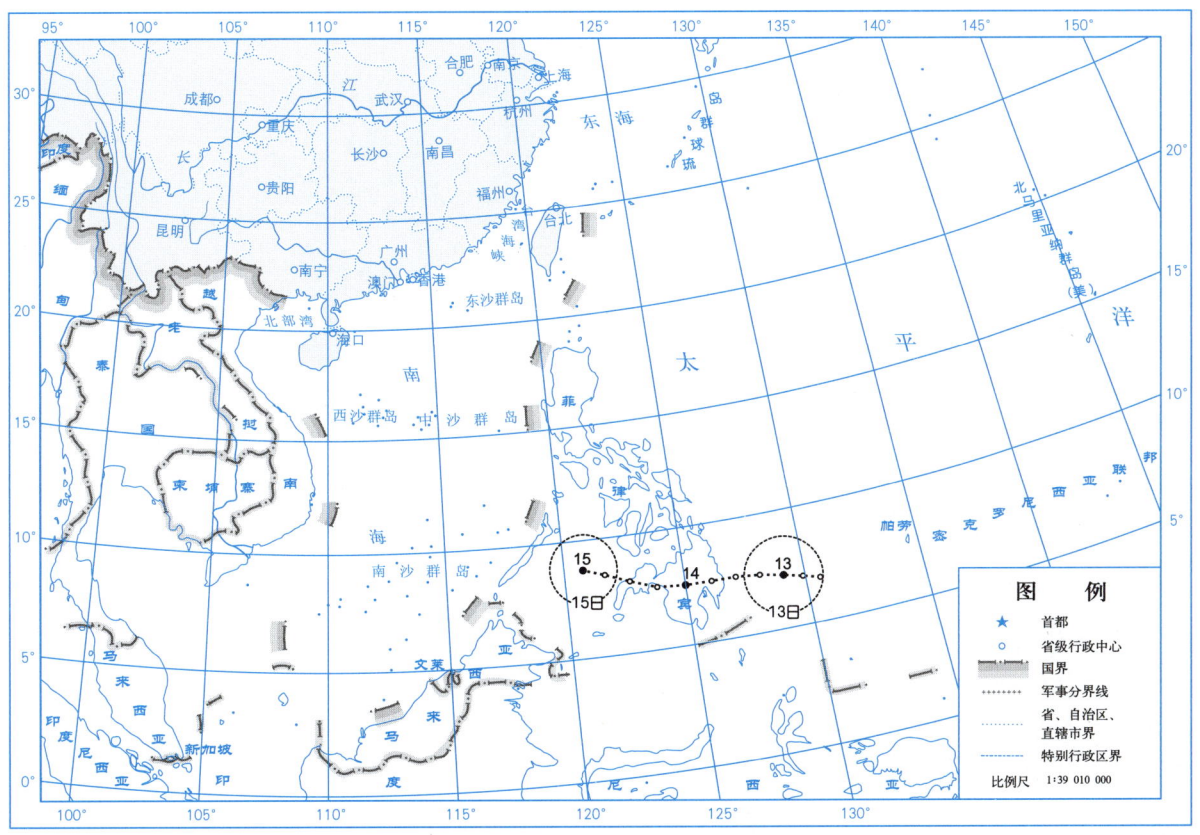

图 2.3.2 热带低压（TD2101）大风区域演变

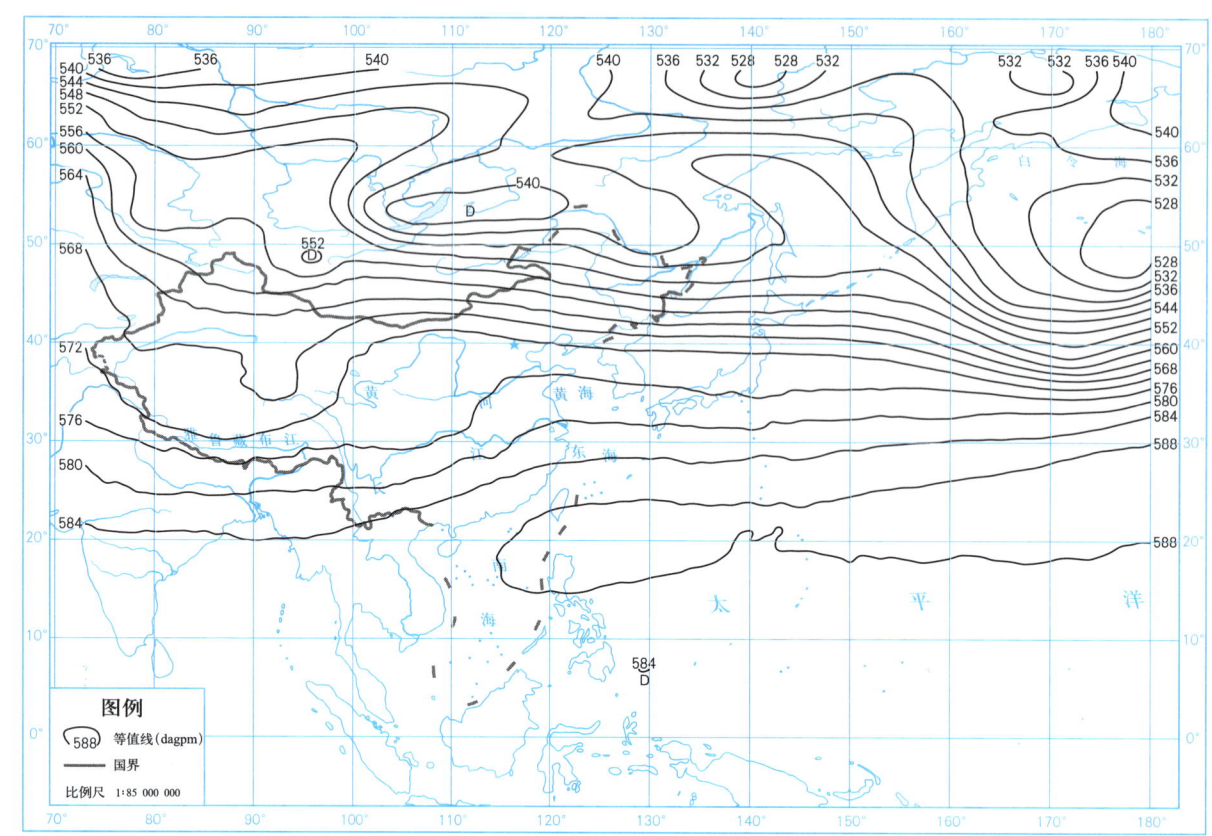

图 2.3.3　2021 年 5 月 13 日 14 时 500 hPa 高度场

2.4 2103号热带风暴"彩云"(Choi-wan)

第2103号热带风暴"彩云"5月29日早晨位于美国关岛西南约1200 km的西北太平洋洋面上一个热带低压发展形成。生成后低压中心向偏西方向移动,次日发展为热带风暴,并转向西北,于6月1日夜间登陆菲律宾萨马岛沿海。登陆后,热带风暴"彩云"继续西北行穿过菲律宾群岛,3日早晨进入南海海域,并逐渐转向东北,4日夜间穿过巴士海峡,次日早晨进入东海海域。随后,"彩云"变性为温带气旋,强度减弱,穿过琉球群岛,转向偏东方向移动,于6日早晨在西北太平洋洋面上消散。

表2.4.1是热带风暴"彩云"的中心位置和强度。图2.4.1～图2.4.3分别是热带风暴"彩云"的路径图、大风区域演变图和2021年6月4日20时500 hPa高度场图。

表2.4.1 2103号热带风暴"彩云"(Choi-wan)5月29日—6月6日中心位置和强度

年	月	日	时	中心位置		中心气压 /hPa	中心风速 /(m/s)
				北纬/°N	东经/°E		
2021	5	29	08	6.5	136.2	1002	13
	5	29	14	6.1	135.8	1002	13
	5	29	20	5.9	135.1	1002	13
	5	30	02	6.0	134.3	1002	13
	5	30	08	5.9	133.4	1000	15
	5	30	14	6.2	132.7	1000	15
	5	30	20	6.8	131.9	1000	15
	5	31	02	7.2	131.4	998	18
	5	31	08	8.0	130.8	998	18
	5	31	14	8.9	130.0	998	18
	5	31	20	9.5	129.1	998	18
	6	1	02	9.8	128.2	995	20
	6	1	08	10.1	127.3	995	20
	6	1	14	11.0	126.8	998	18
	6	1	20	11.7	125.8	998	18
	6	2	02	11.8	124.1	998	18
	6	2	08	12.8	122.8	998	18
	6	2	14	13.4	121.7	998	18
	6	2	20	13.7	120.7	998	18

(续表)

年	月	日	时	中心位置		中心气压 /hPa	中心风速 /（m/s）
				北纬 /°N	东经 /°E		
2021	6	3	02	14.9	120.1	998	18
	6	3	08	16.5	119.3	998	18
	6	3	14	17.6	118.4	995	20
	6	3	20	18.5	118.2	995	20
	6	4	02	19.4	118.3	995	20
	6	4	08	20.2	118.6	998	18
	6	4	14	20.9	119.5	998	18
	6	4	20	21.9	121.1	998	18
	6	5	02	23.2	122.6	998	18
	6	5	08	24.9	124.0	998	18
△	6	5	14	26.4	125.7	1000	18
	6	5	20	27.7	128.0	1002	15
	6	6	02	28.1	130.9	1004	13
	6	6	08	28.0	133.7	1006	13
消散							

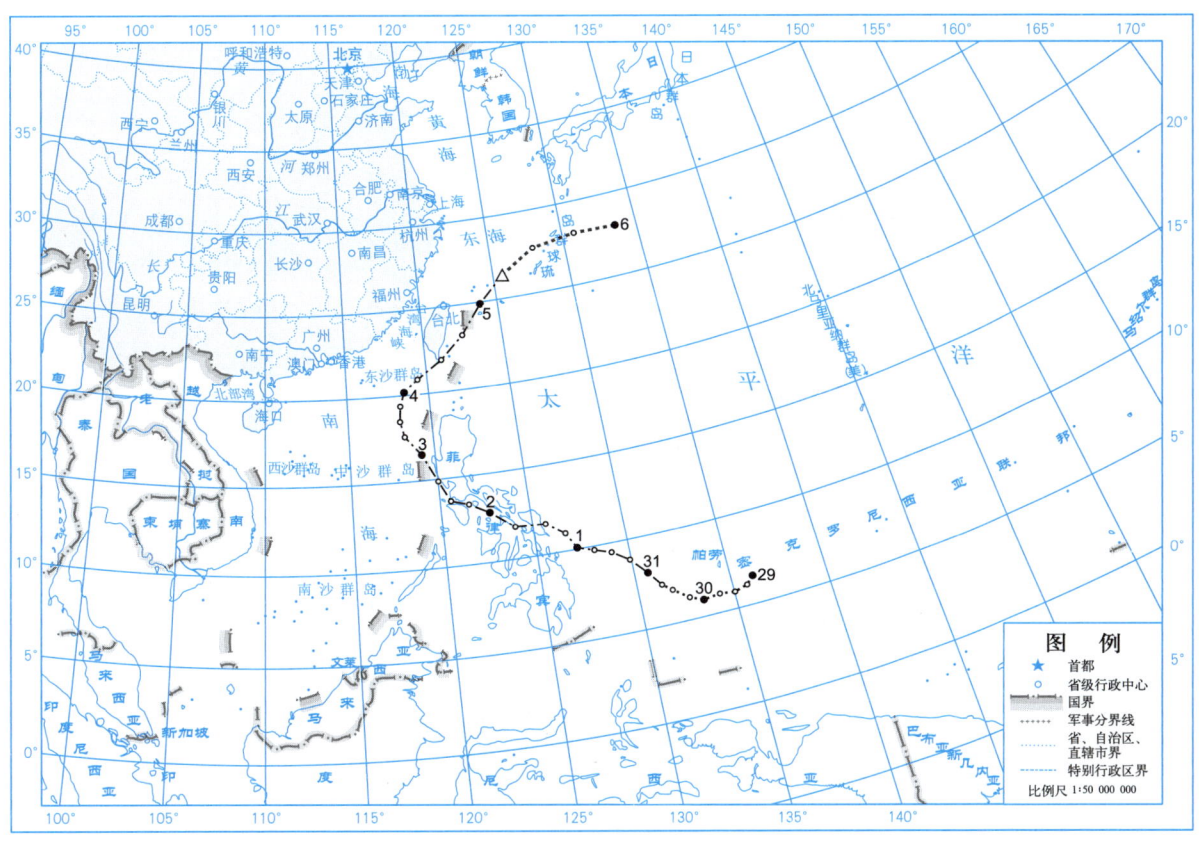

图 2.4.1　2103 号热带风暴"彩云"(Choi-wan)路径

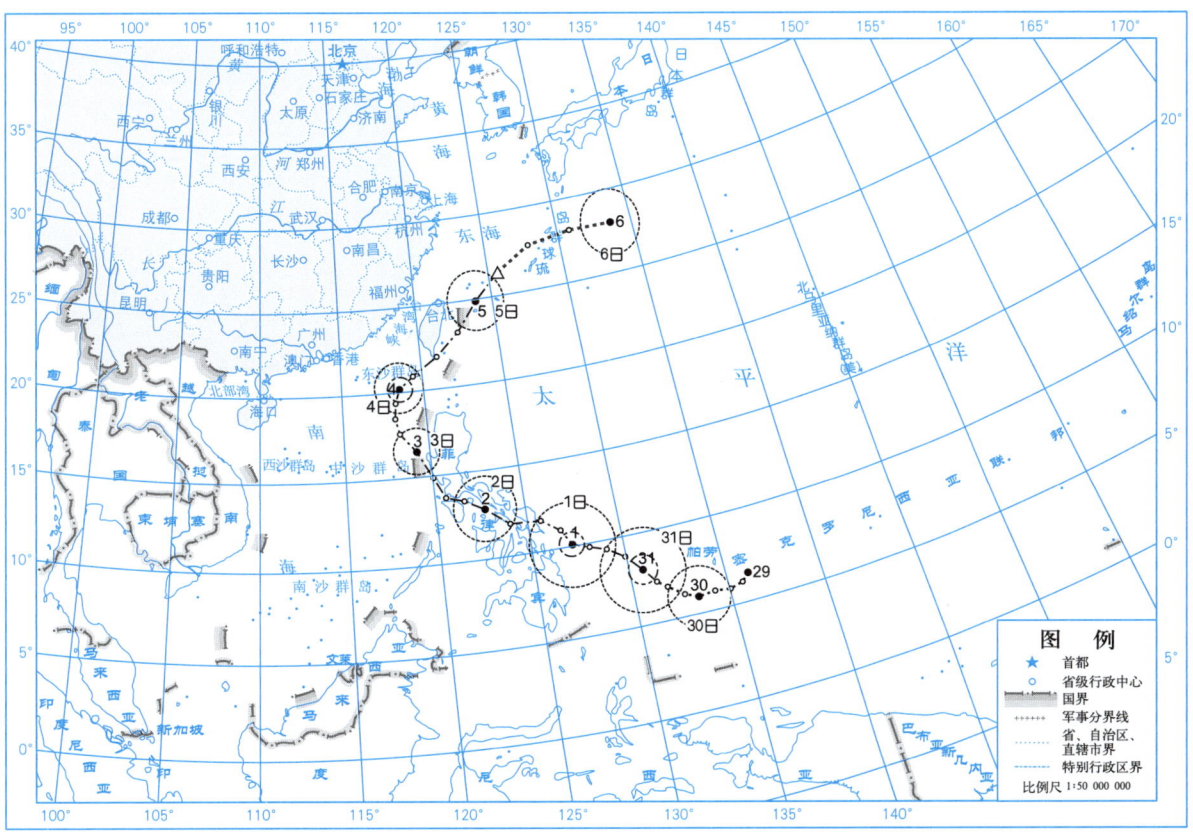

图 2.4.2　2103 号热带风暴"彩云"(Choi-wan)大风区域演变

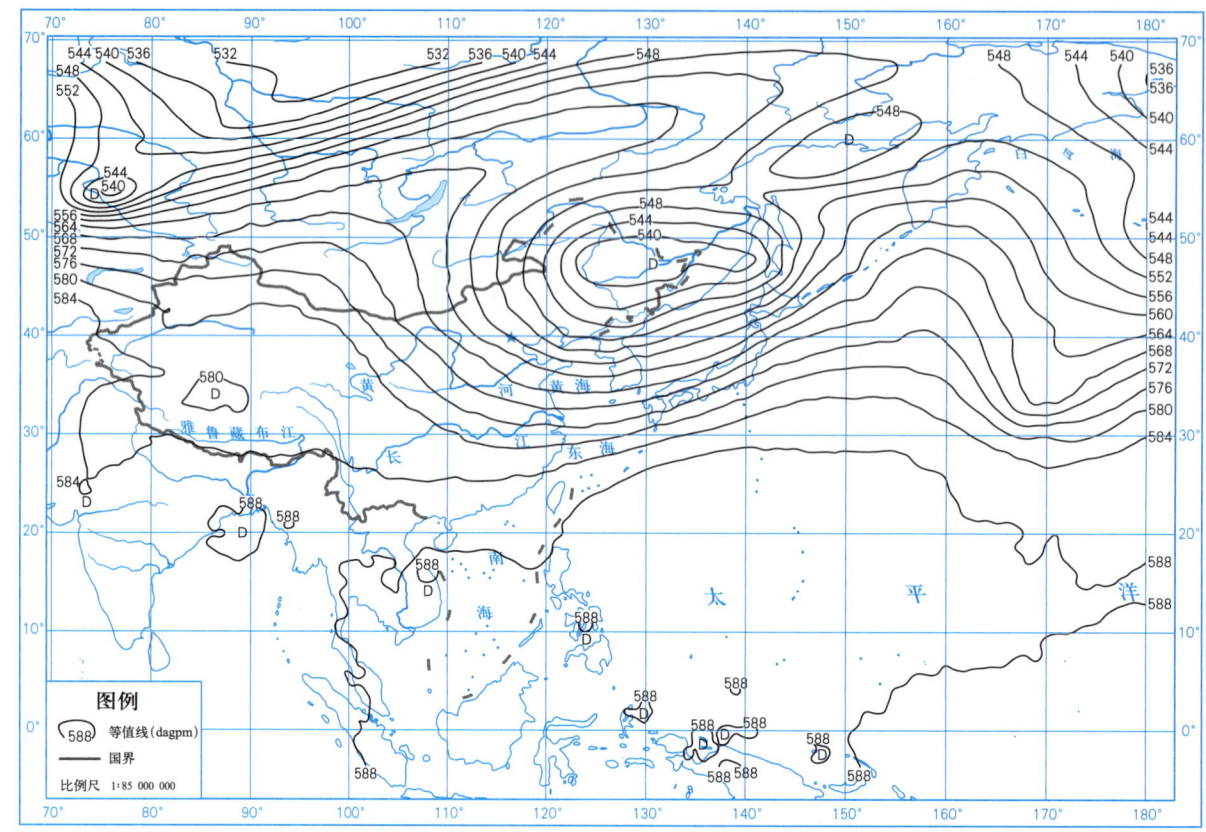

图 2.4.3　2021 年 6 月 4 日 20 时 500 hPa 高度场

2.5 2104号热带风暴"小熊"(Koguma)

第2104号热带风暴"小熊"是由6月11日早晨位于我国西沙群岛东北约130 km的南海海面上一个热带低压发展形成。形成后低压中心稳定地向西偏北方向移动,12日凌晨发展为热带风暴,并逐渐靠近海南岛,于当日09时45分登陆海南陵水,登陆时近中心最大风速20 m/s,中心最低气压990 hPa。热带风暴"小熊"登陆后,继续沿着西偏北方向穿过海南岛,下午再次入海,13日早晨在越南清化省沿海登陆,登陆后强度减弱,当日夜间在老挝北部减弱消散。

受热带风暴"小熊"影响,6月11—13日,海南西沙、陵水和东方、广东西南部局部、广西南部局部和云南元江出现最大风力6级、阵风7~9级;广东高要出现最大风力6级(13.6 m/s)、阵风8级(18.9 m/s),广东上川岛出现最大风力6级(11.7 m/s)、阵风9级(20.8 m/s),为本次热带风暴影响过程风极值。

受其影响,6月11—13日,海南部分、广东大部、广西部分和云南南部局部总雨量为10~50 mm;海南部分、广东局部总雨量为50~106 mm;海南珊瑚总雨量187.1 mm,12日雨量109.8 mm,11日22时雨量33.9 mm,分别为本次热带风暴影响过程总雨量、日雨量及时雨量极值。

受热带风暴"小熊"登陆海南南部影响,6月11—13日,华南普遍出现中到大雨,局部暴雨。

受其影响,造成海南省出现了一定程度的灾情。总计受灾人数0.05万人,紧急避险转移人数0.01万人,紧急转移安置人数0.01万人,农作物受灾面积20 hm^2,直接经济损失0.01亿元。

表2.5.1是热带风暴"小熊"的中心位置和强度。表2.5.2是热带风暴"小熊"引发的灾情。图2.5.1~图2.5.9分别是热带风暴"小熊"的路径图、总降水量图、大风分布图、总降水日数图、2021年6月11—13日的日降水量图、大风区域演变图和2021年6月12日08时500 hPa高度场图。

表 2.5.1　2104号热带风暴"小熊"(Koguma)6月11—13日中心位置和强度

年	月	日	时	中心位置		中心气压 /hPa	中心风速 /(m/s)
				北纬 /°N	东经 /°E		
2021	6	11	08	17.8	113.3	1000	13
	6	11	11	17.7	113.1	1000	13
	6	11	14	17.7	112.8	1000	13
	6	11	17	17.8	112.5	998	15
	6	11	20	17.9	112.2	998	15
	6	11	23	18.1	111.6	998	15
	6	12	02	18.3	110.9	995	18
	6	12	05	18.4	110.5	995	18
	6	12	08	18.4	110.1	992	20

(续表)

年	月	日	时	中心位置		中心气压 /hPa	中心风速 /（m/s）
				北纬 /°N	东经 /°E		
2021	6	12	11	18.8	109.6	995	18
	6	12	14	19.0	108.6	995	18
	6	12	20	19.5	107.6	995	18
	6	13	02	19.8	106.5	995	18
	6	13	08	19.9	105.5	995	18
	6	13	14	20.1	103.7	998	13
	6	13	20	20.7	101.9	998	13
				消散			

表 2.5.2　2104 号热带风暴"小熊"（Koguma）在海南省引发的灾情

受灾省	受灾人口 /万人	死亡人口 /人	失踪人口 /人	紧急转移 人口/万人	农作物		倒塌房屋 /万间	直接经济损失 /亿元
					受灾面积 /万 hm²	绝收面积 /万 hm²		
海南省	0.05	0	0	0.01	0.002	0	0	0.01
合计	0.05	0	0	0.01	0.002	0	0	0.01

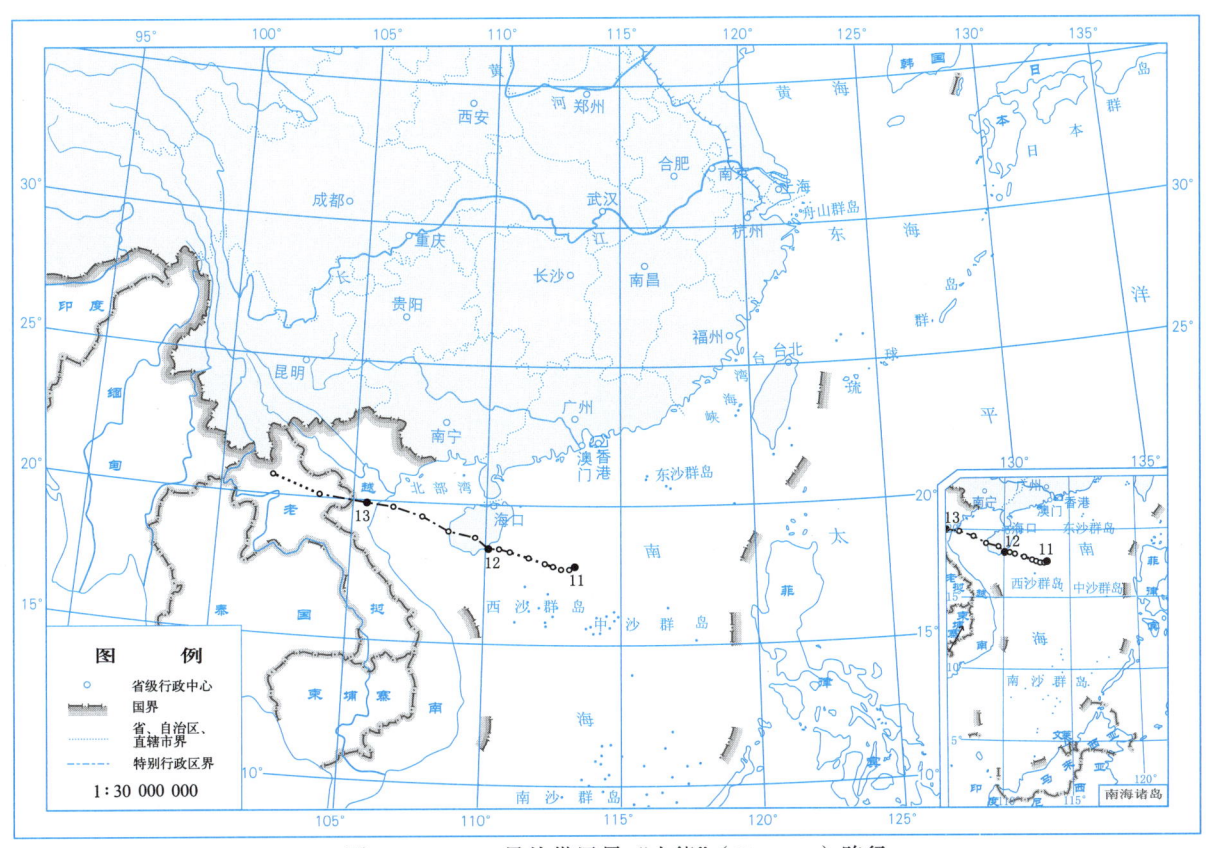

图 2.5.1　2104 号热带风暴"小熊"(Koguma) 路径

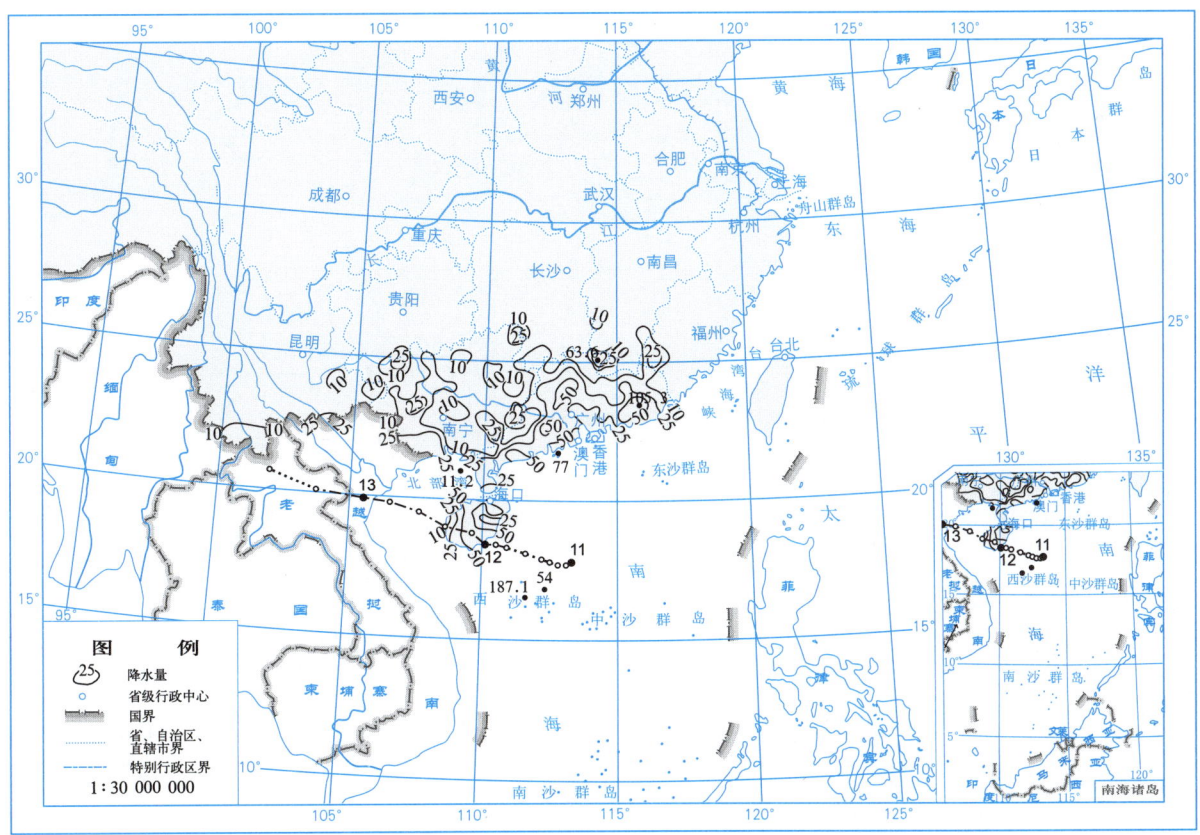

图 2.5.2　2104 号热带风暴"小熊"(Koguma) 总降水量 (mm)(6 月 11—13 日)

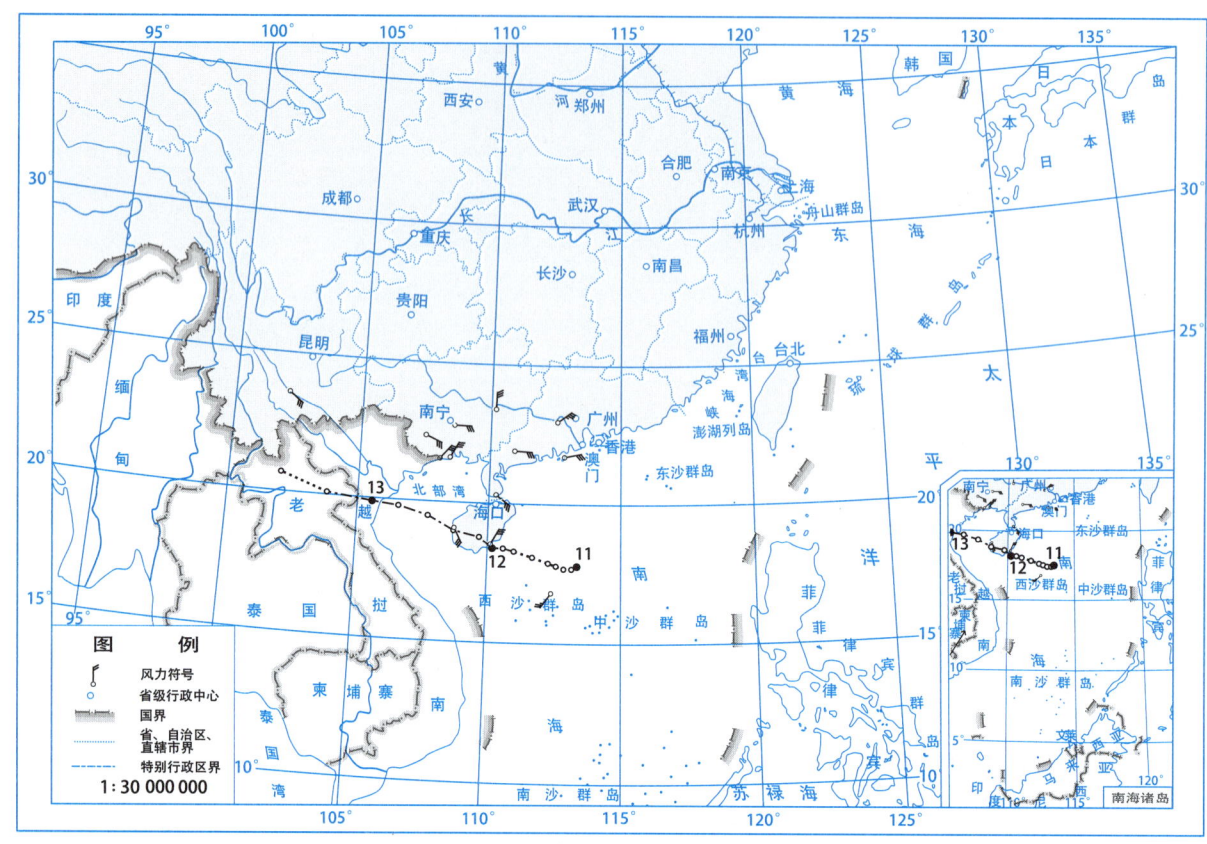

图 2.5.3　2104 号热带风暴"小熊"(Koguma)大风分布(6月11—13日)

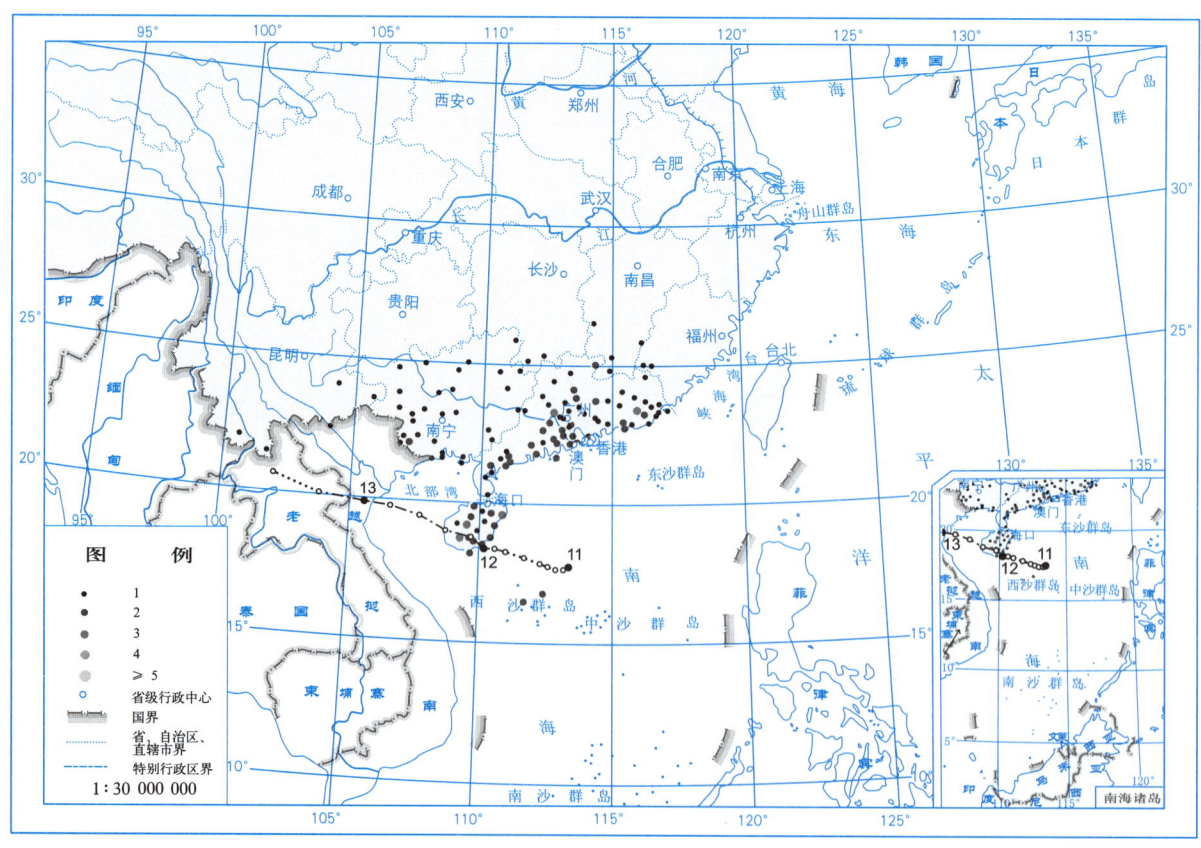

图 2.5.4　2104 号热带风暴"小熊"(Koguma)总降水日数(d)

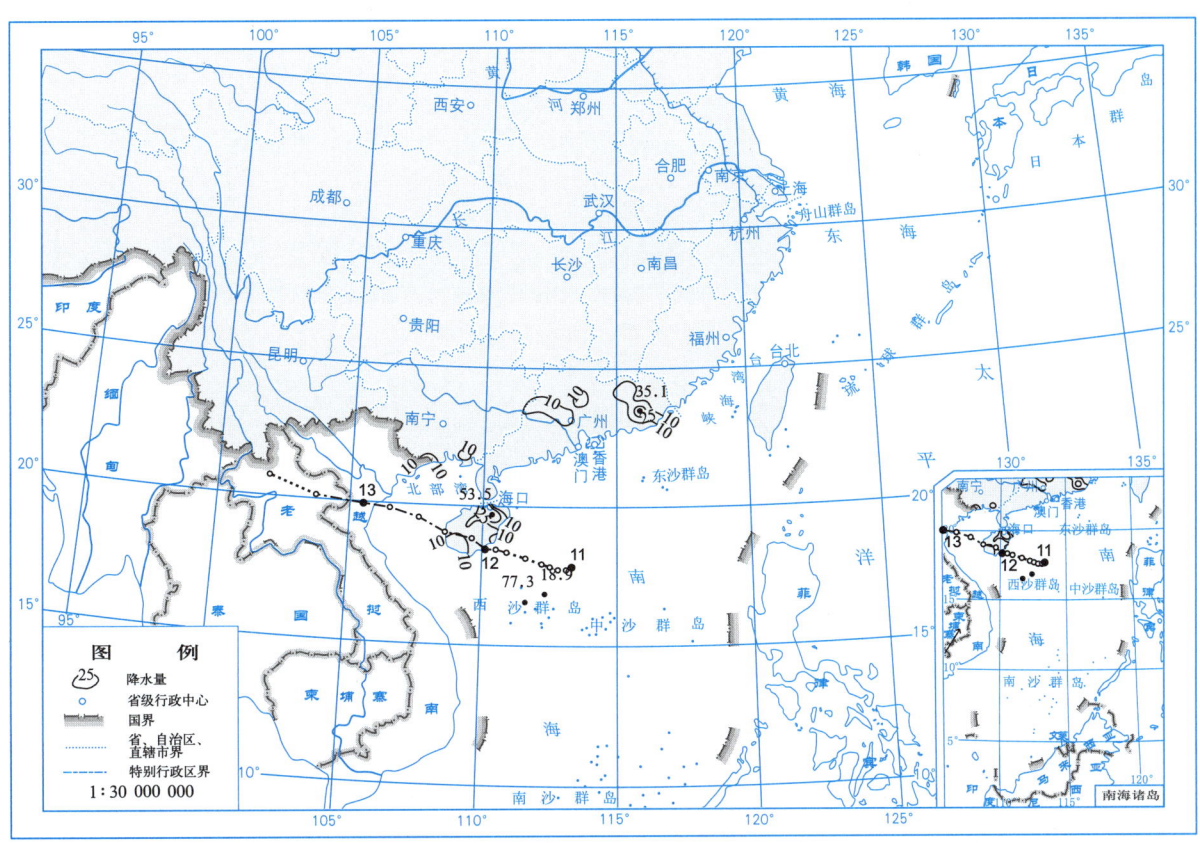

图 2.5.5　2021 年 6 月 11 日日降水量（mm）

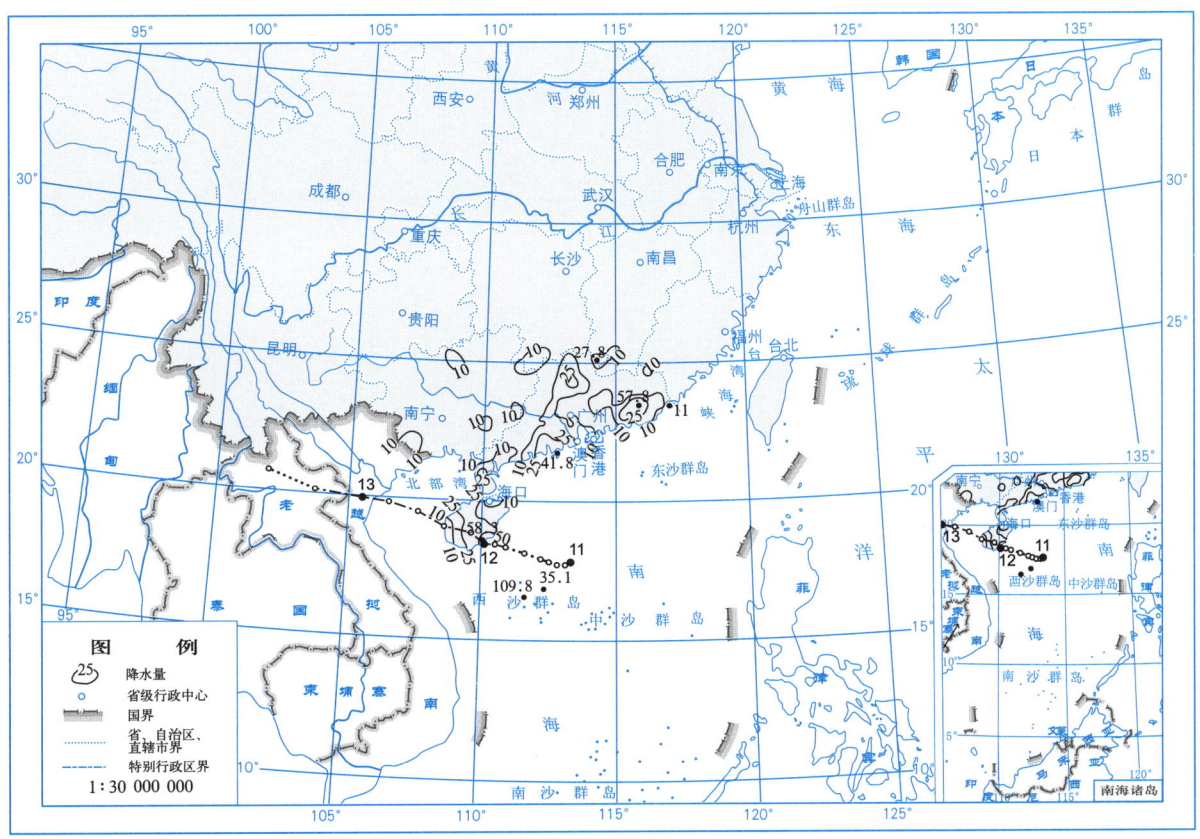

图 2.5.6　2021 年 6 月 12 日日降水量（mm）

热带气旋年鉴 2021

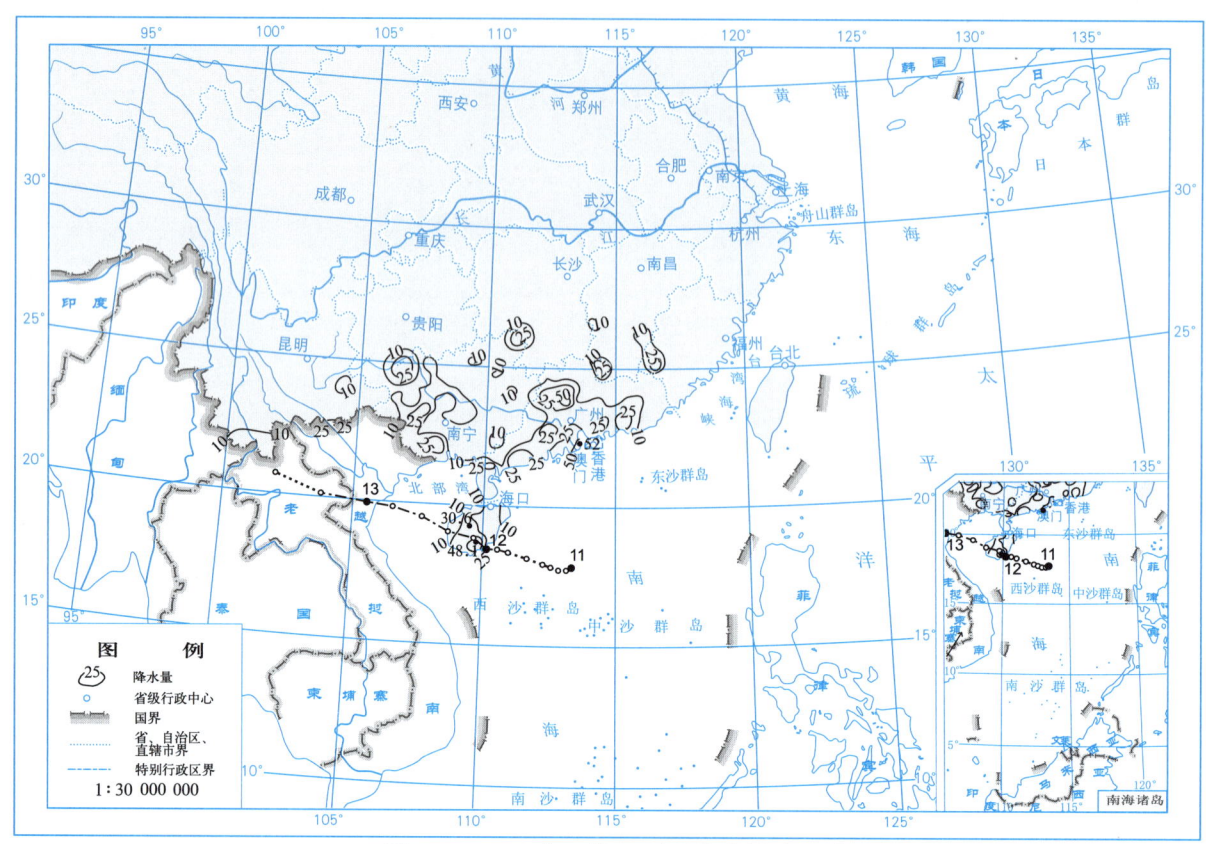

图 2.5.7　2021 年 6 月 13 日日降水量（mm）

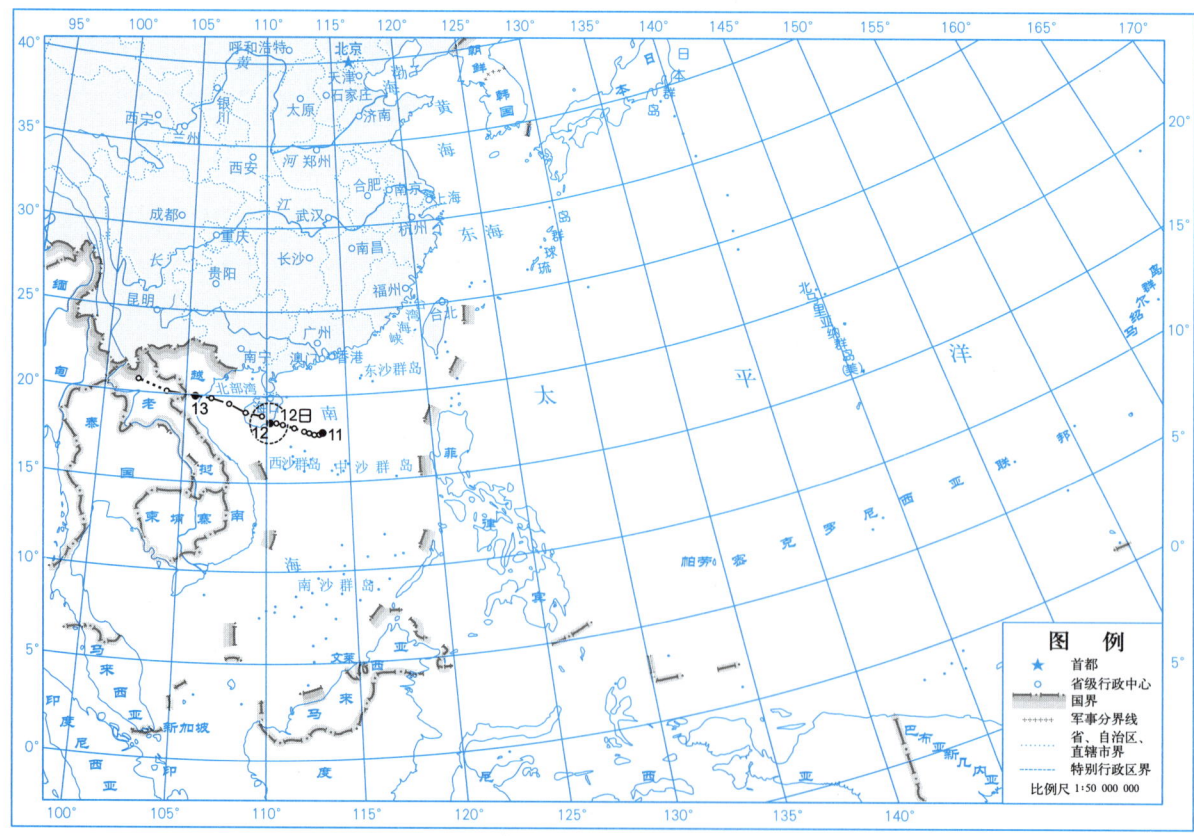

图 2.5.8　2104 号热带风暴"小熊"（Koguma）大风区域演变

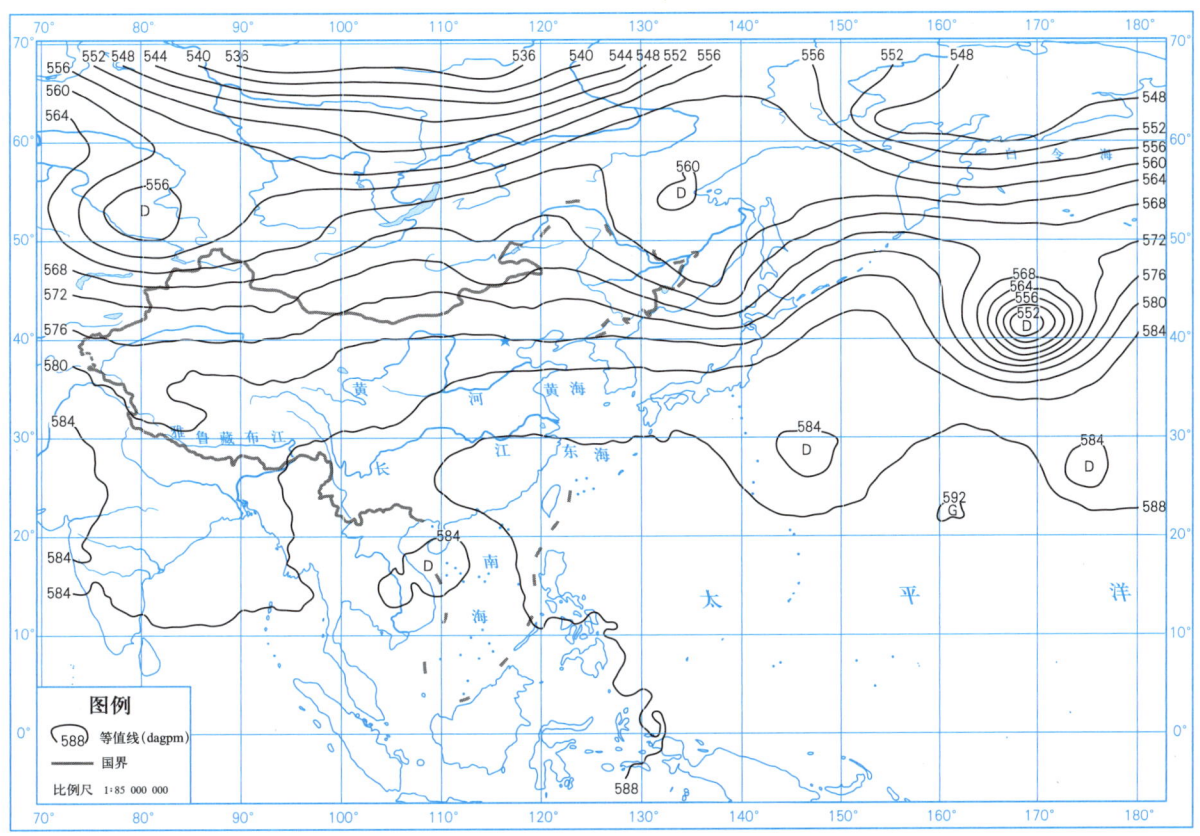

图 2.5.9　2021 年 6 月 12 日 08 时 500 hPa 高度场

2.6 2105 号台风"蔷琵"(Champi)

第 2105 号台风"蔷琵"是由 6 月 20 日早晨位于霍尔群岛附近的西北太平洋洋面上一个热带低压发展形成。形成后低压中心向西偏北方向缓慢移动，22 日擦过关岛后逐渐转向偏北，次日加强为热带风暴，25 日凌晨继续加强为强热带风暴，夜间进一步增强至台风。之后，台风"蔷琵"加速北行，强度减弱，27 日减弱至热带风暴，并逐渐加大向东移动的分量，于 28 日早晨发生变性，随即下午在日本以东的西北太平洋洋面上减弱消散。

表 2.6.1 是台风"蔷琵"的中心位置和强度。图 2.6.1～图 2.6.3 分别是台风"蔷琵"的路径图、大风区域演变图和 2021 年 6 月 26 日 14 时 500 hPa 高度场图。

表 2.6.1 2105 号台风"蔷琵"(Champi) 6 月 20—28 日中心位置和强度

年	月	日	时	中心位置 北纬 /°N	中心位置 东经 /°E	中心气压 /hPa	中心风速 /(m/s)
2021	6	20	8	9.9	150.9	1006	13
	6	20	14	10.2	150.2	1006	13
	6	20	20	10.8	149.4	1006	13
	6	21	02	11.2	148.6	1006	13
	6	21	08	11.6	147.8	1006	13
	6	21	14	11.9	146.7	1006	13
	6	21	20	12.2	145.6	1006	13
	6	22	02	12.6	144.6	1006	13
	6	22	08	13.4	143.5	1006	13
	6	22	14	14.2	142.5	1004	15
	6	22	20	14.8	142.0	1004	15
	6	23	02	15.4	141.6	1004	15
	6	23	08	16.2	141.0	1002	18
	6	23	14	17.0	140.8	1000	20
	6	23	20	17.7	140.6	995	23
	6	24	02	18.2	140.2	995	23
	6	24	08	18.7	140.0	995	23
	6	24	14	19.2	139.8	995	23
	6	24	20	19.6	139.7	995	23

(续表)

年	月	日	时	中心位置		中心气压 /hPa	中心风速 /(m/s)
				北纬/°N	东经/°E		
2021	6	25	02	20.1	139.6	988	28
	6	25	08	20.9	139.2	985	30
	6	25	14	21.9	139.1	985	30
	6	25	20	22.8	139.1	980	33
	6	26	02	23.7	139.2	980	33
	6	26	08	24.8	139.7	980	33
	6	26	14	25.8	140.0	980	33
	6	26	20	26.9	140.3	988	28
	6	27	02	28.2	140.8	995	23
	6	27	08	30.0	141.3	998	20
	6	27	14	31.9	142.4	1000	18
	6	27	20	34.1	143.6	1000	18
	6	28	02	36.1	145.5	998	15
△	6	28	08	37.8	148.3	998	15
	6	28	14	39.4	151.2	998	15
消散							

热带气旋年鉴2021

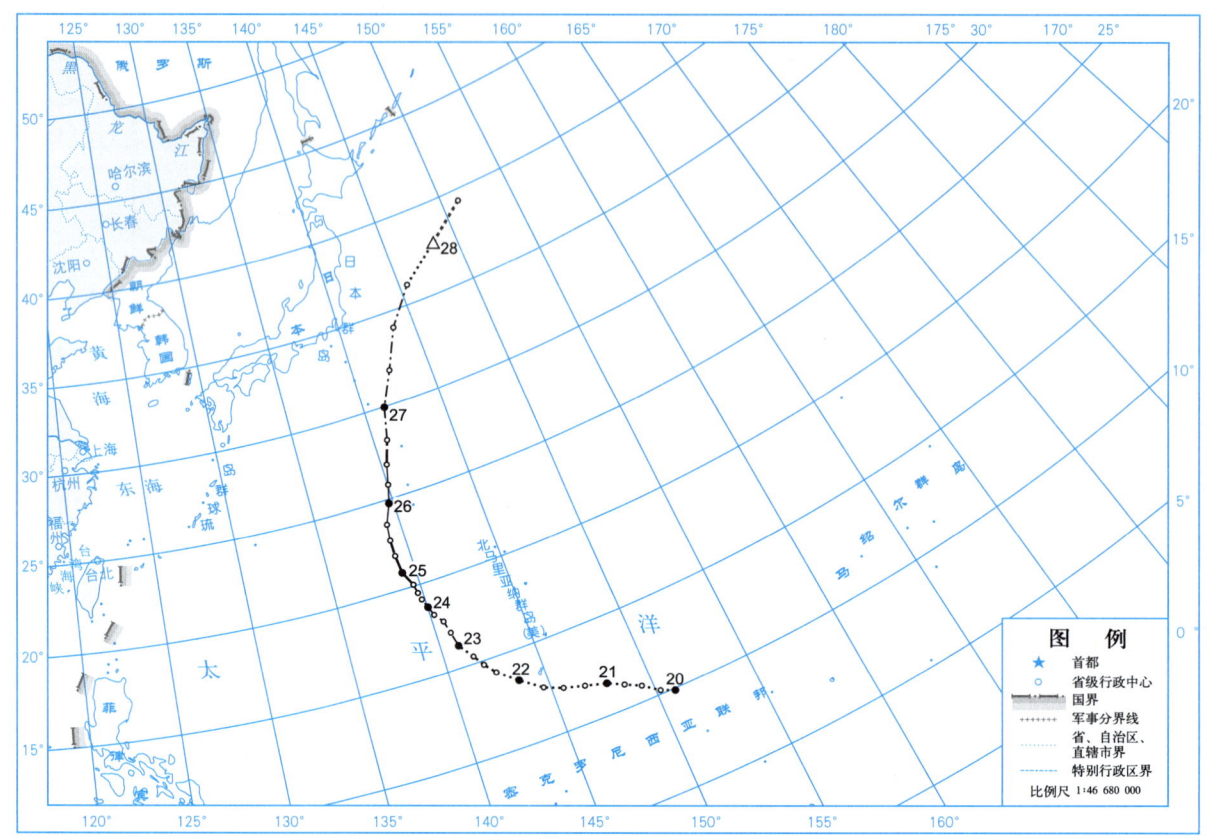

图 2.6.1　2105 号台风"蔷琵"（Champi）路径

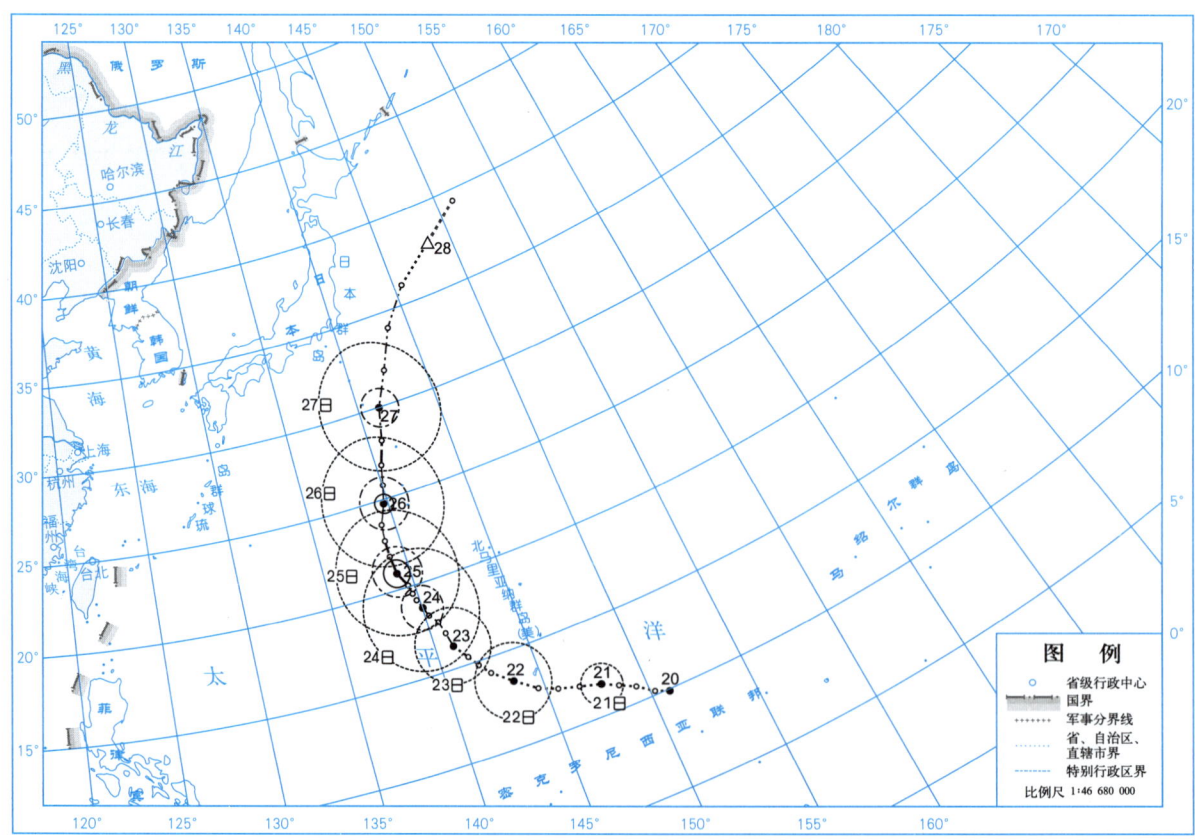

图 2.6.2　2105 号台风"蔷琵"（Champi）大风区域演变

· 48 ·

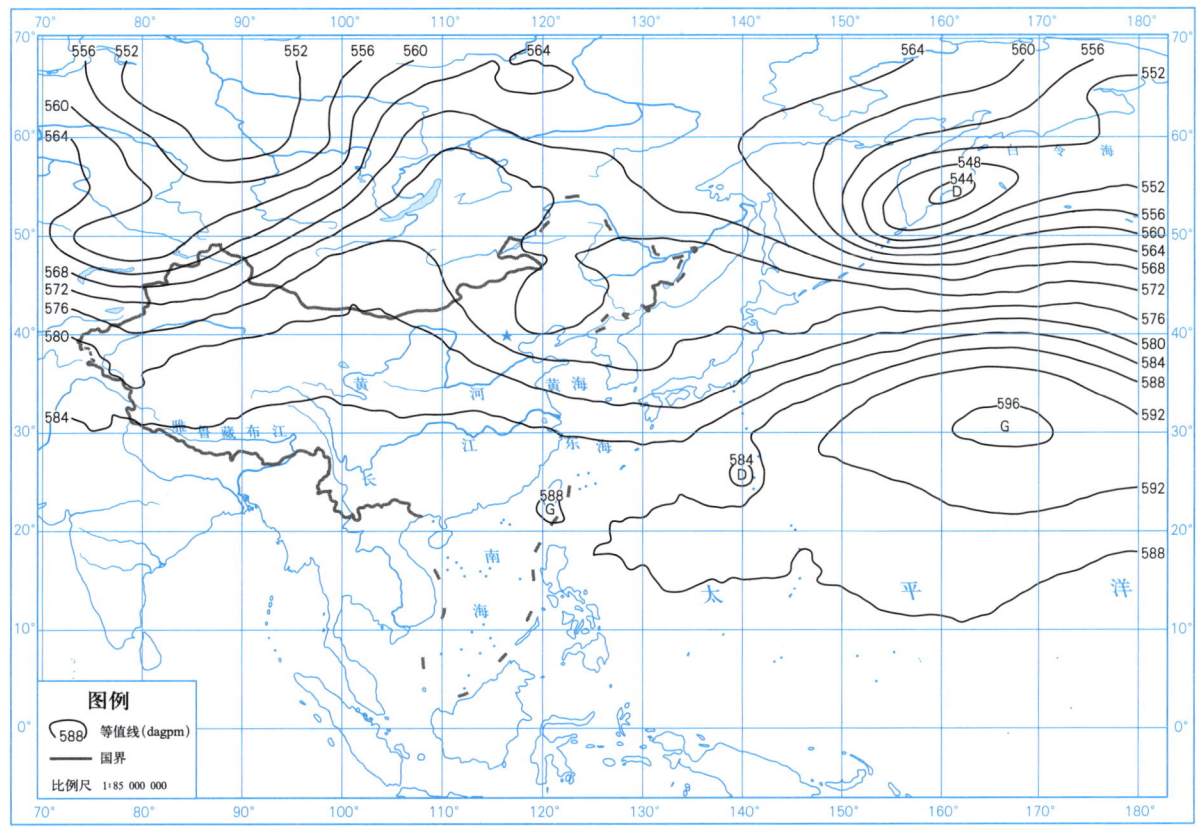

图 2.6.3　2021 年 6 月 26 日 14 时 500 hPa 高度场

2.7 热带低压（TD2102）

热带低压（TD2102）7月6日早晨在我国西沙群岛附近的南海海面上形成。形成后低压中心向北偏西方向移动，7日逐渐加大西行的分量，当日11时登陆海南陵水，登陆时近中心最大风速15 m/s，中心最低气压998 hPa。登陆后，热带低压（TD2102）穿过海南岛，下午进入北部湾，8日早晨登陆越南北部沿海，随即在越南境内消散。

受热带低压影响，7月6—8日，广东徐闻、广西南部局部出现最大风力6级、阵风8～10级，广西大新出现最大风力6级（13.8 m/s）、阵风9级（21.4 m/s），广西天等出现最大风力6级（13.6 m/s）、阵风10级（27.6 m/s），为本次热带低压影响过程风极值。

受其影响，7月6—8日，海南部分、广东中西部部分和广西南部部分总雨量为10～50 mm，海南局部、广东西南部局部和广西南部局部总雨量50～120 mm，海南三亚总雨量176.7 mm，7日雨量133.1 mm，广西防城8日04时雨量55.0 mm，分别为本次热带低压影响过程总雨量、日雨量和时雨量极值。

表2.7.1是热带低压（TD2102）的中心位置和强度。图2.7.1～图2.7.9分别是热带低压（TD2102）的路径图、总降水量图、大风分布图、总降水日数图、2021年7月6—8日的日降水量图、大风区域演变图和2021年7月7日08时500 hPa高度场图。

表 2.7.1　热带低压（TD2102）7月6—8日中心位置和强度

年	月	日	时	中心位置		中心气压 /hPa	中心风速 /（m/s）
				北纬 /°N	东经 /°E		
2021	7	6	08	15.0	111.9	1002	13
	7	6	11	15.4	112.0	1002	13
	7	6	14	15.8	112.0	1000	15
	7	6	17	16.2	111.9	1000	15
	7	6	20	16.7	111.7	1000	15
	7	6	23	17.2	111.4	1000	15
	7	7	02	17.6	111.2	1000	15
	7	7	05	18.0	110.9	1000	15
	7	7	08	18.2	110.5	998	15
	7	7	11	18.4	109.8	998	15
	7	7	14	18.7	109.0	1000	13
	7	7	20	19.2	107.8	1000	13

(续表)

年	月	日	时	中心位置		中心气压 /hPa	中心风速 /(m/s)
				北纬 /°N	东经 /°E		
2021	7	8	02	19.4	106.8	1000	13
	7	8	08	19.6	105.7	1005	13
消散							

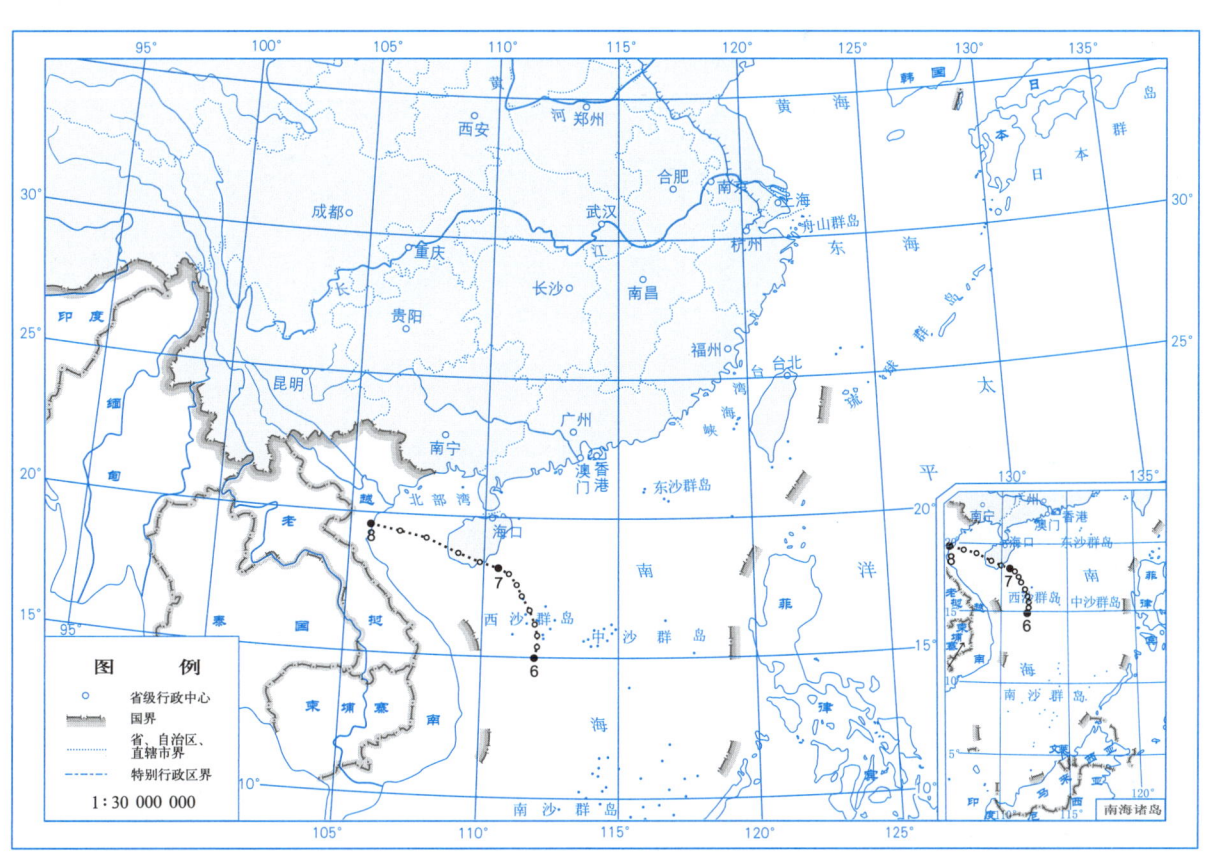

图 2.7.1　热带低压（TD2102）路径

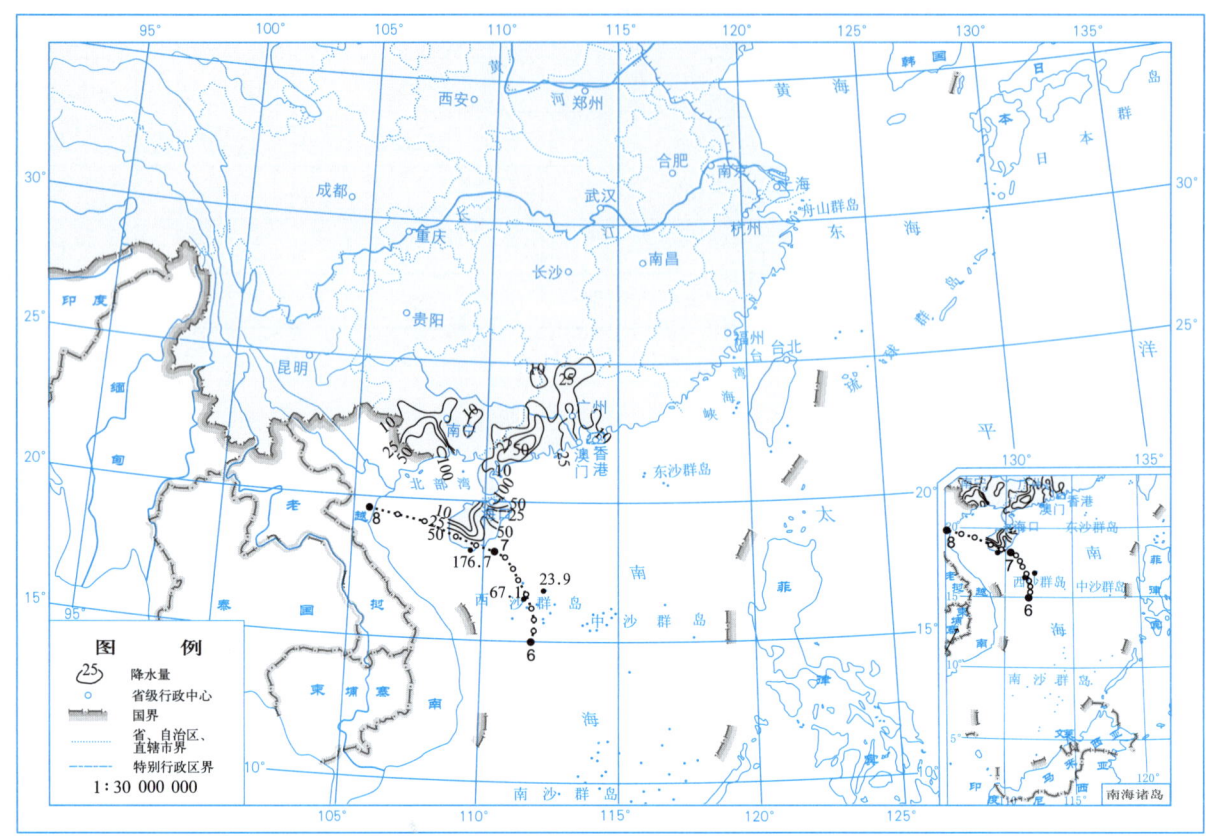

图 2.7.2 热带低压（TD2102）总降水量（mm）（7月6—8日）

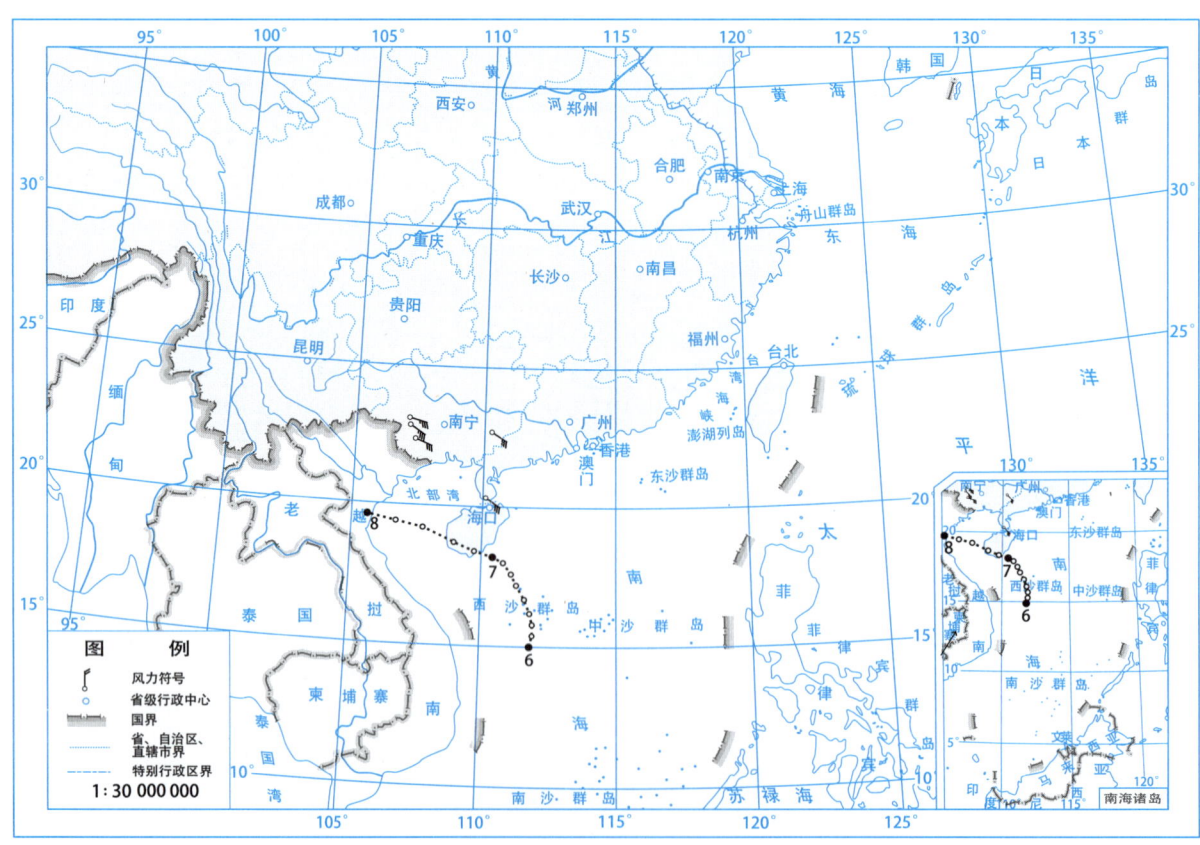

图 2.7.3 热带低压（TD2102）大风分布（7月6—8日）

2 2021年逐个热带气旋概述

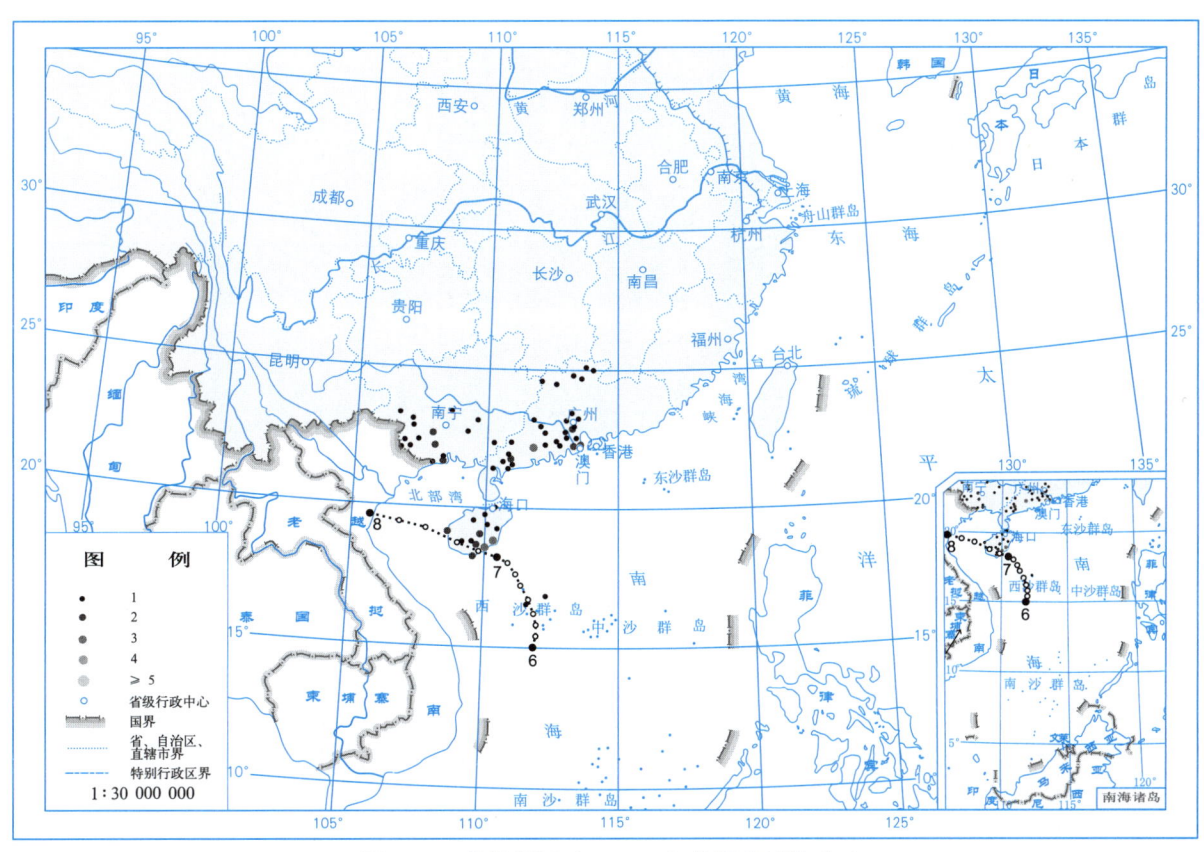

图 2.7.4 热带低压（TD2102）总降水日数（d）

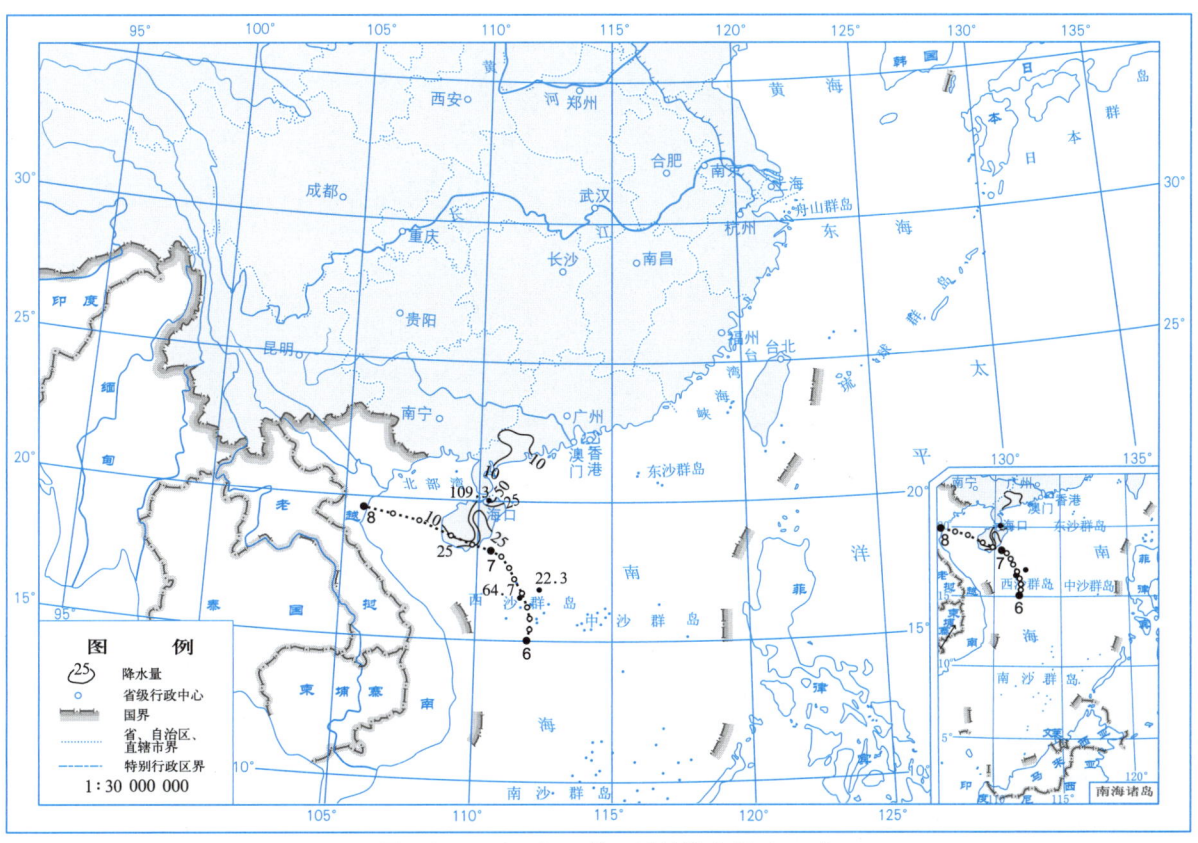

图 2.7.5 2021年7月6日日降水量（mm）

·53·

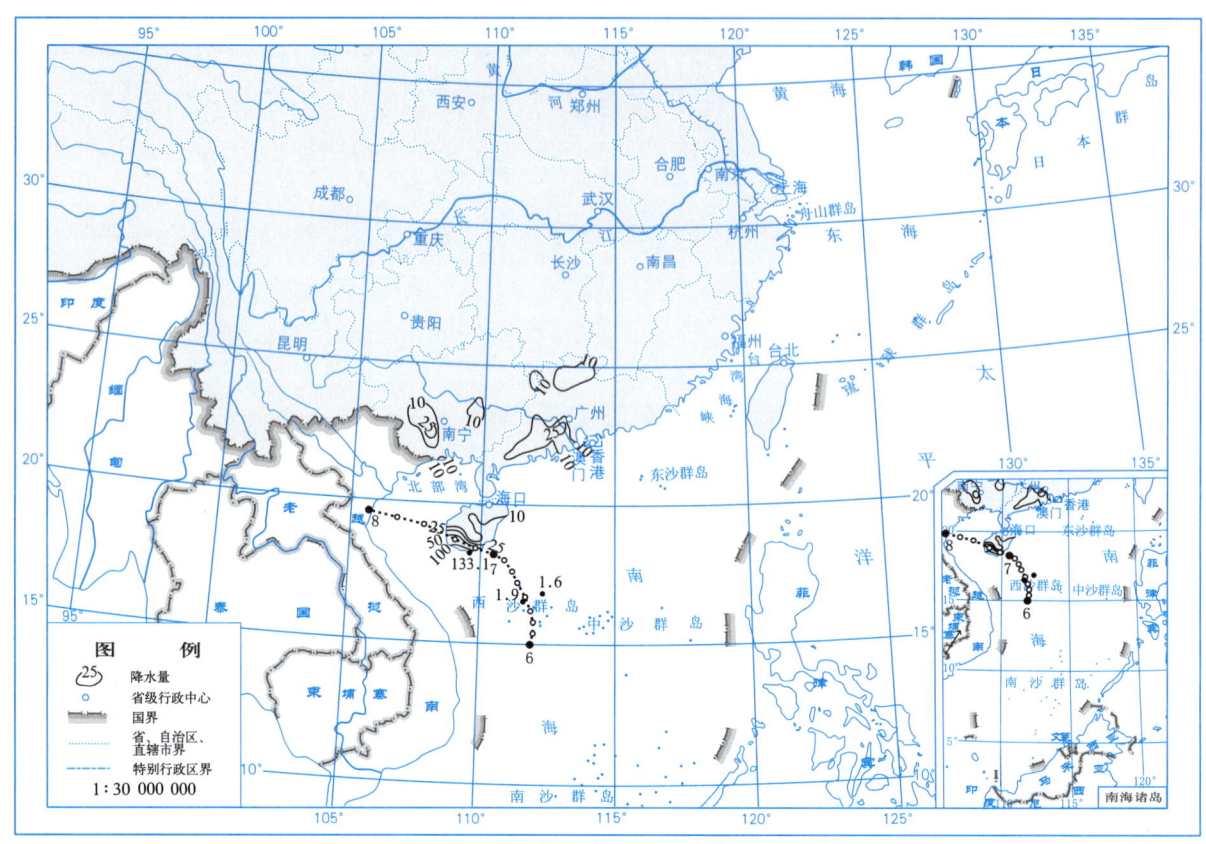

图 2.7.6　2021 年 7 月 7 日日降水量（mm）

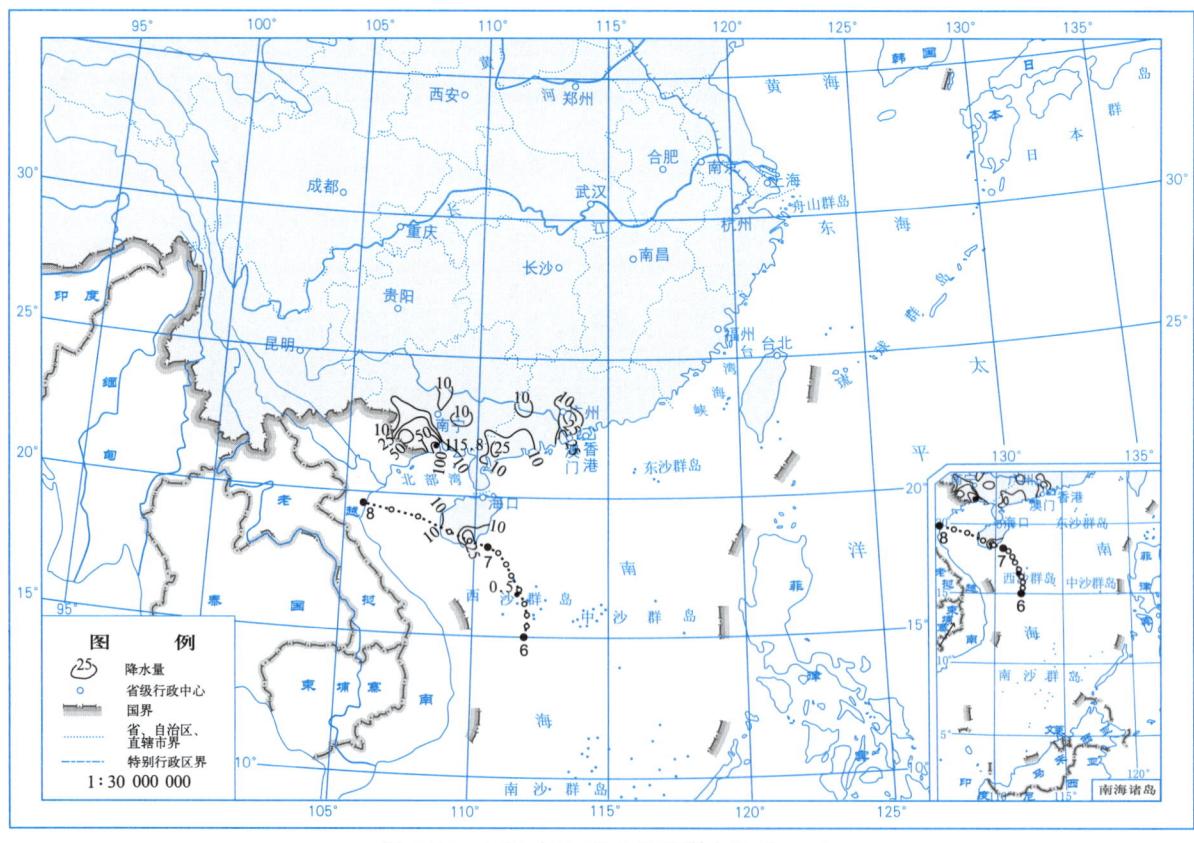

图 2.7.7　2021 年 7 月 8 日日降水量（mm）

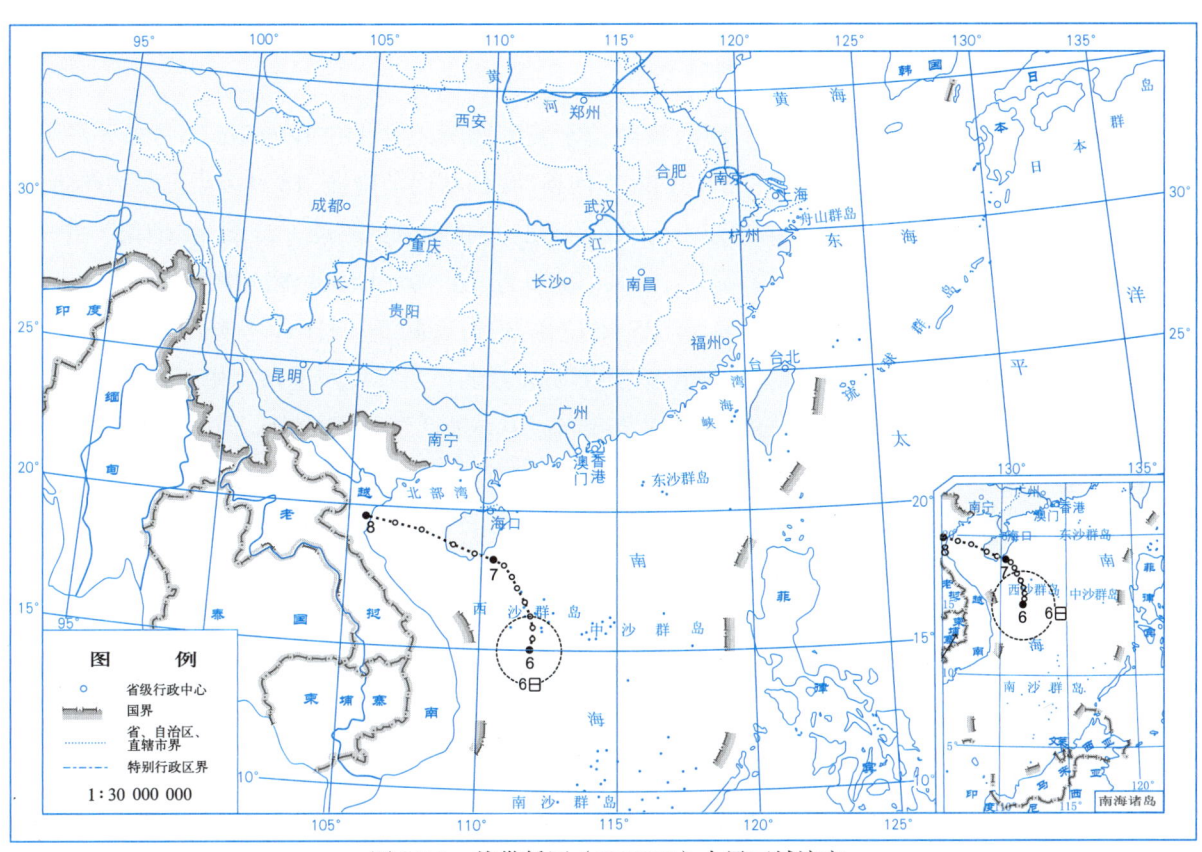

图 2.7.8　热带低压（TD2102）大风区域演变

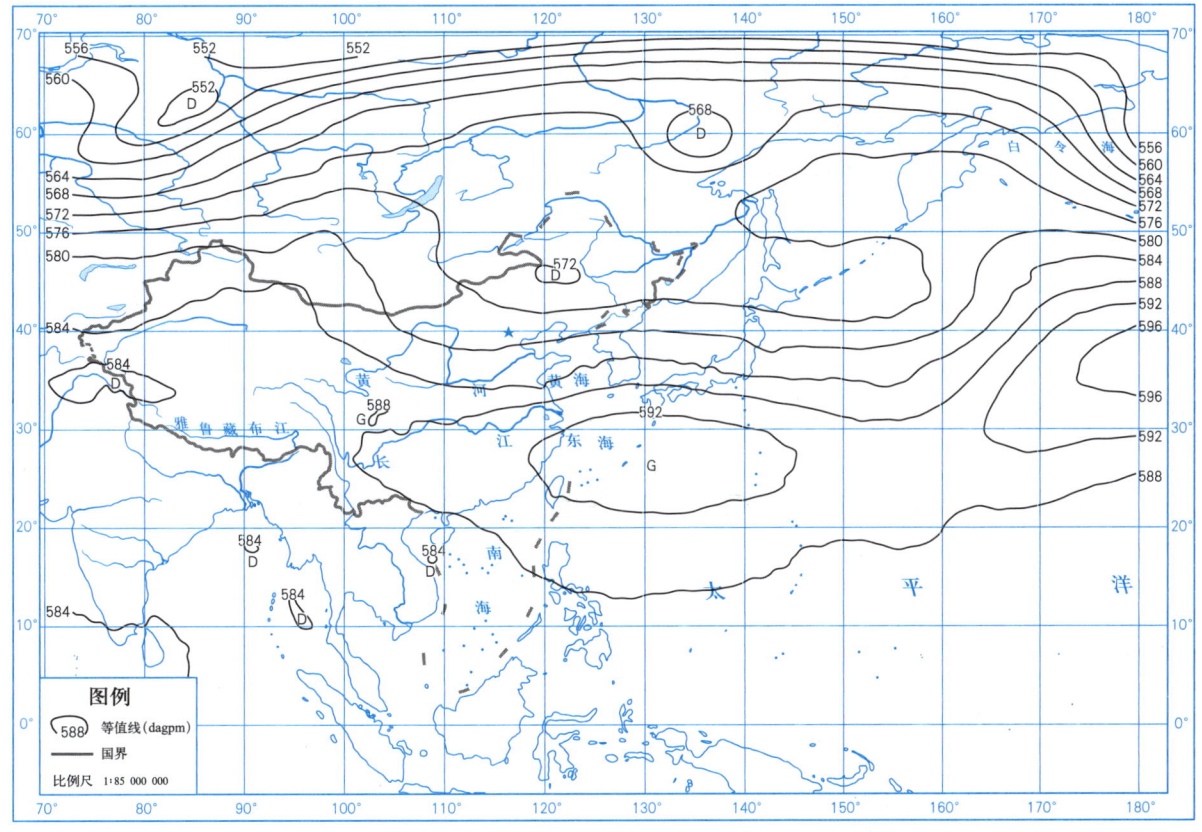

图 2.7.9　2021 年 7 月 7 日 08 时 500 hPa 高度场

2.8 2106号强台风"烟花"(In-Fa)

第2106号强台风"烟花"是由7月16日夜间位于美国塞班岛以西约1200 km的西北太平洋洋面上一个热带低压发展形成。形成后低压中心向西北方向移动,强度逐渐增强,18日凌晨发展为热带风暴,次日加强为强热带风暴,20日下午继续增强为台风,并转向西偏南方向移动。21日,"烟花"进一步增强至强台风,次日折向北偏西,尔后强度减弱为台风,24日进入东海海域,逐渐向华东沿海靠近。之后,"烟花"继续向北偏西方向移动,强度维持,于25日12时30分登陆浙江舟山,登陆时近中心最大风速35 m/s,中心最低气压968 hPa。登陆后,"烟花"强度明显减弱,当日夜间进入杭州湾,于26日09时50分二次登陆浙江平湖,登陆时近中心最大风速25 m/s,中心最低气压978 hPa。二次登陆后,"烟花"强度进一步减弱,向西北方向移动,移速缓慢,途径浙江、江苏、安徽,并数次在原地打转。28日夜间,"烟花"转向偏北,强度减弱至低压,经过山东、河北,于30日折向偏东,移入渤海海域,随即变性为温带气旋,加速向东北方向移动,31日早晨快速在渤海海域消散。

受强台风"烟花"和台风"查帕卡"以及北方冷空气共同影响,7月21—30日,江西西部部分、福建沿海部分及九仙山和秀屿、浙江沿海大部及西部局部、上海部分、江苏部分、安徽局部、湖北蕲春、山东部分、山西壶关和隰县、河南局部、河北南部局部出现最大风力6~7级、阵风7~11级;浙江北部沿海局部、安徽黄山、江苏西连岛、山东泰山出现最大风力8~9级、阵风10~13级;浙江嵊泗出现最大风力11级(32.5 m/s)、阵风13级(40.8 m/s);浙江大陈出现最大风力11级(32.0 m/s)、阵风14级(42.8 m/s)为本次强台风影响过程风极值。

受其影响,7月21日—8月1日,广东东部部分、福建大部、湖南东部局部、江西部分、浙江南部部分、安徽局部、湖北局部、河南大部、山东半岛部分、山西部分、河北部分、北京东南部部分、内蒙古东部部分、吉林部分、辽宁部分、黑龙江中西部部分地区总雨量为10~50 mm;广东东部局部、江西万载和南康、福建局部、浙江中南部部分、安徽大部、江苏沿海局部、山东部分、河南东部局部、河北东南部部分、北京南部局部、天津大部、辽宁中西部大部、吉林局部、黑龙江中西部部分、内蒙古东部局部总雨量为50~150 mm;浙江沿海和北部部分、上海北部部分、江苏大部、安徽局部、湖北东部局部、山东中西部和南部部分、河北东部局部、北京门头沟、天津中南部部分总雨量为150~300 mm;浙江北部局部、上海部分、江苏局部、安徽黄山总雨量为300~481 mm。浙江定海总雨量480.8 mm,江苏泗阳28日雨量322.3 mm,河北衡水1日00时81.1 mm,分别为本次强台风影响过程总雨量、日雨量及小时雨量极值。

受"烟花"外围云系影响,7月22—23日,福建和浙江出现中到大雨局部暴雨;7月24—26日,"烟花"逐渐靠近并登陆浙江北部沿海,浙江中北部连续3天出现大面积暴雨到大暴雨;25—27日,上海连续3日出现大面积暴雨到大暴雨;随着"烟花"继续移向西北并在安徽北部打转,27—28日,暴雨大暴雨区向安徽、江苏和山东不断扩展,28日江苏西部出现大面积大暴雨,洪泽(263.7 mm)、高邮(287.1 mm)、江都(319.0 mm)和泗阳(322.3 mm)出现特大暴雨。29日,"烟花"转向北上,给山东和河南东南部以及天津带来了大面积暴雨到大暴雨。7月30日—8月1日,"烟花"折向东北行,雨势减弱,但仍给天津、河北及东北三省带来了大到暴雨(表2.8.1)。

受其影响,造成河北、内蒙古、辽宁、上海、江苏、浙江、安徽和山东省(区、市)出现了一定程度的灾情。总计受灾人数达到481.9万人，紧急避险转移人数114.1万人，紧急转移安置人数143万人，农作物受灾面积达到35.82万 hm^2，农作物绝收面积达到3.64万 hm^2，倒塌房屋500间，直接经济损失132亿元（表2.8.2）。

图2.8.1～图2.8.17分别是强台风"烟花"的路径图、总降水量图、总降水日数图、大风分布图、2021年7月22日—8月1日的日降水量图、大风区域演变图和2021年7月25日08时500 hPa高度场图。

表2.8.1 2106号强台风"烟花"（In-Fa）7月16—31日中心位置和强度

年	月	日	时	中心位置		中心气压 /hPa	中心风速 /（m/s）
				北纬/°N	东经/°E		
2021	7	16	20	18.8	134.8	1002	13
	7	17	02	19.8	134.1	1002	13
	7	17	08	20.5	133.5	1000	15
	7	17	14	21.1	133.1	1000	15
	7	17	20	21.6	132.8	1000	15
	7	18	02	22.2	132.5	998	18
	7	18	08	22.5	132.4	998	18
	7	18	14	22.8	132.3	995	20
	7	18	20	23.3	132.1	995	20
	7	19	02	23.6	131.9	990	23
	7	19	08	23.9	131.8	985	25
	7	19	14	24.0	131.7	982	28
	7	19	20	24.0	131.5	982	28
	7	20	02	24.1	131.2	982	28
	7	20	08	24.5	130.8	980	30
	7	20	14	24.7	129.8	975	33
	7	20	20	24.5	129.0	970	35
	7	21	02	24.1	128.2	965	38
	7	21	08	24.1	127.9	955	42
	7	21	14	24.2	127.2	955	42
	7	21	20	24.0	126.6	955	42
	7	22	02	23.7	126.2	955	42
	7	22	08	23.4	126.0	955	42
	7	22	14	23.5	125.9	955	42

(续表)

年	月	日	时	中心位置		中心气压 /hPa	中心风速 /(m/s)
				北纬/°N	东经/°E		
2021	7	22	20	23.6	125.8	955	42
	7	23	02	23.7	125.5	955	42
	7	23	08	24.2	125.4	965	38
	7	23	14	24.6	125.1	965	38
	7	23	20	24.8	125.0	965	38
	7	24	02	25.5	124.9	965	38
	7	24	08	26.4	124.6	965	38
	7	24	14	27.2	124.3	965	38
	7	24	17	27.5	124.2	965	38
	7	24	20	27.9	124.1	965	38
	7	24	23	28.3	123.9	965	38
	7	25	02	28.6	123.7	968	35
	7	25	05	29.2	123.4	968	35
	7	25	08	29.7	123.0	968	35
	7	25	11	29.9	122.7	968	35
	7	25	14	30.0	122.2	970	33
	7	25	17	30.0	122.1	972	30
	7	25	20	30.1	121.9	972	30
	7	25	23	30.2	121.7	972	30
	7	26	02	30.4	121.5	975	28
	7	26	05	30.5	121.4	975	28
	7	26	08	30.6	121.2	978	25
	7	26	11	30.7	121.0	978	25
	7	26	14	30.8	120.9	978	25
	7	26	17	30.9	120.7	980	23
	7	26	20	31.0	120.4	980	23
	7	26	23	31.1	120.2	985	20
	7	27	02	31.2	120.0	985	20
	7	27	05	31.3	119.7	985	20

(续表)

年	月	日	时	中心位置		中心气压 /hPa	中心风速 /（m/s）
				北纬/°N	东经/°E		
2021	7	27	08	31.3	119.4	985	20
	7	27	11	31.3	119.1	985	20
	7	27	14	31.2	119.0	985	18
	7	27	17	31.2	119.1	985	18
	7	27	20	31.5	119.0	985	18
	7	27	23	31.9	118.7	985	18
	7	28	02	32.3	118.2	985	18
	7	28	05	32.4	117.9	985	18
	7	28	08	32.7	117.6	985	15
	7	28	11	33.1	117.1	985	15
	7	28	14	33.1	116.7	985	15
	7	28	17	32.8	116.6	985	15
	7	28	20	32.8	116.9	985	15
	7	28	23	33.3	116.9	988	15
	7	29	02	34.0	116.8	988	15
	7	29	05	34.5	116.7	988	15
	7	29	08	34.9	116.7	990	15
	7	29	11	35.3	116.9	990	15
	7	29	14	35.8	117.1	990	15
	7	29	17	36.3	117.2	990	15
	7	29	20	37.1	117.4	992	15
	7	29	23	37.8	117.5	992	15
	7	30	02	38.5	117.6	992	15
	7	30	08	38.5	118.2	992	15
	7	30	14	38.4	118.7	992	15
△	7	30	20	38.3	119.1	992	15
	7	31	02	39.0	120.1	994	13
	7	31	08	40.1	121.0	995	13
				消散			

表 2.8.2　2106 号强台风"烟花"(In-Fa)在河北、内蒙古、辽宁、
上海、江苏、浙江、安徽和山东省(区、市)引发的灾情

受灾省 (区、市)	受灾人口 /万人	死亡人口 /人	失踪人口 /人	紧急转移 人口/万人	农作物		倒塌房屋 /万间	直接经济损失 /亿元
					受灾面积 /万 hm²	绝收面积 /万 hm²		
河北省	1.5	0	0	0	0.11	0.01	0	0.3
内蒙古区	0.4	0	0	0	0.03	0	0	0.1
辽宁省	1.1	0	0	0	0.09	0	0	0.1
上海市	40.1	0	0	27	1.57	0.22	0	7.8
江苏省	54.6	0	0	1.1	6.16	0.13	0	5.3
浙江省	225.9	0	0	112.8	10.46	0.94	0.04	104.2
安徽省	133.5	0	0	1.6	15.09	2.24	0.01	13.5
山东省	24.8	0	0	0.5	2.31	0.10	0	0.7
合计	481.9	0	0	143	35.82	3.64	0.05	132

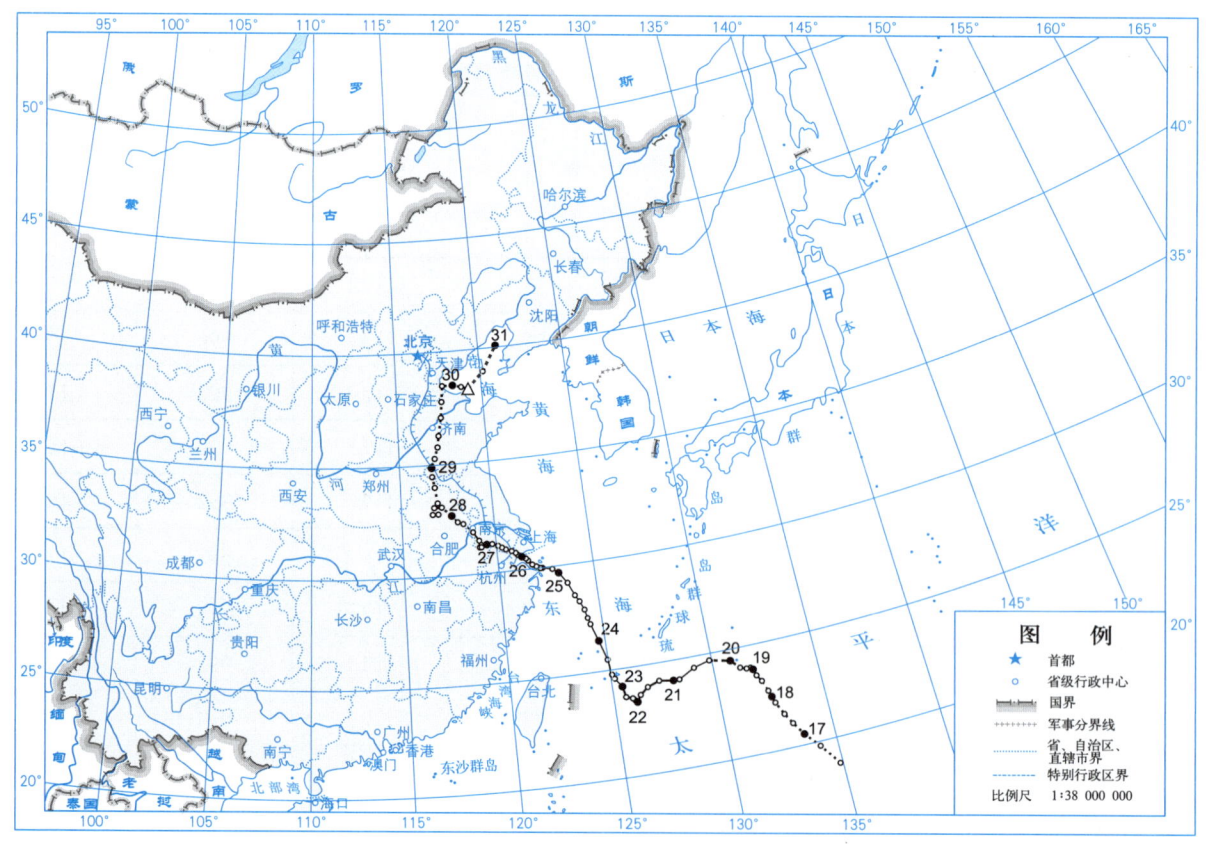

图 2.8.1　2106 号强台风"烟花"(In-Fa)路径

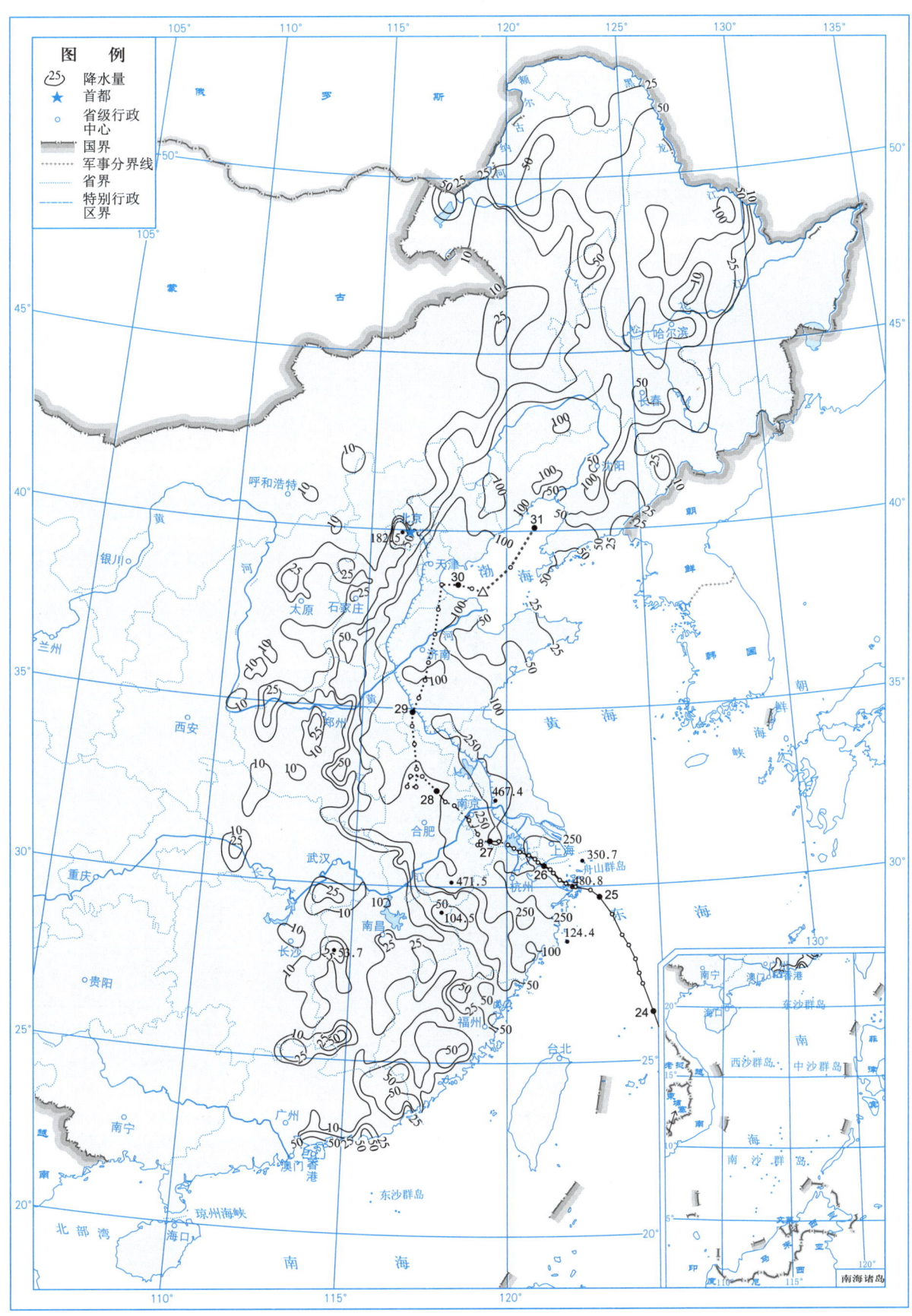

图 2.8.2　2106 号强台风"烟花"(In-Fa)总降水量(mm)(7月21日—8月1日)

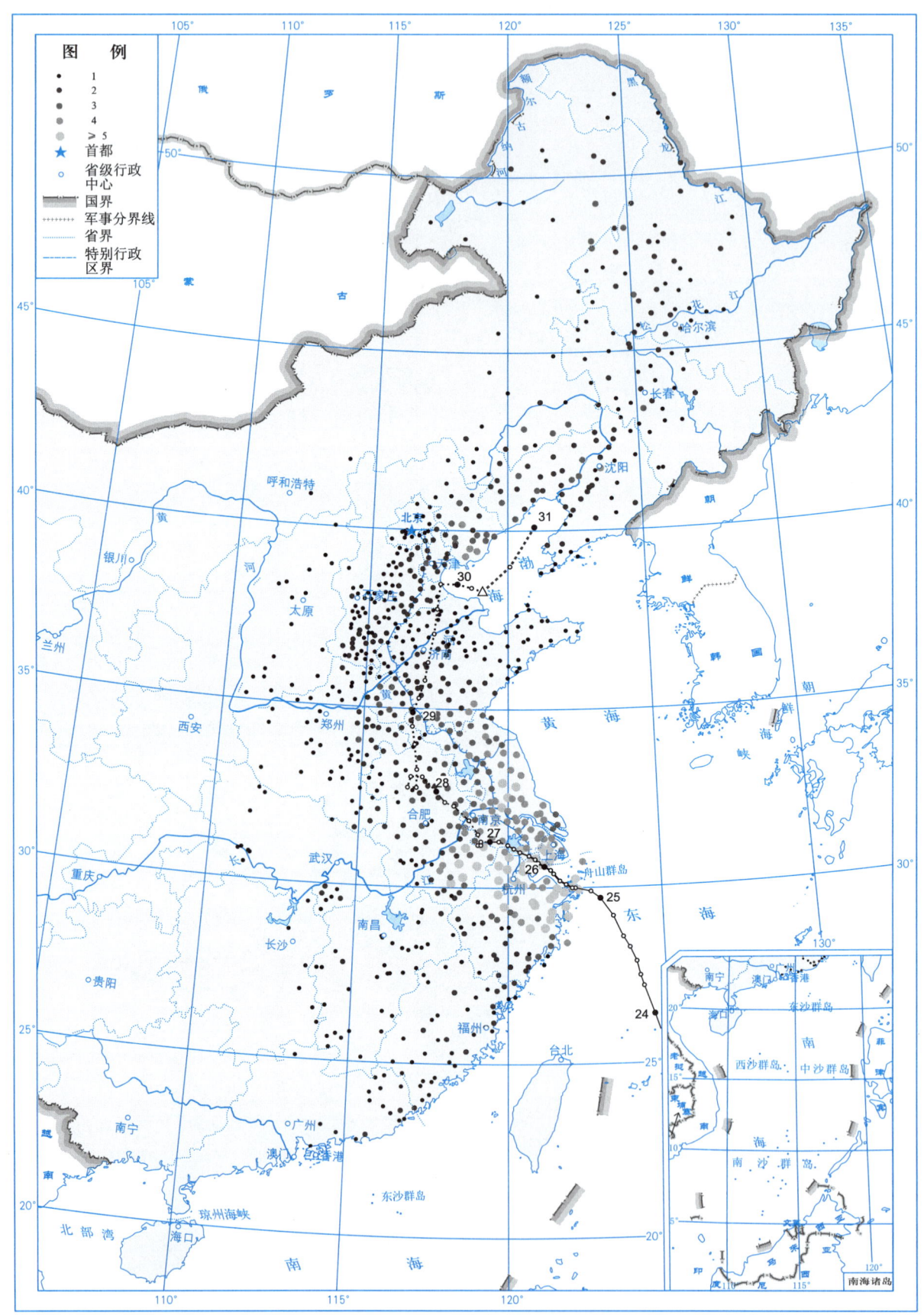

图 2.8.3　2106 号强台风"烟花"（In-Fa）总降水日数（d）

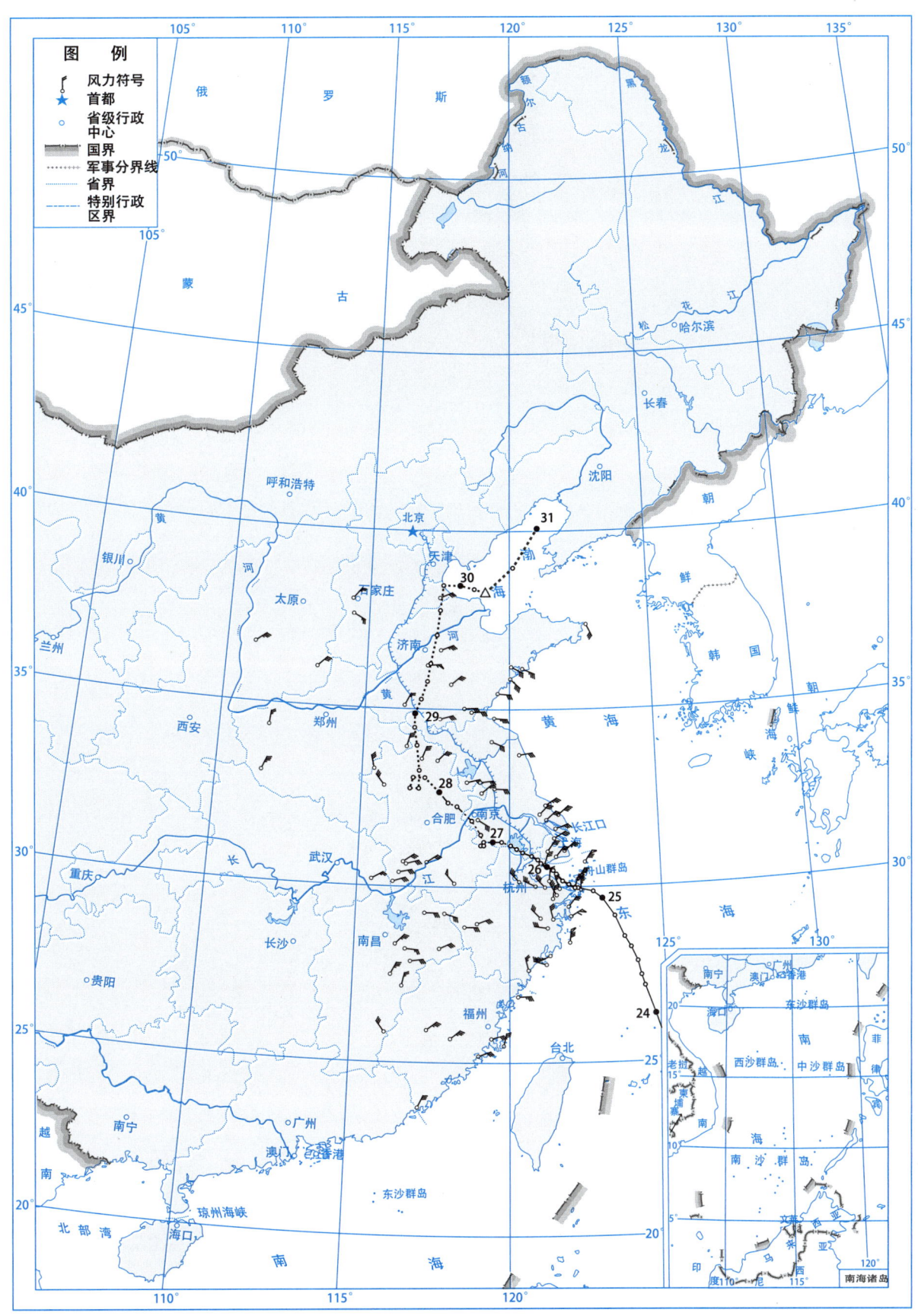

图 2.8.4 2106 号强台风"烟花"(In-Fa)大风分布(7 月 21—30 日)

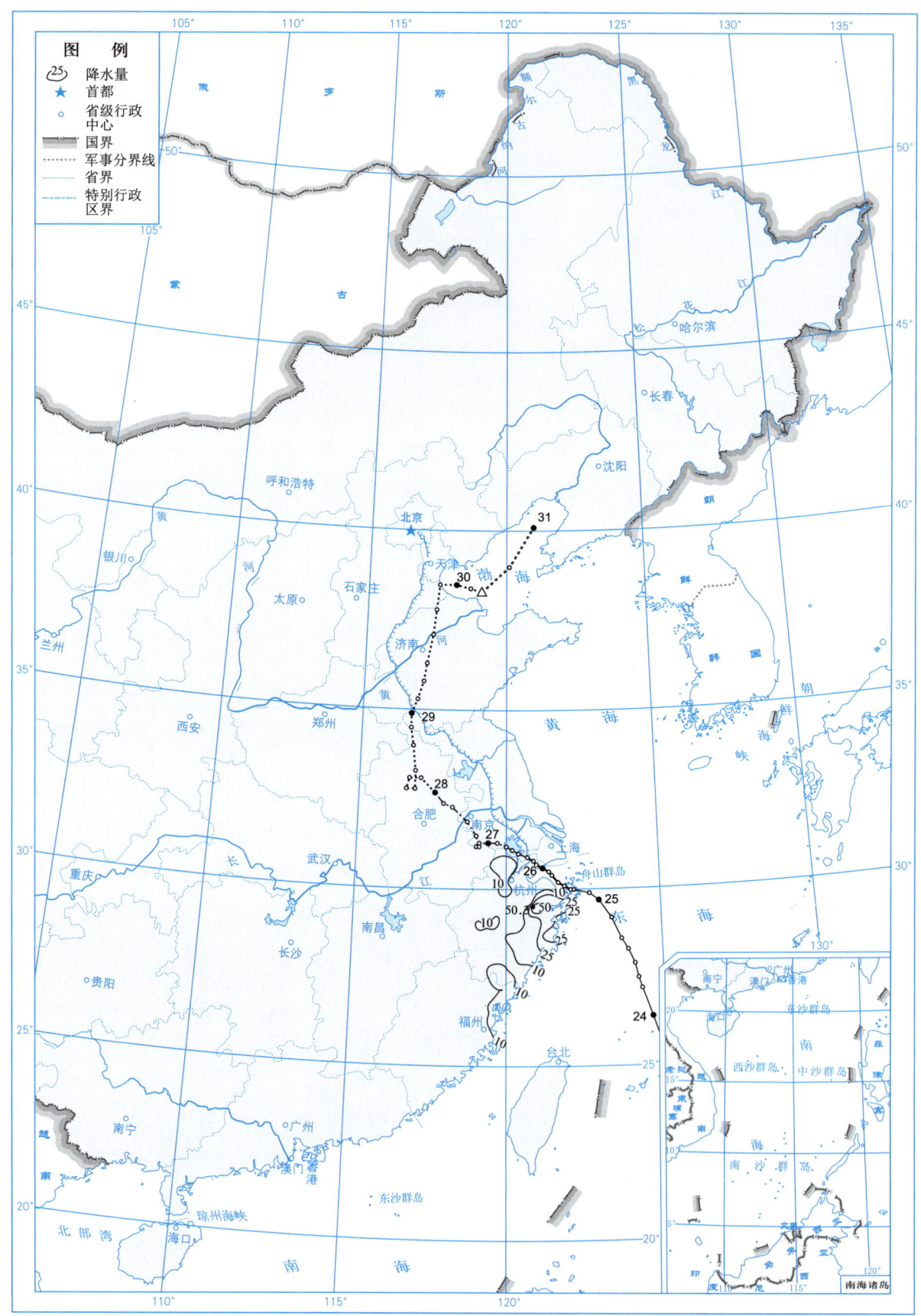

图 2.8.5　2021年7月22日日降水量（mm）

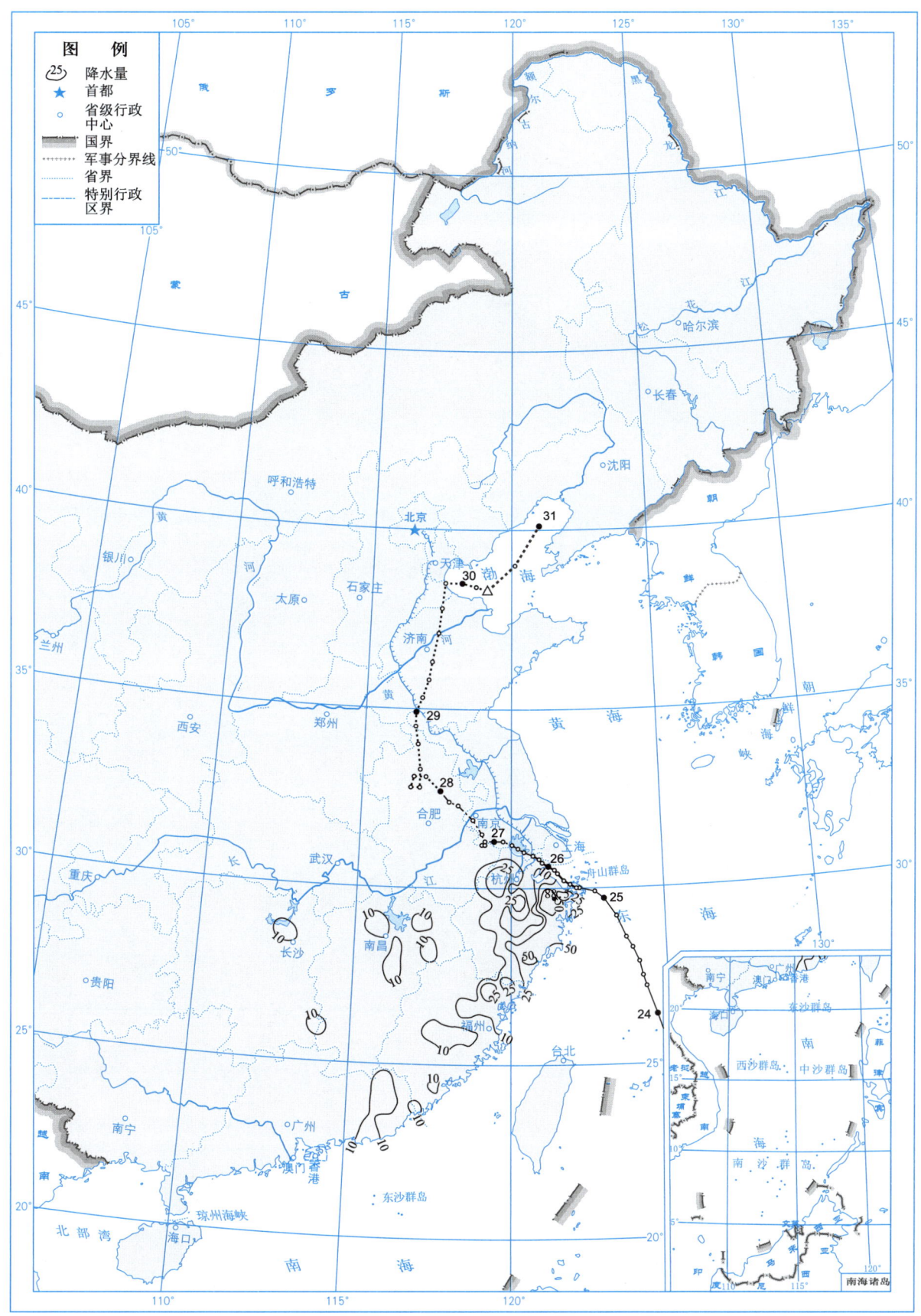

图 2.8.6 2021 年 7 月 23 日日降水量（mm）

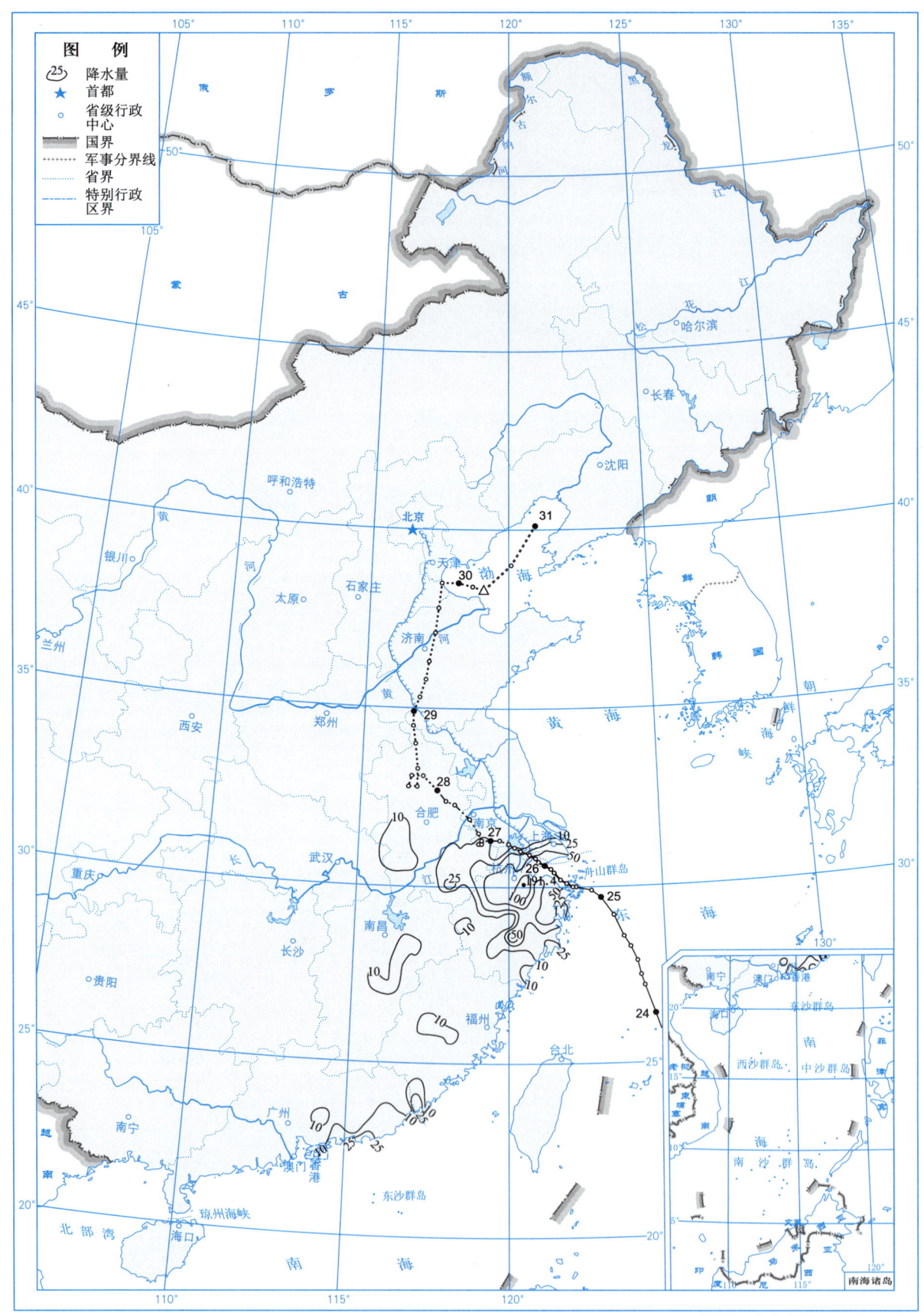

图 2.8.7　2021 年 7 月 24 日日降水量（mm）

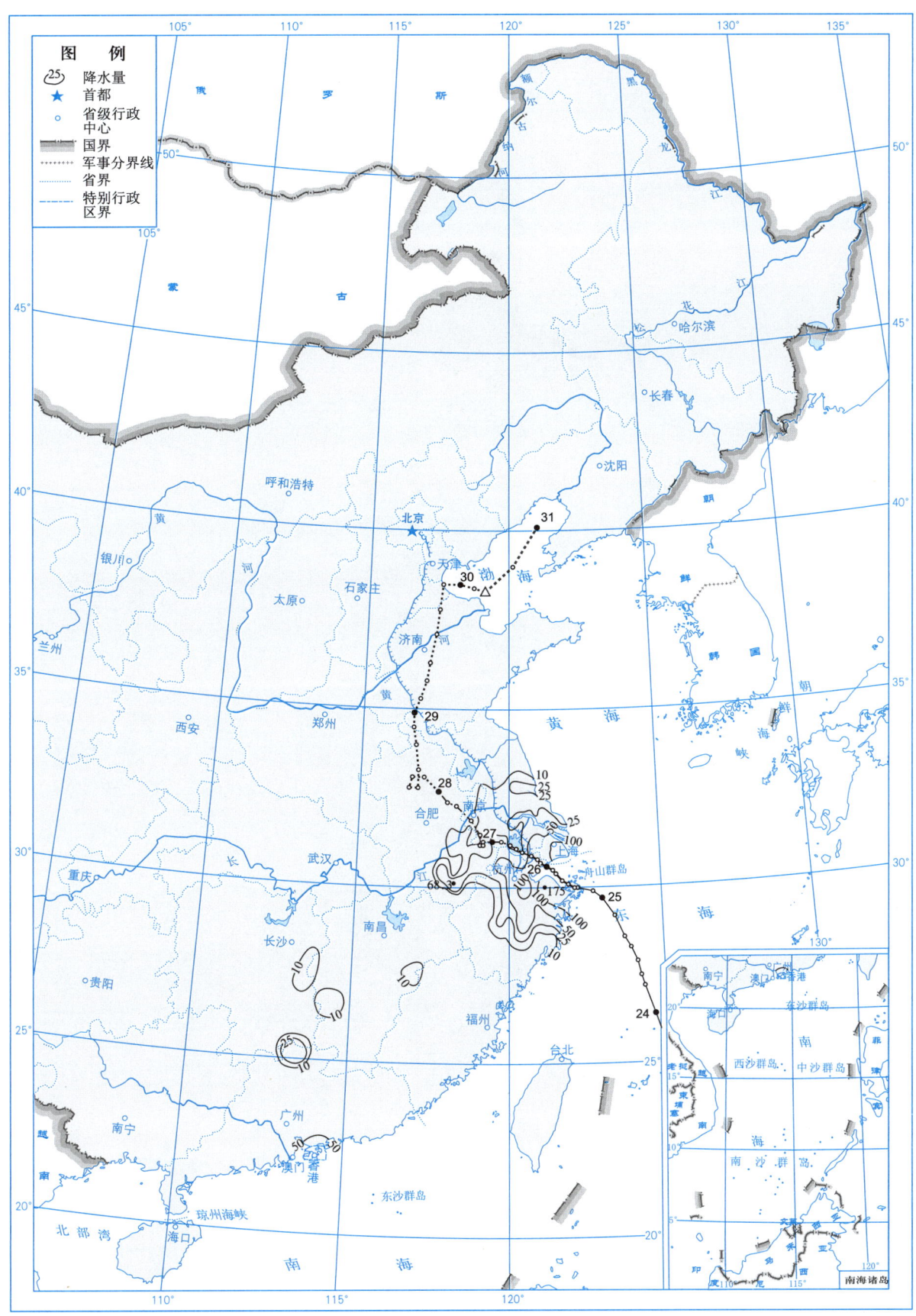

图 2.8.8　2021 年 7 月 25 日日降水量（mm）

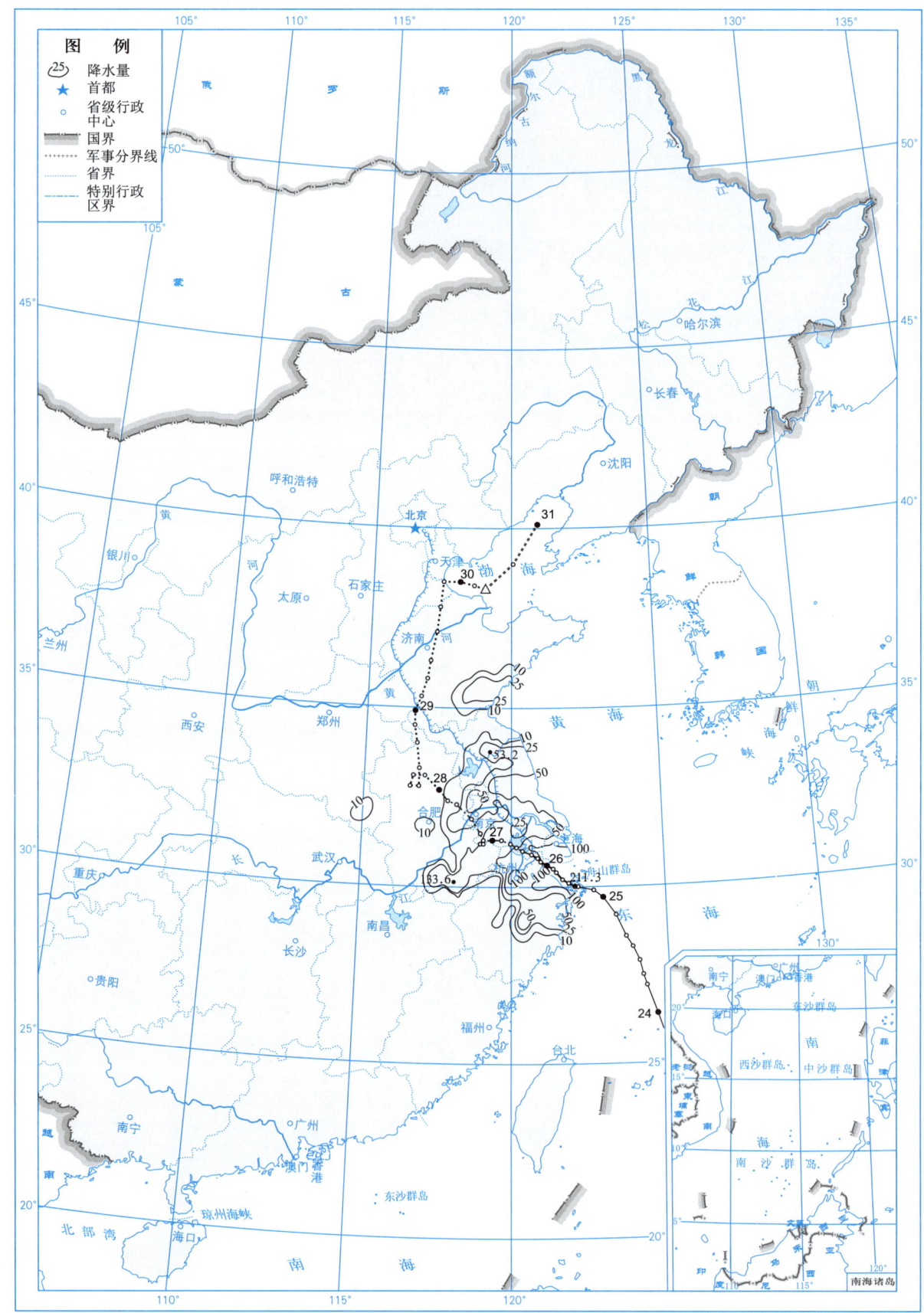

图 2.8.9　2021 年 7 月 26 日日降水量（mm）

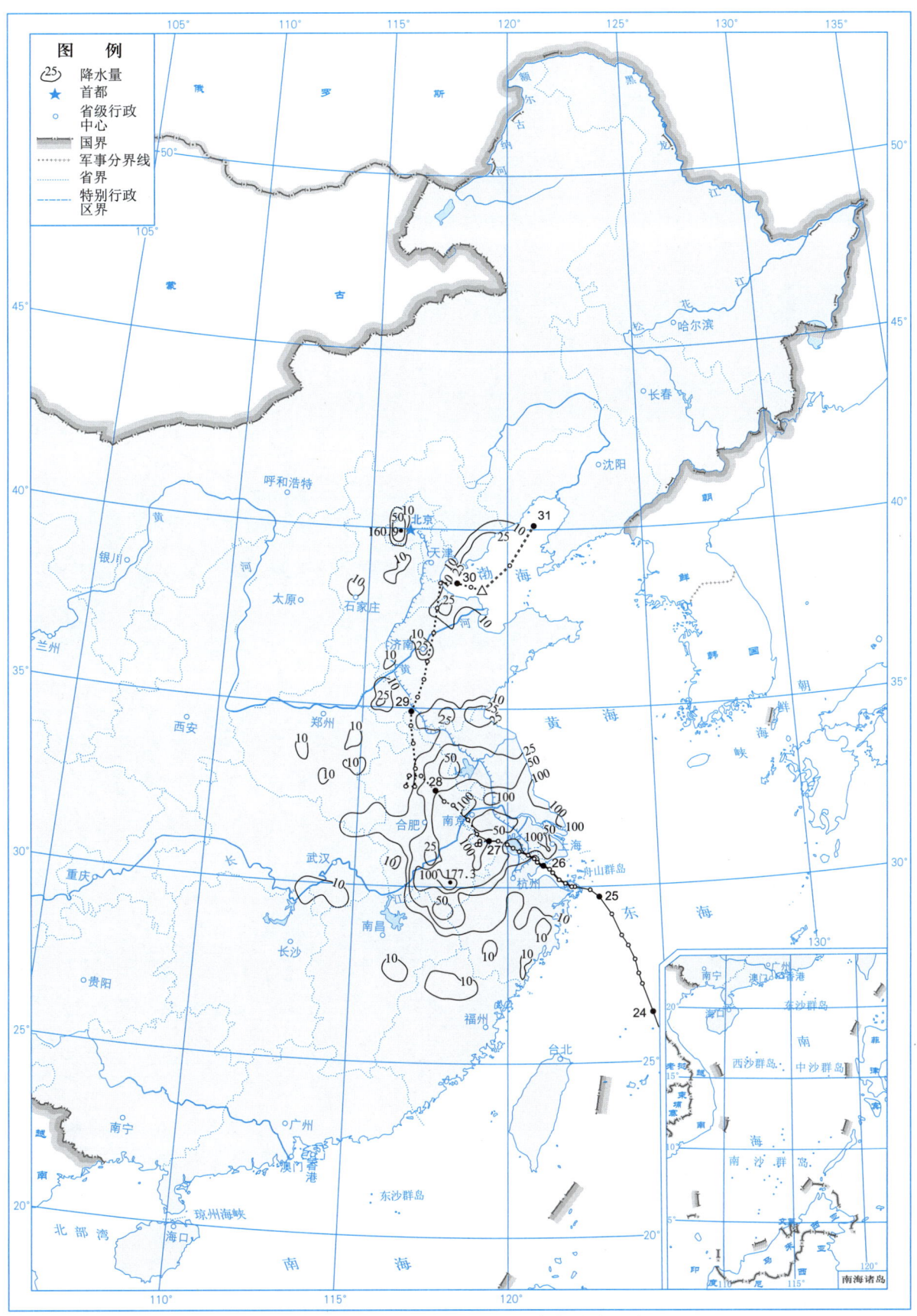

图 2.8.10 2021 年 7 月 27 日日降水量（mm）

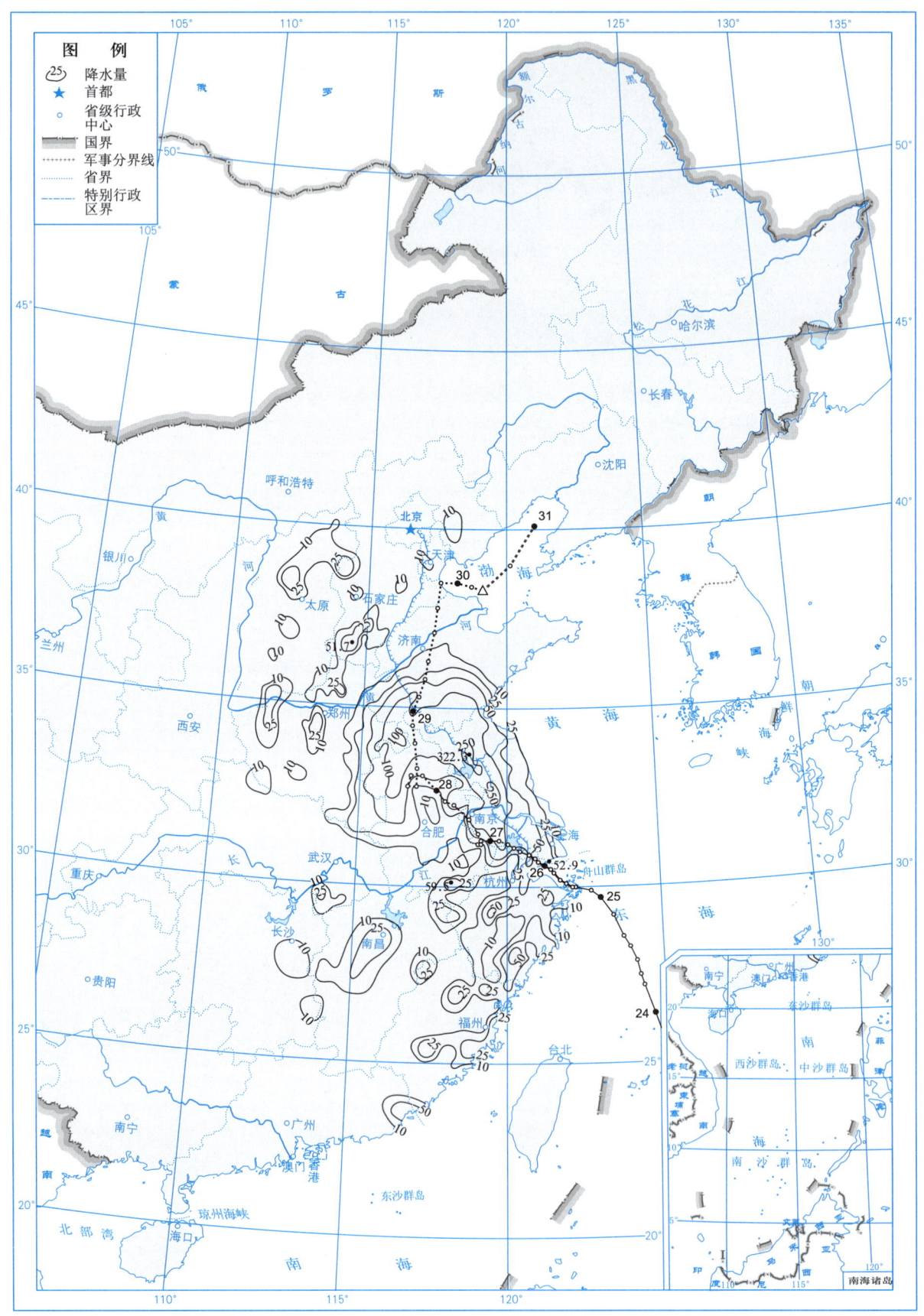

图 2.8.11 2021 年 7 月 28 日日降水量（mm）

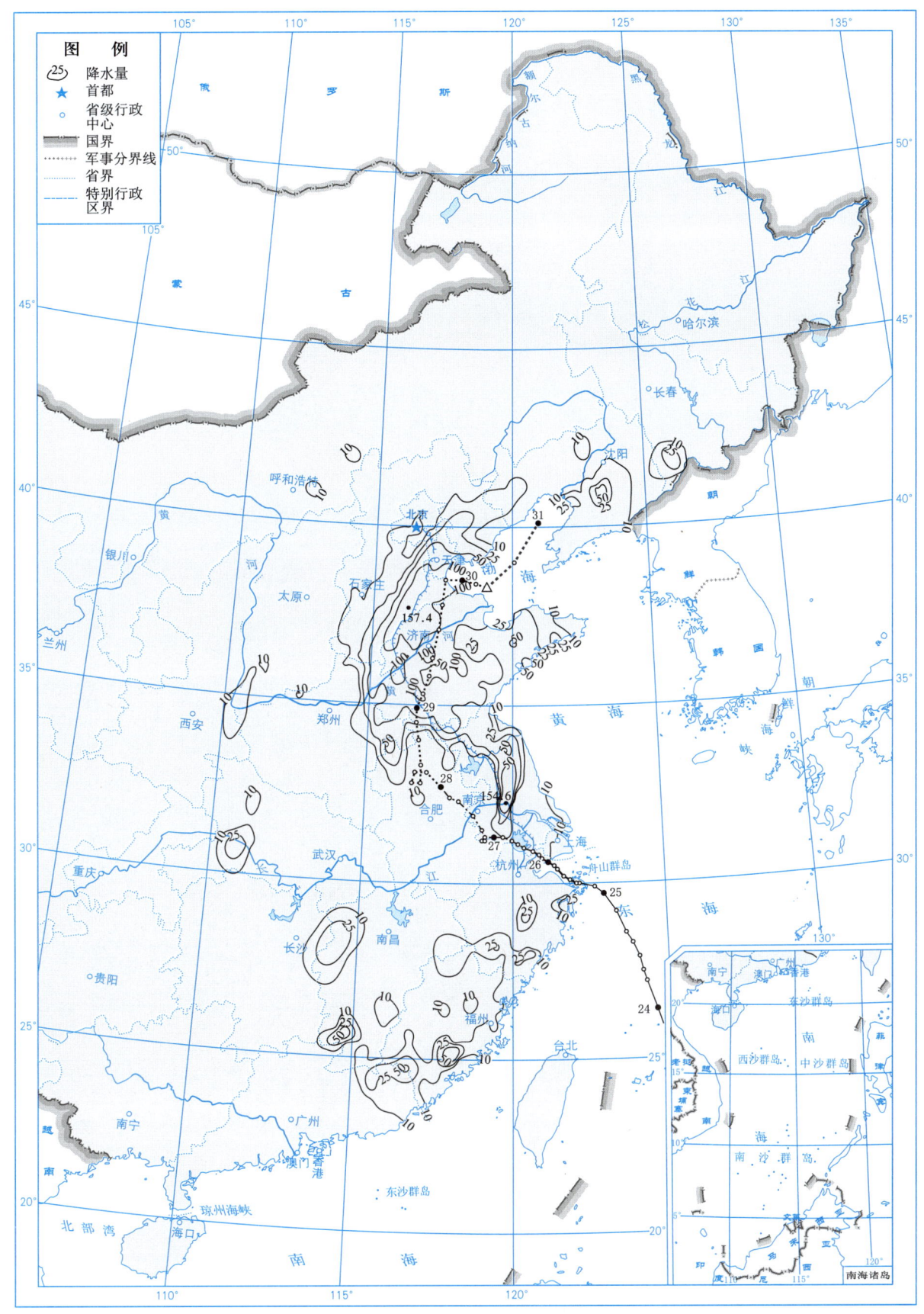

图 2.8.12　2021 年 7 月 29 日日降水量（mm）

图 2.8.13　2021 年 7 月 30 日日降水量（mm）

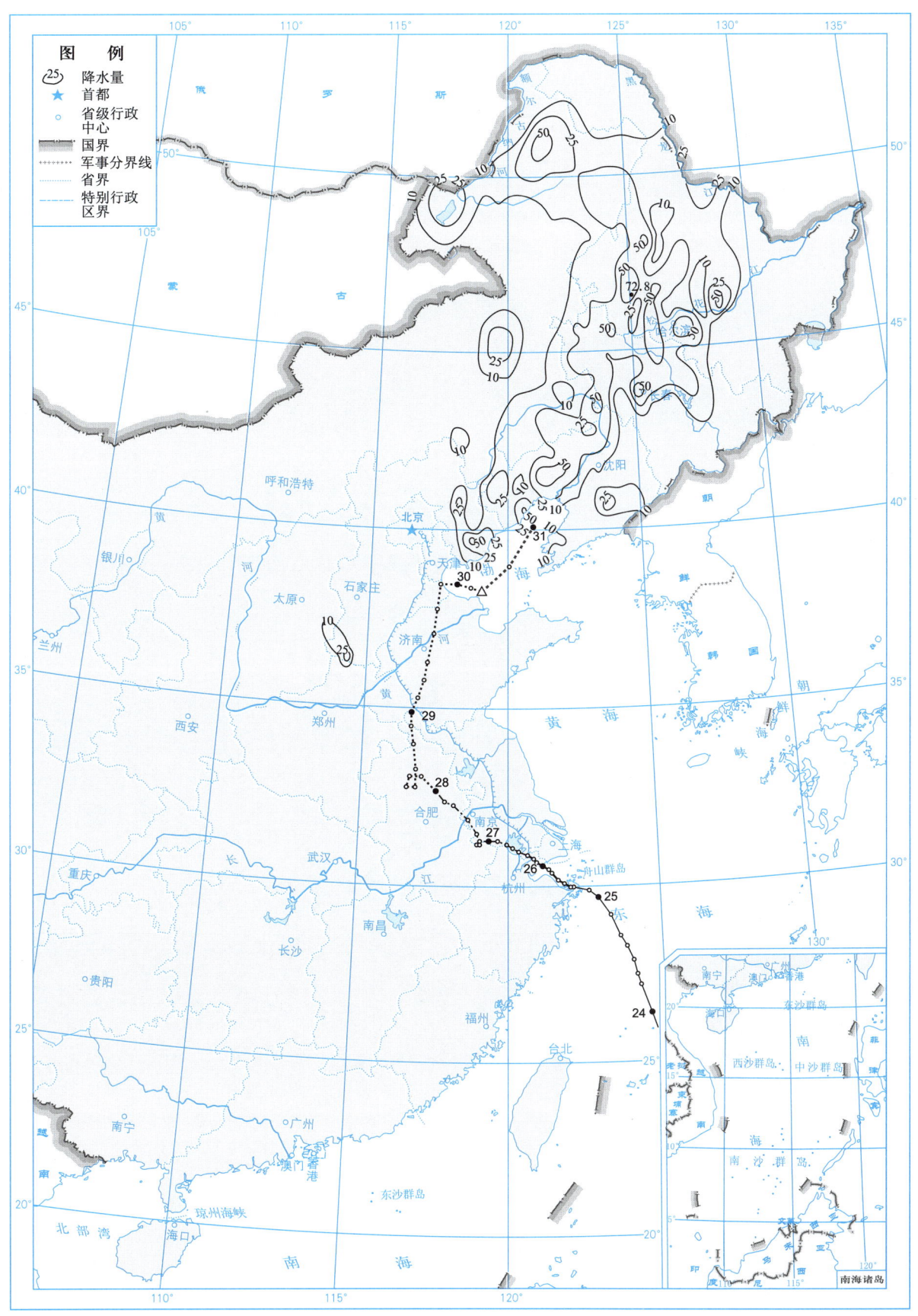

图 2.8.14 2021 年 7 月 31 日日降水量（mm）

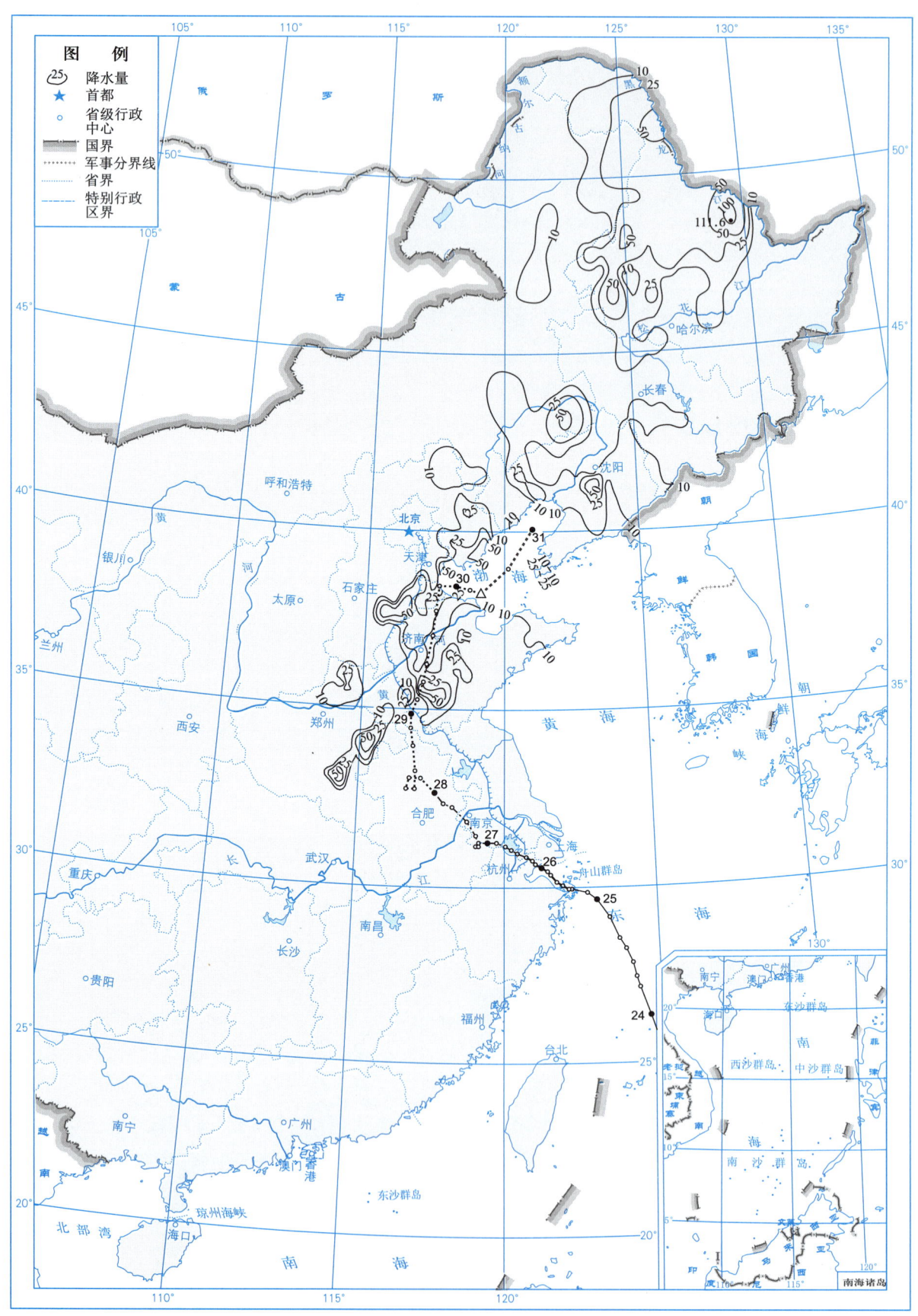

图 2.8.15　2021 年 8 月 1 日日降水量（mm）

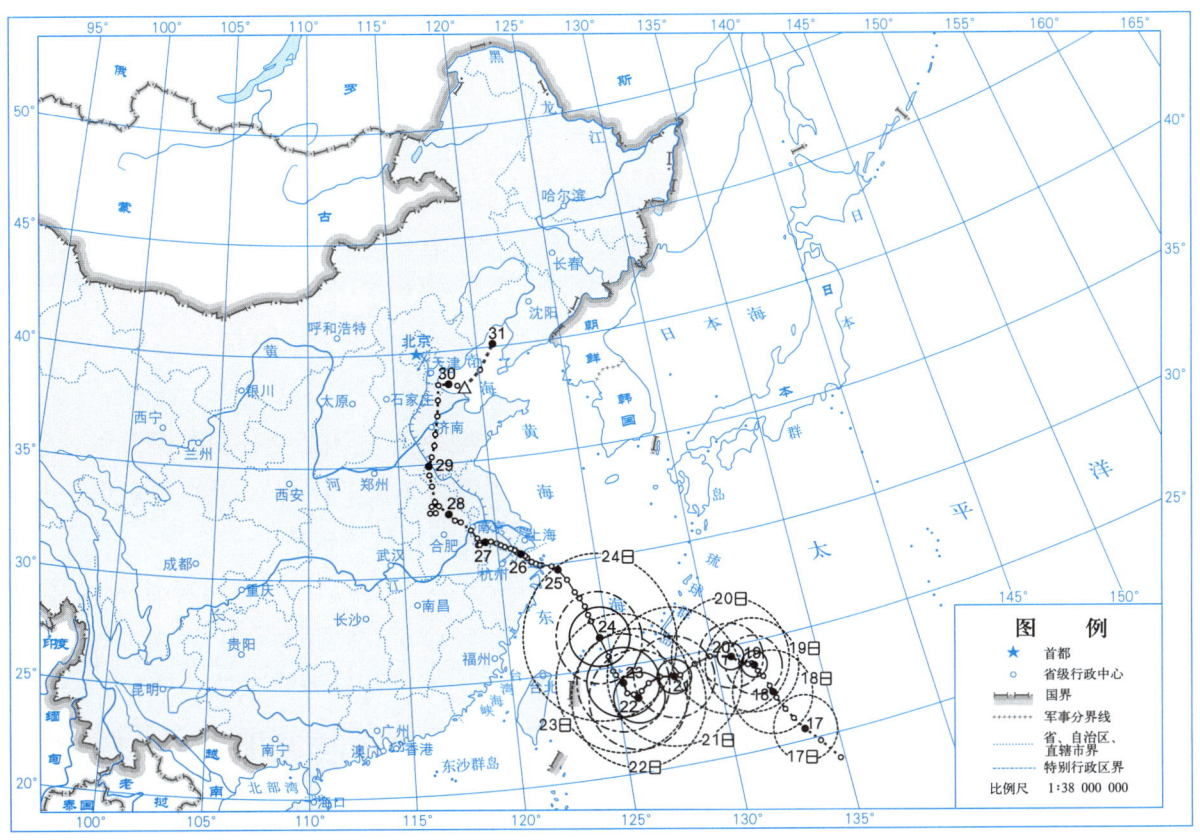

图 2.8.16 2106 号强台风"烟花"（In-Fa）大风区域演变

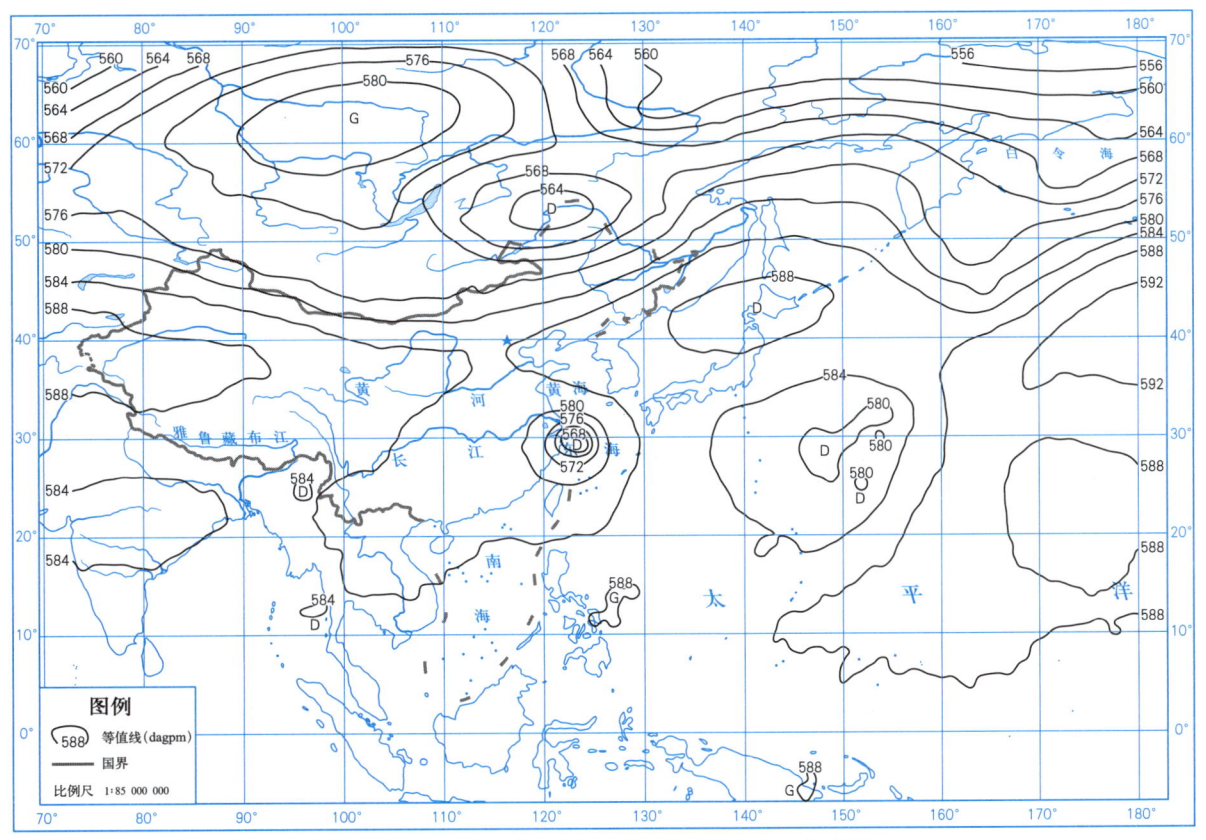

图 2.8.17 2021 年 7 月 25 日 08 时 500 hPa 高度场

2.9 2107 台风"查帕卡"（Cempaka）

第2107号台风"查帕卡"是由7月17日夜间位于我国海南岛以东约580 km的南海海面上一个热带低压发展形成。形成后低压中心向西北方向移动，19日凌晨发展为热带风暴，当日夜间快速增强为台风，并转向西偏北，向华南沿海靠近。之后，台风"查帕卡"于20日21时50分登陆广东阳江，登陆时近中心最大风速33 m/s，中心最低气压968 hPa。登陆后，"查帕卡"强度快速减弱为热带低压，并加大西行分量，途经广东、广西，22日折向南偏西方向移动，次日早晨进入北部湾海域，于24日夜间在北部湾海域减弱消散。

受台风"查帕卡"影响，7月19—22日，广西局部、江西瑞金和会昌、湖南衡山和冷水滩出现最大风力6~7级、阵风7~9级；广东上川岛出现最大风力8级、阵风10级；广东阳江出现最大风力8级（17.8 m/s）、阵风11级（29.3 m/s）为本次台风影响过程风极值。

受其影响，7月17—24日，海南部分、广东部分、广西大部、云南富宁、贵州南部部分、湖南南部部分及洪江、江西南部部分、福建南部局部总雨量为10~50 mm；海南部分、广东南部部分、广西部分、贵州丹寨和三都、江西南部局部、福建龙海降雨量为50~150 mm；海南文昌、广西北海和横县、广东中西部沿海部分总雨量为150~350 mm；其中广西涠洲岛总雨量349.1 mm，广东上川岛20日雨量205.9 mm，海南文昌23日16时雨量87.6 mm，分别为本次台风影响过程总雨量、日雨量及时雨量极值。

受"查帕卡"影响，7月17—18日，广东、海南局部地区出现中到大雨，19—21日，中到大雨区扩大到广西、湖南南部、江西南部和福建南部地区，登陆点附近的上川岛20日出现大暴雨（205.9 mm）。22—24日，"查帕卡"西移南落，华南和贵州南部地区出现中到大雨局部暴雨。

受其影响，造成广东和广西区（省）出现了一定程度的灾情。总计受灾人数6.4万人，紧急避险转移人数1.1万人，紧急安置转移人数0.5万人，农作物受灾面积0.41万 hm^2，农作物绝收面积1060 hm^2，直接经济损失1.8亿元。

表2.9.1是台风"查帕卡"的中心位置和强度。表2.9.2是台风"查帕卡"引发的灾情。图2.9.1~图2.9.14分别是台风"查帕卡"的路径图、总降水量图、大风分布图、总降水日数图、2021年7月17—24日的日降水量图、大风区域演变图和2021年7月20日20时500 hPa高度场图。

表2.9.1 2107号台风"查帕卡"（Cempaka）7月17—24日中心位置和强度

年	月	日	时	中心位置		中心气压 /hPa	中心风速 /（m/s）
				北纬 /°N	东经 /°E		
2021	7	17	20	19.0	116.1	1002	13
	7	18	02	19.6	115.8	1002	13
	7	18	08	20.1	115.4	1002	13
	7	18	14	20.6	114.7	1000	15
	7	18	20	20.7	114.1	1000	15

(续表)

年	月	日	时	中心位置		中心气压 /hPa	中心风速 /(m/s)
				北纬 /°N	东经 /°E		
2021	7	19	02	20.8	113.6	998	18
	7	19	08	20.9	113.2	995	20
	7	19	14	21.0	113.0	990	23
	7	19	20	21.1	112.8	985	28
	7	19	23	21.2	112.6	975	33
	7	20	02	21.2	112.6	965	38
	7	20	05	21.2	112.5	965	38
	7	20	08	21.3	112.5	965	38
	7	20	11	21.4	112.5	965	38
	7	20	14	21.5	112.4	965	38
	7	20	17	21.6	112.3	972	35
	7	20	20	21.7	112.1	978	33
	7	20	23	21.8	111.9	982	28
	7	21	02	21.8	111.7	990	23
	7	21	05	21.8	111.5	995	20
	7	21	08	21.9	111.3	995	20
	7	21	11	22.0	111.1	998	15
	7	21	14	22.2	110.8	998	15
	7	21	17	22.3	110.5	998	15
	7	21	20	22.5	110.2	998	15
	7	21	23	22.5	109.9	998	15
	7	22	02	22.6	109.6	998	15
	7	22	05	22.7	109.4	998	15
	7	22	08	22.7	109.0	998	15
	7	22	11	22.8	108.6	998	15
	7	22	14	22.8	108.3	998	15
	7	22	17	22.6	108.1	998	13
	7	22	20	22.4	107.9	998	13
	7	22	23	22.1	107.7	998	13
	7	23	02	21.8	107.6	998	13
	7	23	08	21.2	107.7	998	13

(续表)

年	月	日	时	中心位置		中心气压/hPa	中心风速/（m/s）
				北纬/°N	东经/°E		
2021	7	23	14	20.6	107.7	995	15
	7	23	20	20.1	107.5	995	15
	7	24	02	19.7	107.2	995	15
	7	24	08	19.3	106.9	995	15
	7	24	14	18.9	106.5	995	15
	7	24	20	18.5	106.5	995	15
消散							

表 2.9.2 2107 号台风"查帕卡"（Cempaka）在广西和广东省（区）引发的灾情

受灾省（区）	受灾人口/万人	死亡人口/人	失踪人口/人	紧急转移人口/万人	农作物		倒塌房屋/万间	直接经济损失/亿元
					受灾面积/万 hm²	绝收面积/万 hm²		
广东省	5	0	0	0.5	0.36	0.102	0	1.6
广西区	1.4	0	0	0	0.05	0.004	0	0.2
合计	6.4	0	0	0.5	0.41	0.106	0	1.8

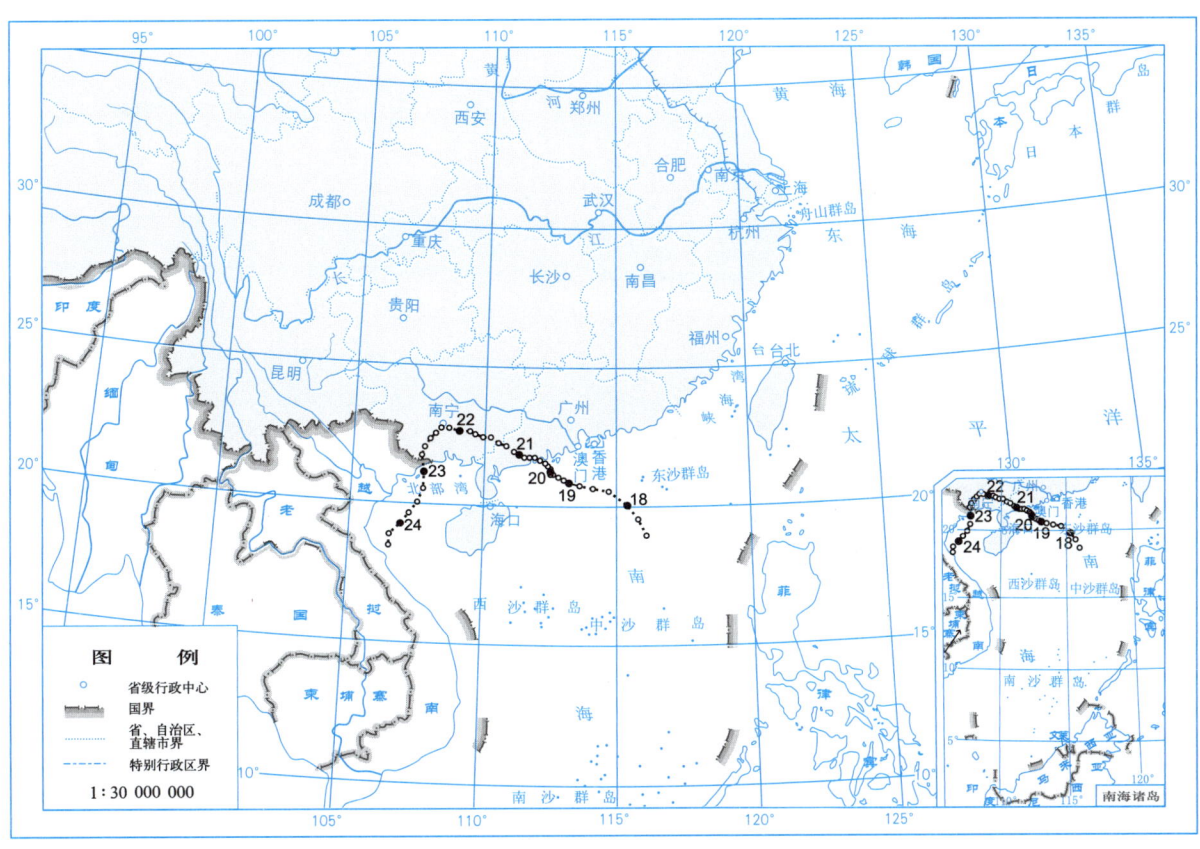

图 2.9.1　2107 号台风"查帕卡"(Cempaka)路径

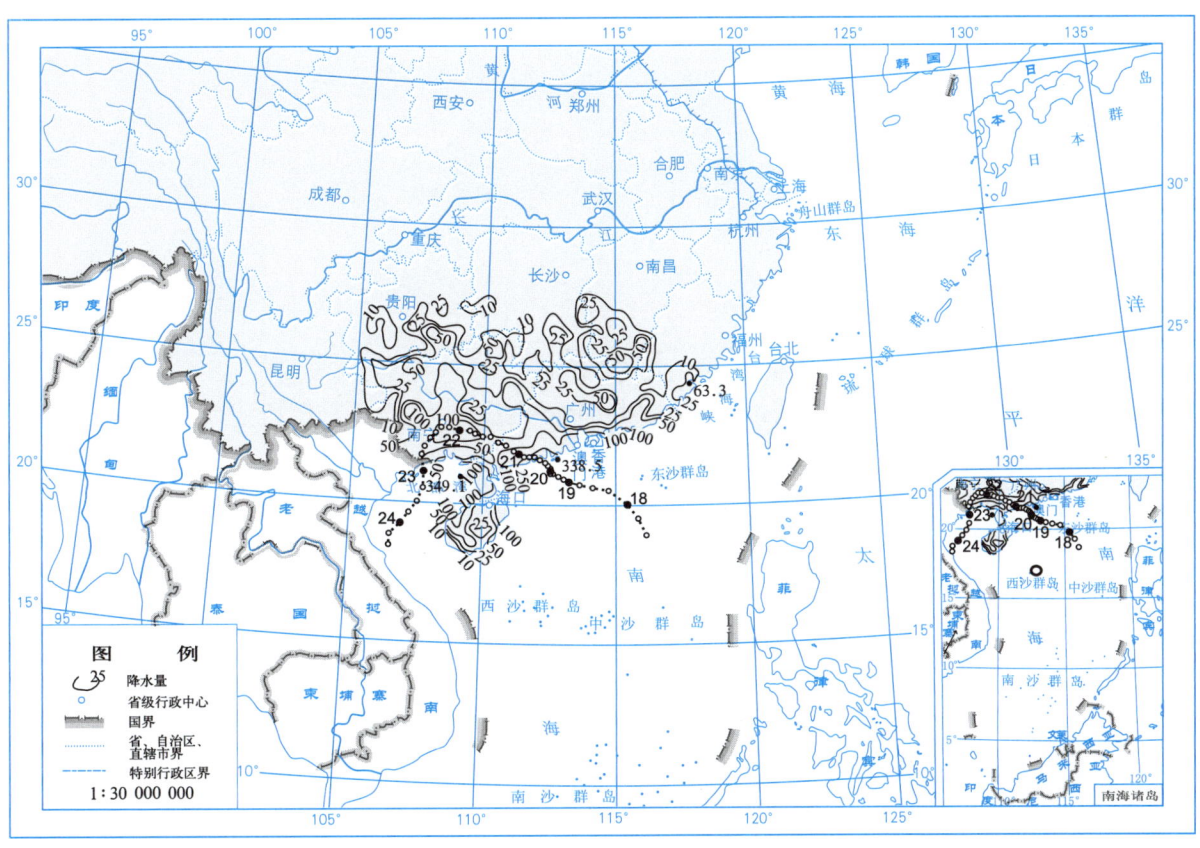

图 2.9.2　2107 号台风"查帕卡"(Cempaka)总降水量(mm)(7月17—24日)

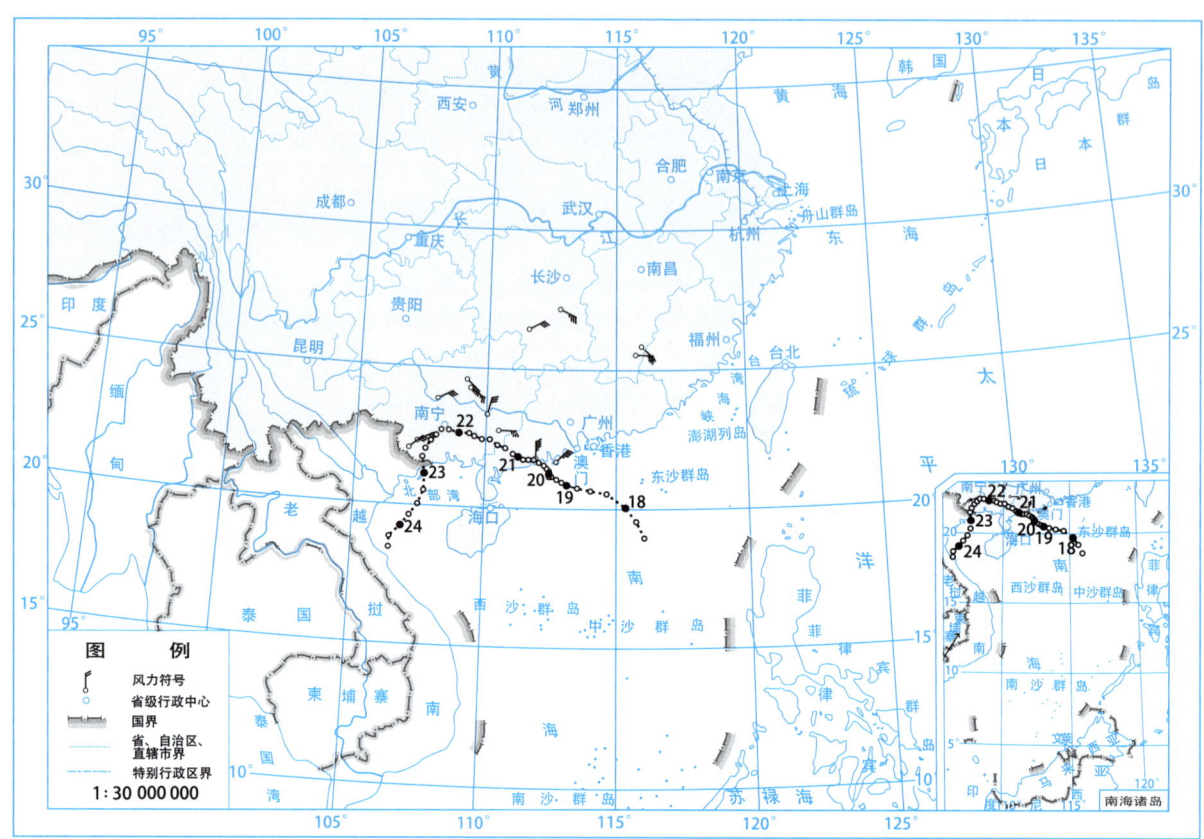

图 2.9.3 2107 号台风"查帕卡"(Cempaka)大风分布(7月19—22日)

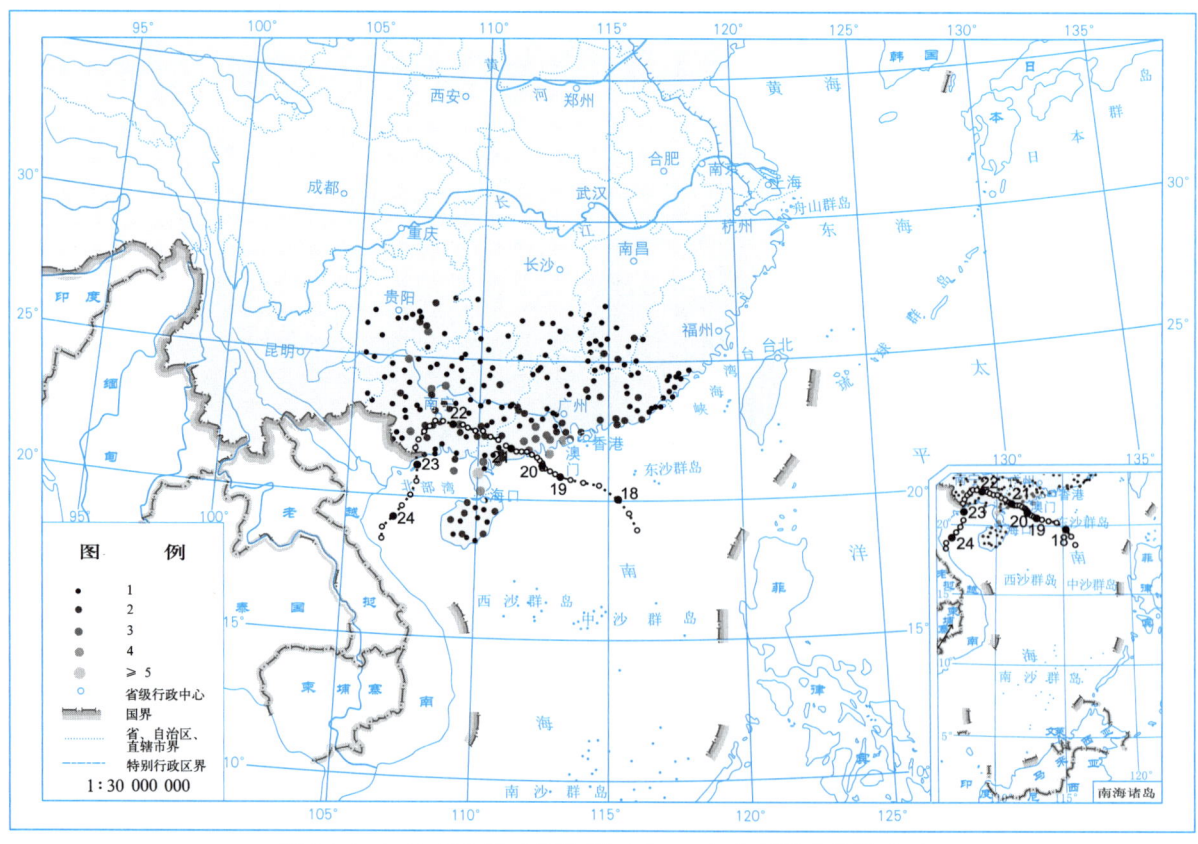

图 2.9.4 2107 号台风"查帕卡"(Cempaka)总降水日数(d)

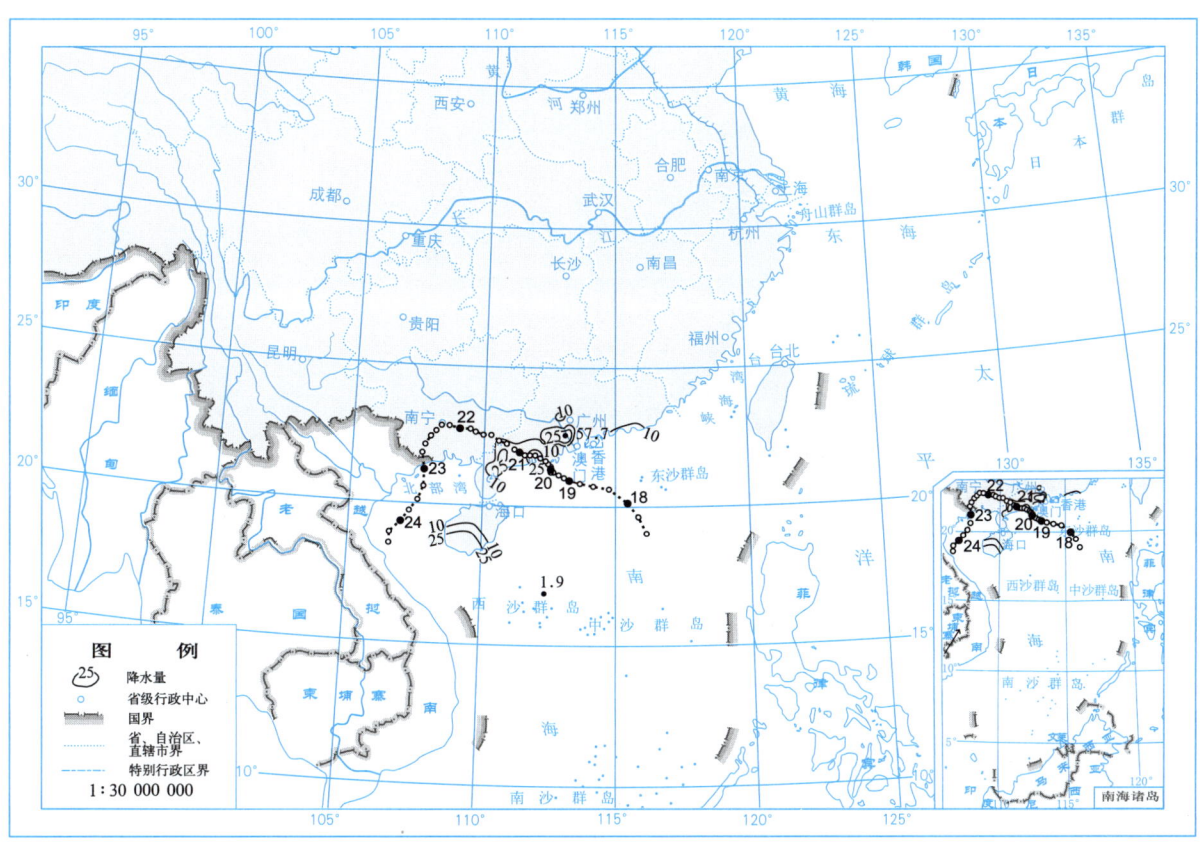

图 2.9.5　2021 年 7 月 17 日日降水量（mm）

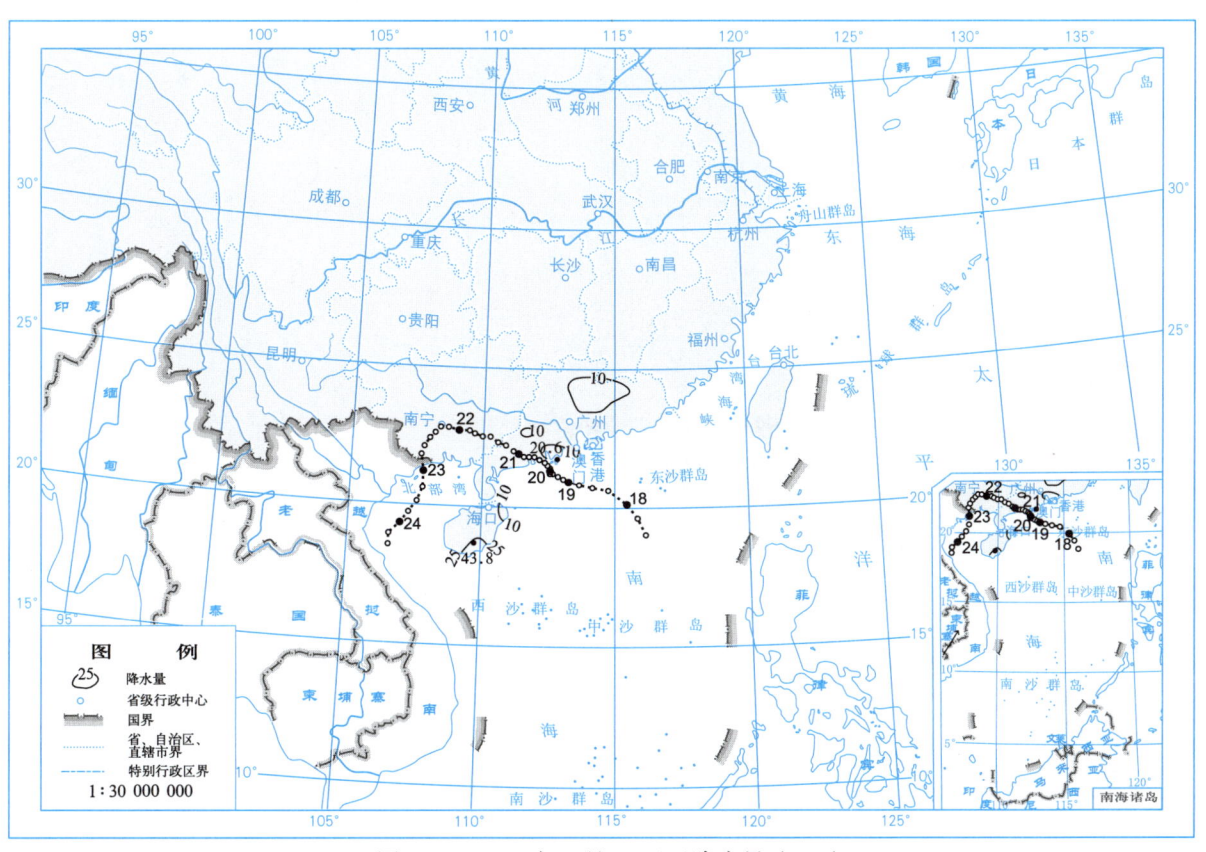

图 2.9.6　2021 年 7 月 18 日日降水量（mm）

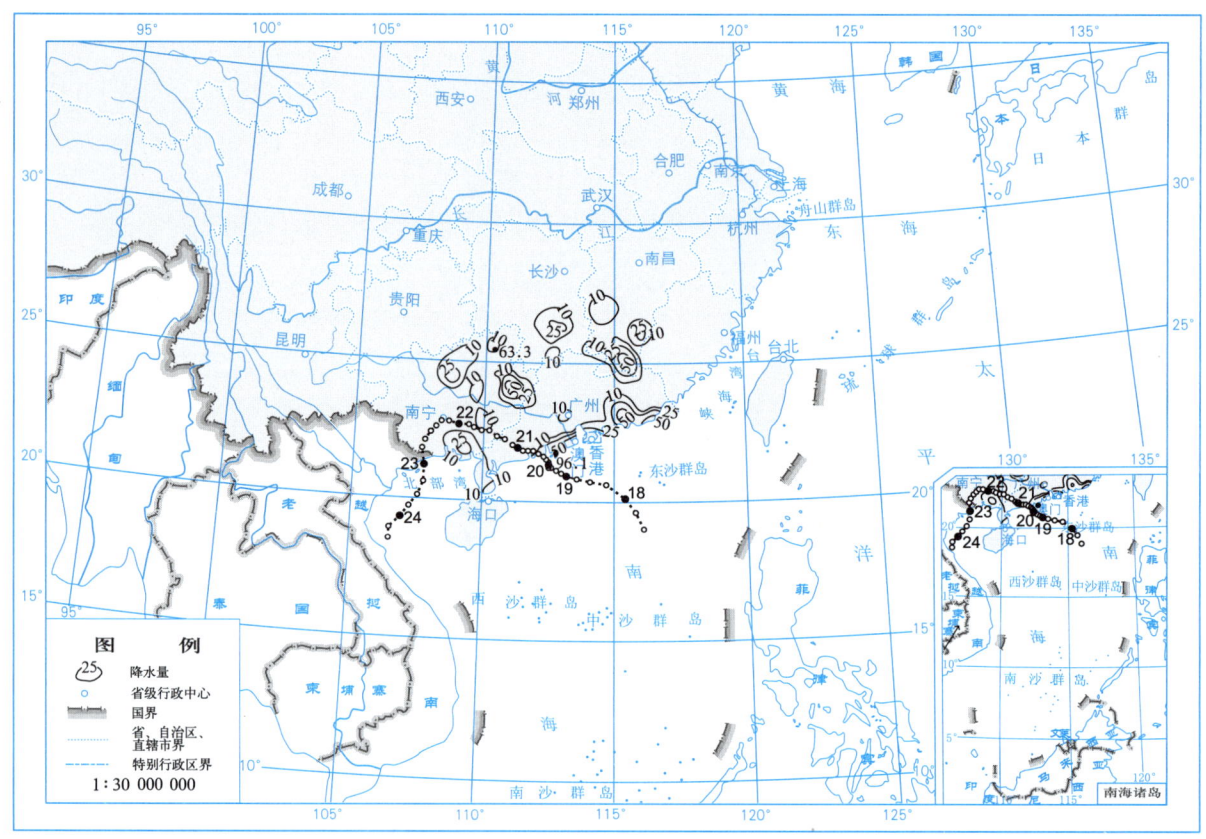

图 2.9.7　2021 年 7 月 19 日日降水量（mm）

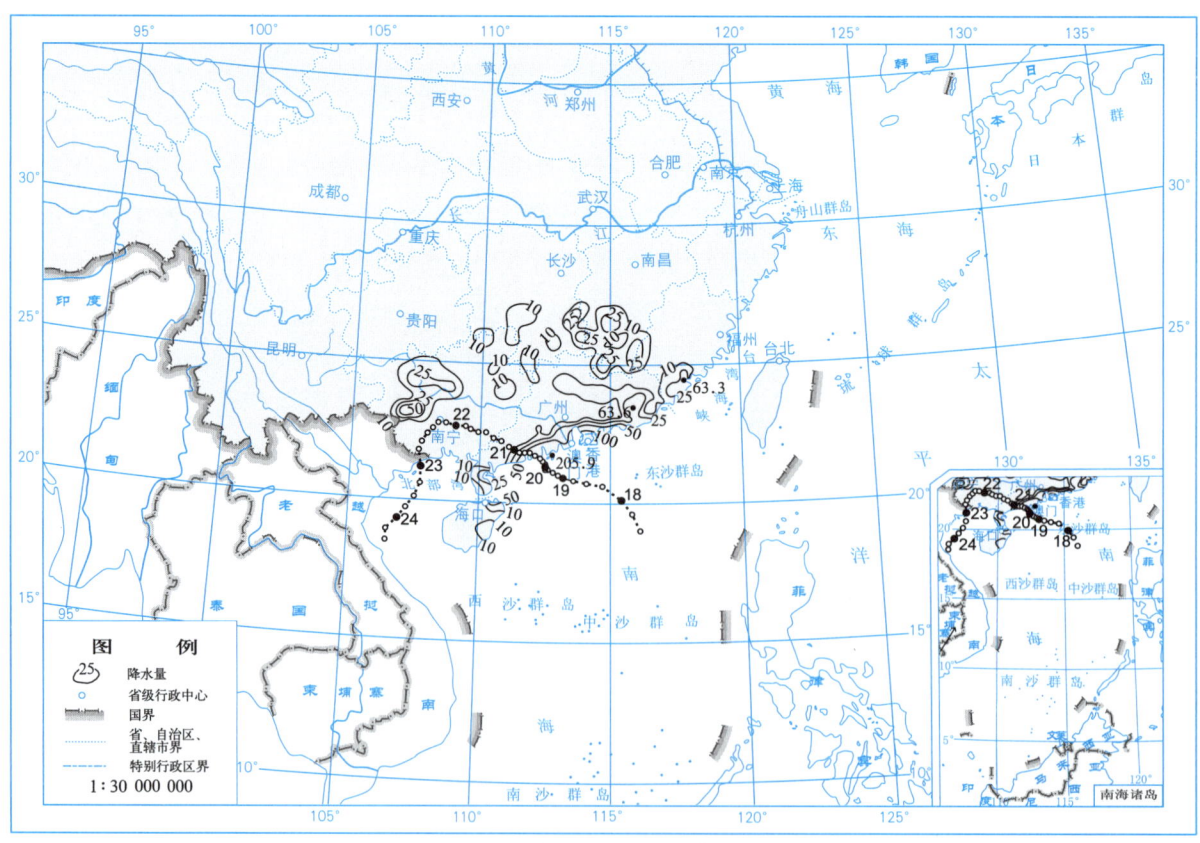

图 2.9.8　2021 年 7 月 20 日日降水量（mm）

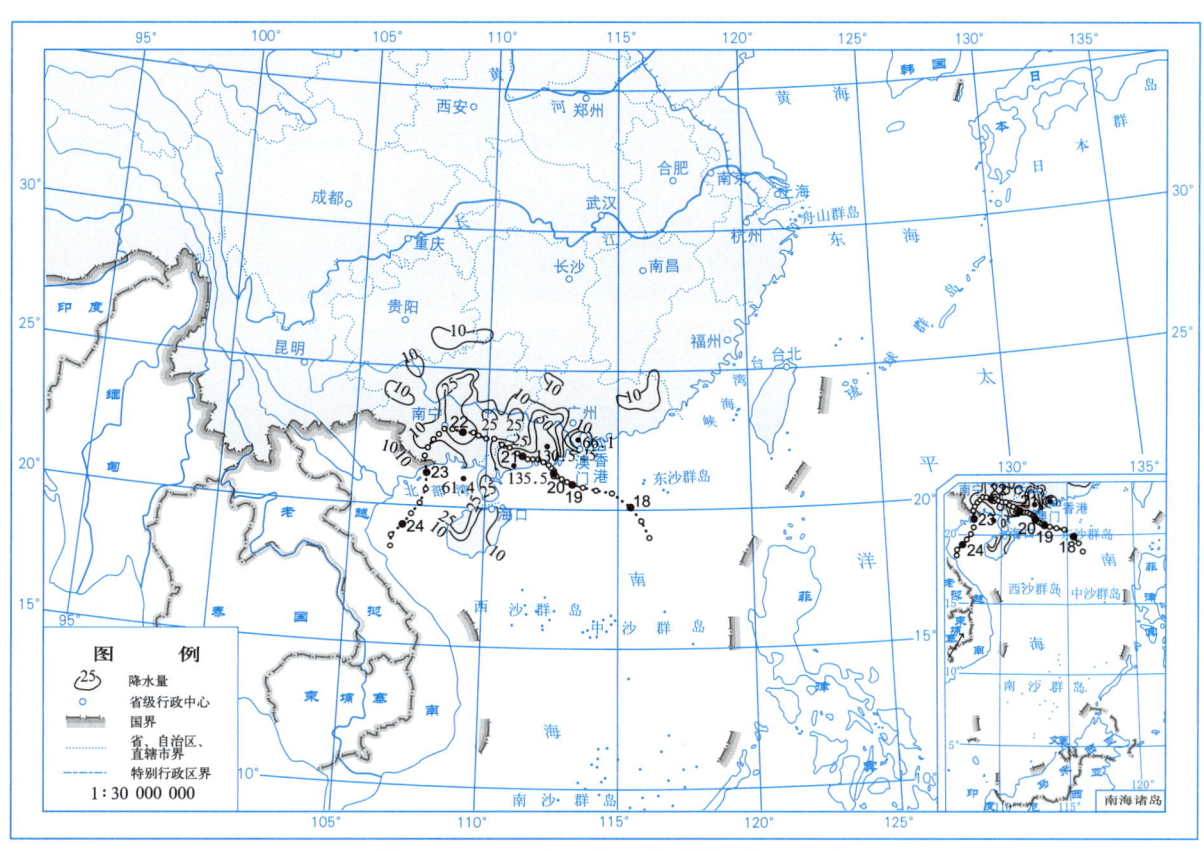

图 2.9.9　2021 年 7 月 21 日日降水量（mm）

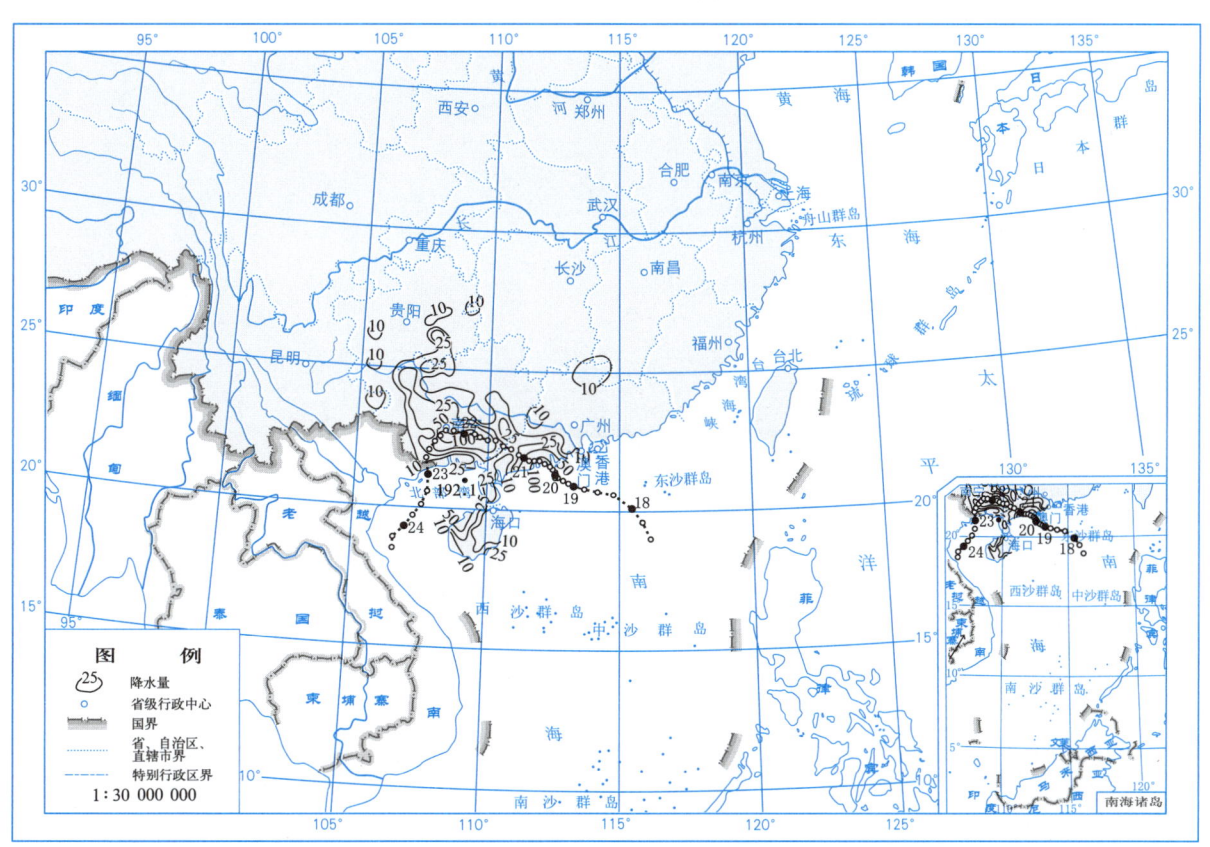

图 2.9.10　2021 年 7 月 22 日日降水量（mm）

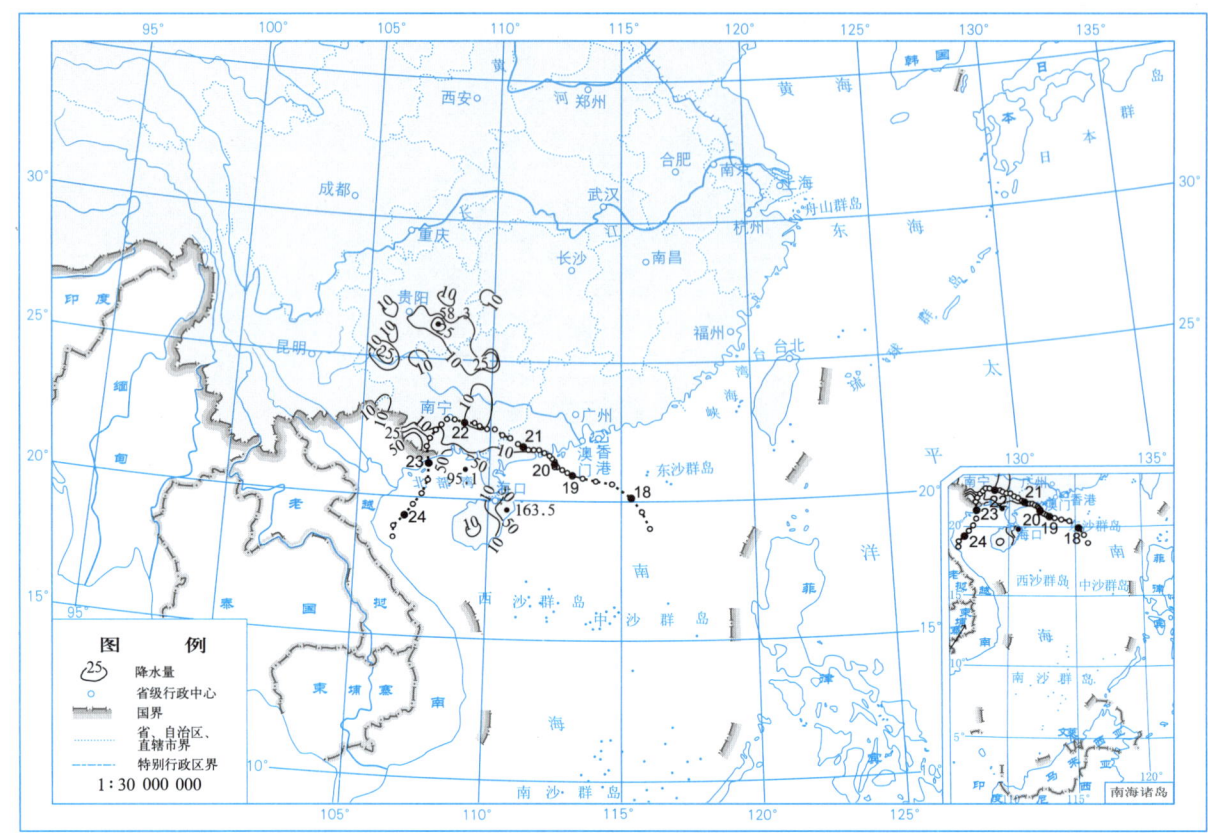

图 2.9.11 2021 年 7 月 23 日日降水量（mm）

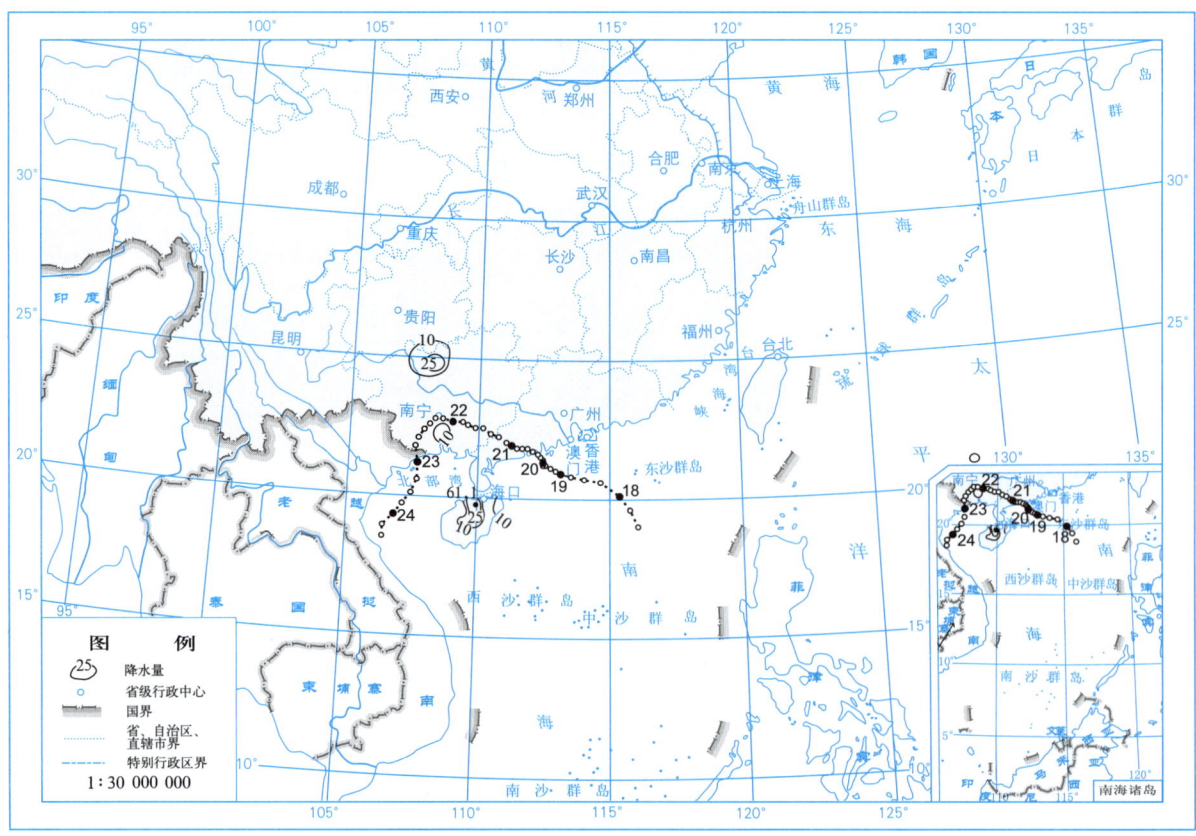

图 2.9.12 2021 年 7 月 24 日日降水量（mm）

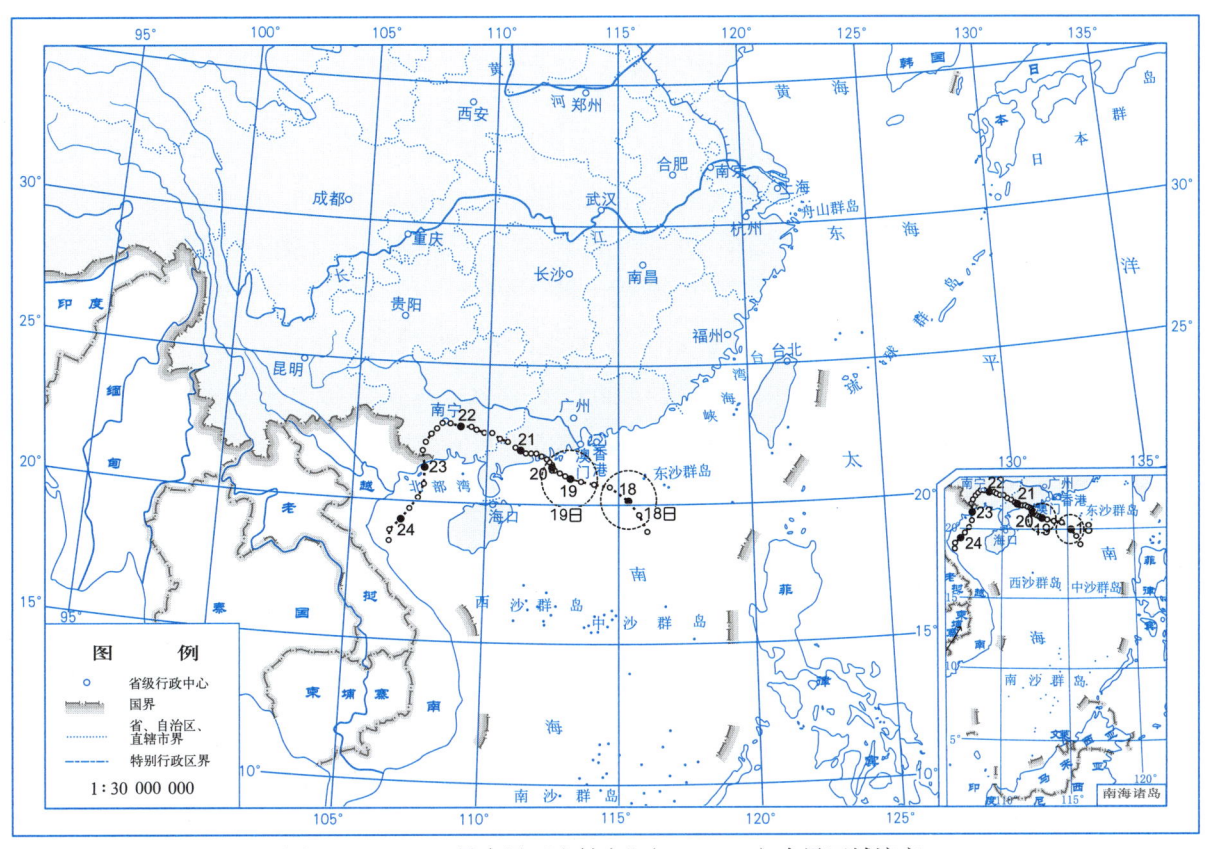

图 2.9.13　2107 号台风"查帕卡"(Cempaka)大风区域演变

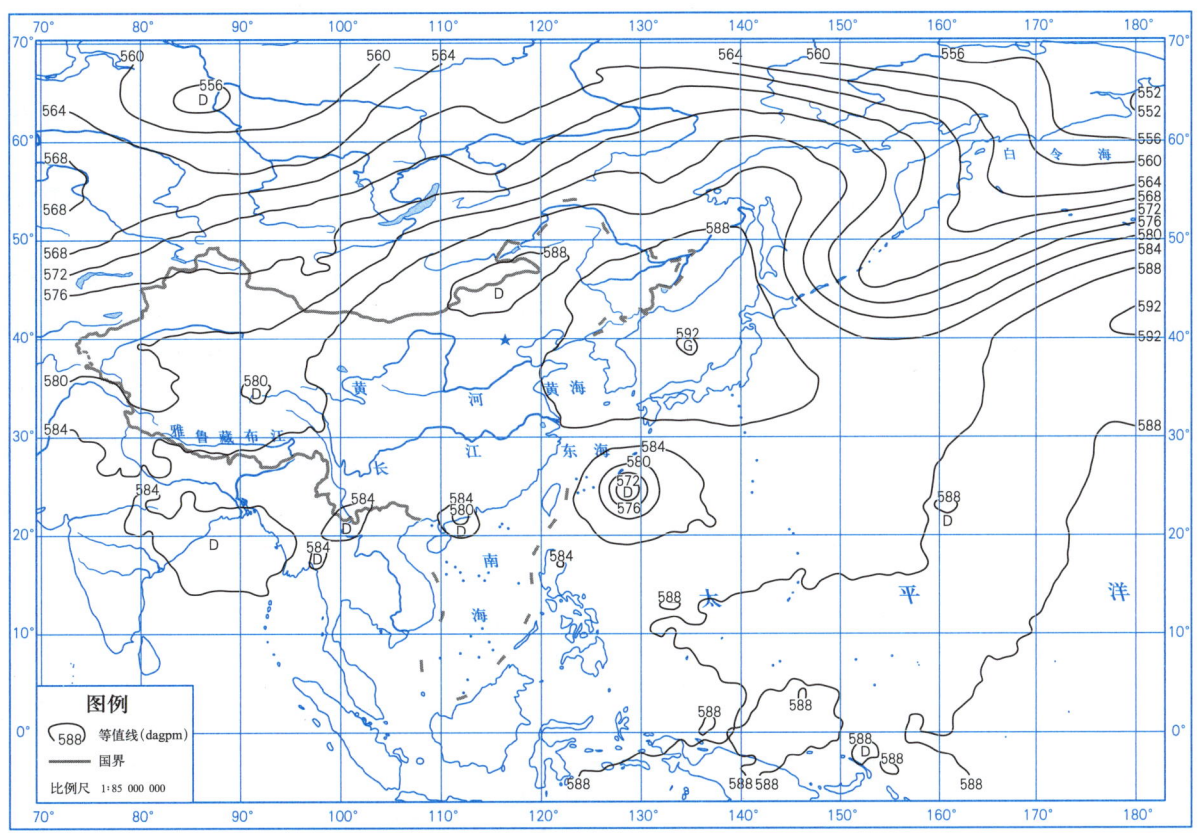

图 2.9.14　2021 年 7 月 20 日 20 时 500 hPa 高度场

2.10　2108 号热带风暴"尼伯特"（Nepartak）

第 2108 号热带风暴"尼伯特"是由 7 月 23 日凌晨位于美国塞班岛以北约 750 km 的西北太平洋洋面上一个热带低压发展形成。形成后低压中心向北偏东方向移动，次日凌晨发展为热带风暴，随后加大北行的分量，26 日逐渐转向偏西，次日又折向偏北，朝着日本以东沿海靠近。"尼伯特"于 28 日凌晨登陆日本本州岛东北部沿海，之后强度减弱，西行穿过本州岛，下午进入日本海海域。入海后，"尼伯特"继续西行，移速减慢，于 31 日下午在日本海海域减弱消散。

表 2.10.1 是热带风暴"尼伯特"的中心位置和强度。图 2.10.1～图 2.10.3 分别是热带风暴"尼伯特"的路径图、大风区域演变图和 2021 年 7 月 27 日 08 时 500 hPa 高度场图。

表 2.10.1　2108 号热带风暴"尼伯特"（Nepartak）7 月 23—31 日中心位置和强度

年	月	日	时	中心位置		中心气压 /hPa	中心风速 /（m/s）
				北纬 /°N	东经 /°E		
2021	7	23	02	21.8	147.0	1002	13
	7	23	08	22.6	147.9	1002	13
	7	23	14	23.6	148.4	1000	15
	7	23	20	24.5	148.9	1000	15
	7	24	02	25.1	149.3	998	18
	7	24	08	25.4	149.6	998	18
	7	24	14	26.2	150.1	998	18
	7	24	20	27.5	150.5	998	18
	7	25	02	28.5	150.6	998	18
	7	25	08	29.5	150.7	998	18
	7	25	14	30.8	150.6	998	18
	7	25	20	31.8	150.2	998	18
	7	26	02	32.8	149.4	998	18
	7	26	08	33.9	148.0	998	18
	7	26	14	34.5	146.4	998	18
	7	26	20	34.3	144.8	995	20
	7	27	02	34.4	142.8	995	20
	7	27	08	34.9	142.6	995	20
	7	27	14	35.7	142.4	995	20

(续表)

年	月	日	时	中心位置		中心气压 /hPa	中心风速 /(m/s)
				北纬/°N	东经/°E		
2021	7	27	20	36.4	142.3	998	18
	7	28	02	37.8	142.2	998	18
	7	28	08	39.2	141.3	998	18
	7	28	14	40.3	139.7	998	15
	7	28	20	40.8	138.4	998	15
	7	29	02	40.9	137.5	998	15
	7	29	08	40.8	136.7	998	15
	7	29	14	40.8	136.5	998	15
	7	29	20	40.8	136.2	998	15
	7	30	02	40.9	135.9	998	15
	7	30	08	41.0	135.8	1000	13
	7	30	14	41.0	135.6	1000	13
	7	30	20	41.0	135.4	1000	13
	7	31	02	40.9	135.2	1000	13
	7	31	08	40.8	134.9	1000	13
	7	31	14	40.9	133.9	1000	13
				消散			

热带气旋年鉴2021

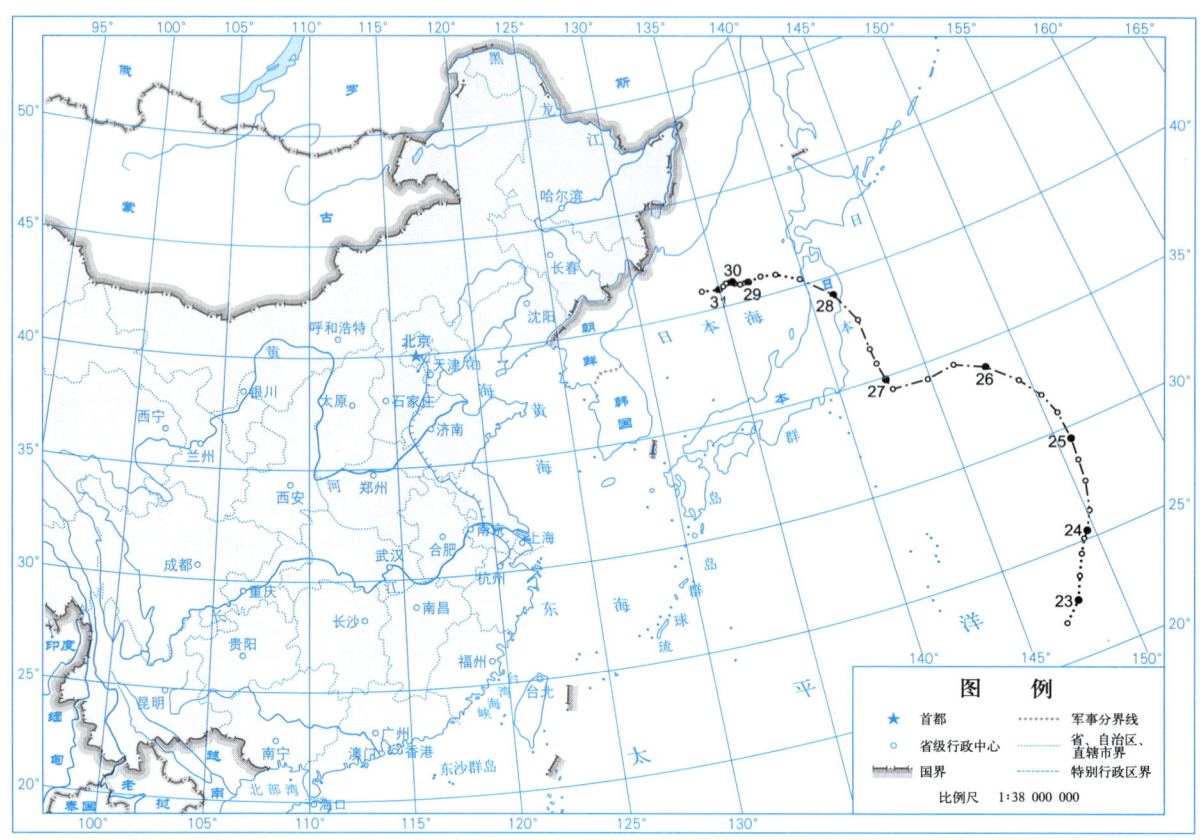

图 2.10.1　2108 号热带风暴"尼伯特"（Nepartak）路径

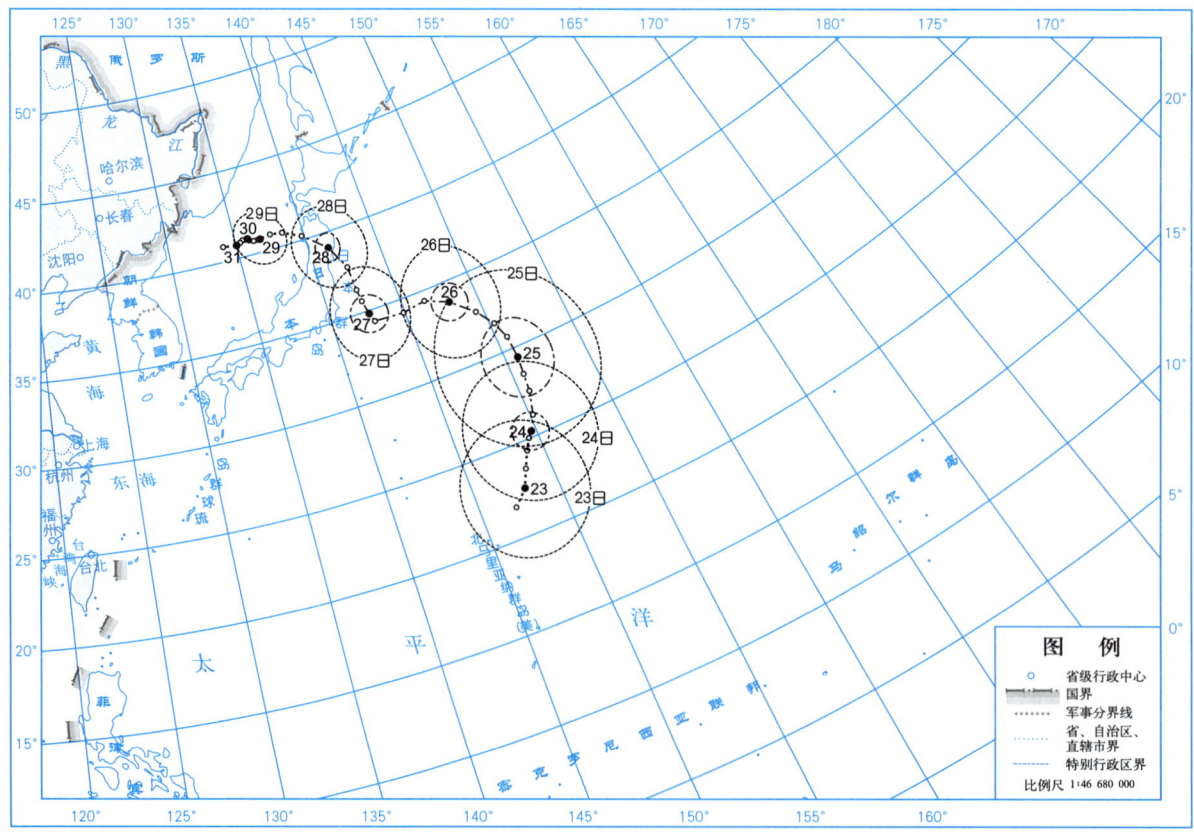

图 2.10.3　2108 号热带风暴"尼伯特"（Nepartak）大风区域演变

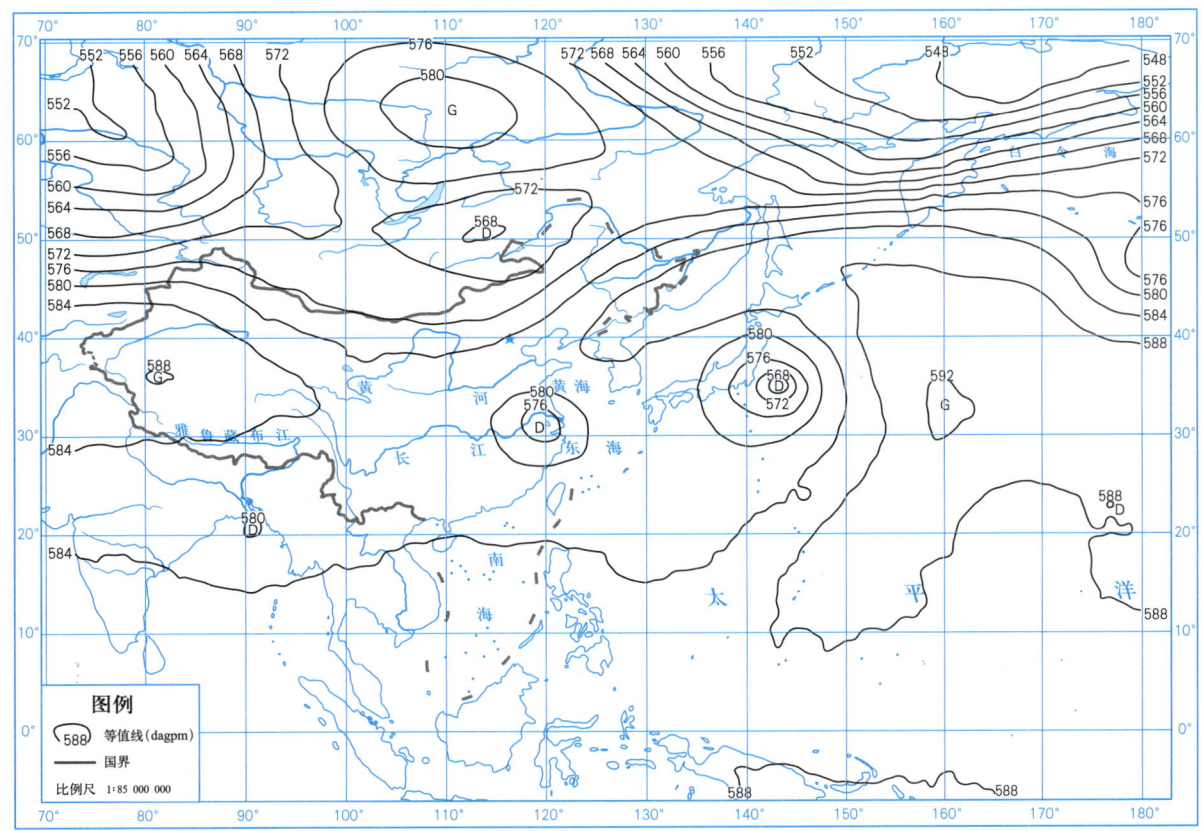

图 2.10.3　2021 年 7 月 27 日 08 时 500 hPa 高度场

2.11　2109号热带风暴"卢碧"（Lupit）

第 2109 号热带风暴"卢碧"是由 8 月 2 日夜间位于我国雷州半岛以东约 150 km 的南海海面上一个热带低压发展形成。形成后低压中心向东偏北方向移动，次日下午折向东南，4 日凌晨发展为热带风暴，并转向东北方向移动，向我国华南沿海靠近。热带风暴"卢碧"于 5 日 11 时 20 分登陆广东汕头，登陆时近中心最大风速 23 m/s，中心最低气压 985 hPa，随后于 16 时 50 分再次登陆福建东山，登陆时近中心最大风速 20 m/s，中心最低气压 986 hPa。之后，热带风暴"卢碧"沿福建东南部海岸线移动，7 日转向偏东，穿过台湾海峡，于 8 时 30 分第三次登陆台湾新竹，登陆时近中心最大风速 18 m/s，中心最低气压 992 hPa。三次登陆后，受台湾地形影响，热带风暴"卢碧"低层环流中心发生跳跃，随即进入东海南部海域，其后加速向东北方向移去。热带风暴"卢碧"强度一直维持，8 日夜间登陆日本鹿儿岛南部沿海，并逐渐转变为温带气旋，尔后继续东北行，穿过日本本州岛进入日本海海域，10 日起加大向东移动的分量，穿过日本本州岛北部，进入日本以东洋面，12 日强度减弱，移速减缓，16 日于阿留申群岛以南约 450 km 的太平洋洋面减弱消散。

受热带风暴"卢碧"影响，8 月 2—8 日，广东部分、广西部分、湖南南岳和衡山、江西上栗和上高、福建局部、浙江沿海局部、安徽黄山和天柱山、湖北咸宁和大治出现最大风力 6～7 级、阵风 7～10 级；广西来宾出现最大风力 8 级、阵风 10 级，广西融水出现最大风力 8 级（20.5 m/s）、阵风 11 级（30.1 m/s），为本次热带风暴影响过程风极值。

受其影响，8 月 2—7 日，海南部分、广东少部、广西大部、湖南部分、江西部分、福建部分、浙江局部、湖北南部局部、安徽局部、江苏溧阳总雨量为 10～50 mm；海南北部部分、广东大部、广西东南部局部、湖南南部分、江西局部、福建部分、浙江沿海部分总雨量为 50～150 mm；广东南部局部、广西博白和陆川、湖南新田、福建沿海部分、浙江南部局部总雨量为 150～300 mm；福建中北部沿海部分总雨量为 300～521 mm；其中，福建长乐总雨量 520.6 mm，福建平潭 6 日雨量 233.8 mm，广西合浦 5 日 08 时雨量 55.5 mm，分别为本次热带风暴影响过程总雨量、日雨量及时雨量极值。

受"卢碧"近海生成并向东绕行华南沿海影响，8 月 2—3 日，华南三省大部地区出现中到大雨，局部地区暴雨；4 日，"卢碧"影响范围迅速扩大，除华南三省外，湖南南部、江西南部、福建和浙江南部地区都出现中到大雨，局部地区暴雨；5—6 日，雨区范围基本维持，但随着"卢碧"贴近福建南部沿海缓慢东北行，福建沿海大部地区出现连续 2 d 暴雨到大暴雨；7 日，随着"卢碧"转向偏东出海远离，雨势迅速减弱，但福建沿海中部仍有 3 站出现大暴雨（表 2.11.1）。

受其影响，造成福建省出现了一定程度的灾情。总计受灾人数 7.3 万人，死亡 1 人，紧急避险转移人数 3.2 万人，紧急转移安置人数 0.9 万人，农作物受灾面积 0.71 万 hm^2，农作物绝收面积 0.02 万 hm^2，倒塌房屋 100 间，直接经济损失 1.3 亿元（表 2.11.2）。

图 2.11.1～图 2.11.12 分别是热带风暴"卢碧"的路径图、总降水量图、大风分布图、总降水日数图、2021 年 8 月 2—7 日的日降水量图、大风区域演变图和 2021 年 8 月 5 日 08 时 500 hPa 高度场图。

表 2.11.1　2109 号热带风暴"卢碧"（Lupit）8 月 2—16 日中心位置和强度

年	月	日	时	中心位置		中心气压 /hPa	中心风速 /（m/s）
				北纬 /°N	东经 /°E		
2021	8	2	20	20.9	111.8	996	13
	8	2	23	21.0	112.3	996	13
	8	3	02	21.1	112.7	996	13
	8	3	05	21.2	113.1	996	13
	8	3	08	21.3	113.4	996	13
	8	3	11	21.4	113.6	996	13
	8	3	14	21.5	113.7	992	15
	8	3	17	21.4	113.9	992	15
	8	3	20	21.2	114.1	992	15
	8	3	23	21.1	114.4	992	15
	8	4	02	21.0	114.7	992	15
	8	4	05	21.0	115.1	992	15
	8	4	08	21.1	115.4	990	18
	8	4	11	21.3	115.6	990	18
	8	4	14	21.4	115.8	990	18
	8	4	17	21.5	116.1	988	20
	8	4	20	21.7	116.4	988	20
	8	4	23	22.1	116.7	988	20
	8	5	02	22.5	116.9	985	23
	8	5	05	22.8	116.9	985	23
	8	5	08	23.1	116.9	985	23
	8	5	11	23.3	116.9	985	23
	8	5	14	23.5	117.1	986	20
	8	5	17	23.6	117.4	986	20
	8	5	20	24.0	117.6	986	20
	8	5	23	24.1	117.6	988	18
	8	6	02	24.2	117.7	988	18

(续表)

年	月	日	时	中心位置		中心气压/hPa	中心风速/(m/s)
				北纬/°N	东经/°E		
2021	8	6	05	24.3	117.9	988	18
	8	6	08	24.4	118.2	990	18
	8	6	11	24.6	118.6	990	18
	8	6	14	24.8	118.9	990	18
	8	6	17	24.9	119.1	988	20
	8	6	20	25.0	119.3	988	20
	8	6	23	25.1	119.5	988	20
	8	7	02	25.1	119.9	992	18
	8	7	05	25.0	120.3	992	18
	8	7	08	24.8	120.7	992	18
	8	7	14	25.2	122.7	992	18
	8	7	20	27.2	124.1	992	18
	8	8	02	28.2	125.4	992	18
	8	8	08	29.1	126.5	988	20
	8	8	14	30.1	127.6	988	20
	8	8	20	31.5	130.8	988	20
	8	9	02	33.9	132.3	985	23
△	8	9	08	35.3	133.5	982	23
	8	9	14	36.6	134.8	982	23
	8	9	20	37.5	135.9	982	23
	8	10	02	38.8	137.8	985	20
	8	10	08	39.5	141.0	988	20
	8	10	14	40.3	143.3	988	20
	8	10	20	40.7	145.7	988	20
	8	11	02	41.2	148.2	988	20
	8	11	08	41.8	151.0	988	20
	8	11	14	42.3	153.0	984	18
	8	11	20	42.9	155.7	984	18

(续表)

年	月	日	时	中心位置		中心气压 /hPa	中心风速 /(m/s)
				北纬/°N	东经/°E		
2021	8	12	02	43.0	158.0	984	18
	8	12	08	43.2	159.4	984	18
	8	12	14	43.7	161.7	986	18
	8	12	20	44.4	163.7	988	15
	8	13	02	44.8	164.9	988	15
	8	13	08	45.0	165.7	988	15
	8	13	14	45.1	166.1	988	15
	8	13	20	44.7	167.6	992	15
	8	14	02	44.9	170.1	996	15
	8	14	08	45.2	172.3	1002	13
	8	14	14	45.7	173.5	1002	13
	8	14	20	46.1	173.9	1006	13
	8	15	02	46.5	174.3	1006	13
	8	15	08	46.8	174.6	1008	13
	8	15	14	47.1	174.9	1008	13
	8	15	20	47.4	175.3	1008	13
	8	16	02	47.5	175.6	1008	13
				消散			

表 2.11.2　2109 号热带风暴"卢碧"（Lupit）在福建省引发的灾情

受灾省	受灾人口 /万人	死亡人口 /人	失踪人口 /人	紧急转移 人口/万人	农作物		倒塌房屋 /万间	直接经济损失 /亿元
					受灾面积 /万 hm²	绝收面积 /万 hm²		
福建省	7.3	1	0	0.9	0.71	0.02	0.01	1.3
合计	7.3	1	0	0.9	0.71	0.02	0.01	1.3

热带气旋年鉴 2021

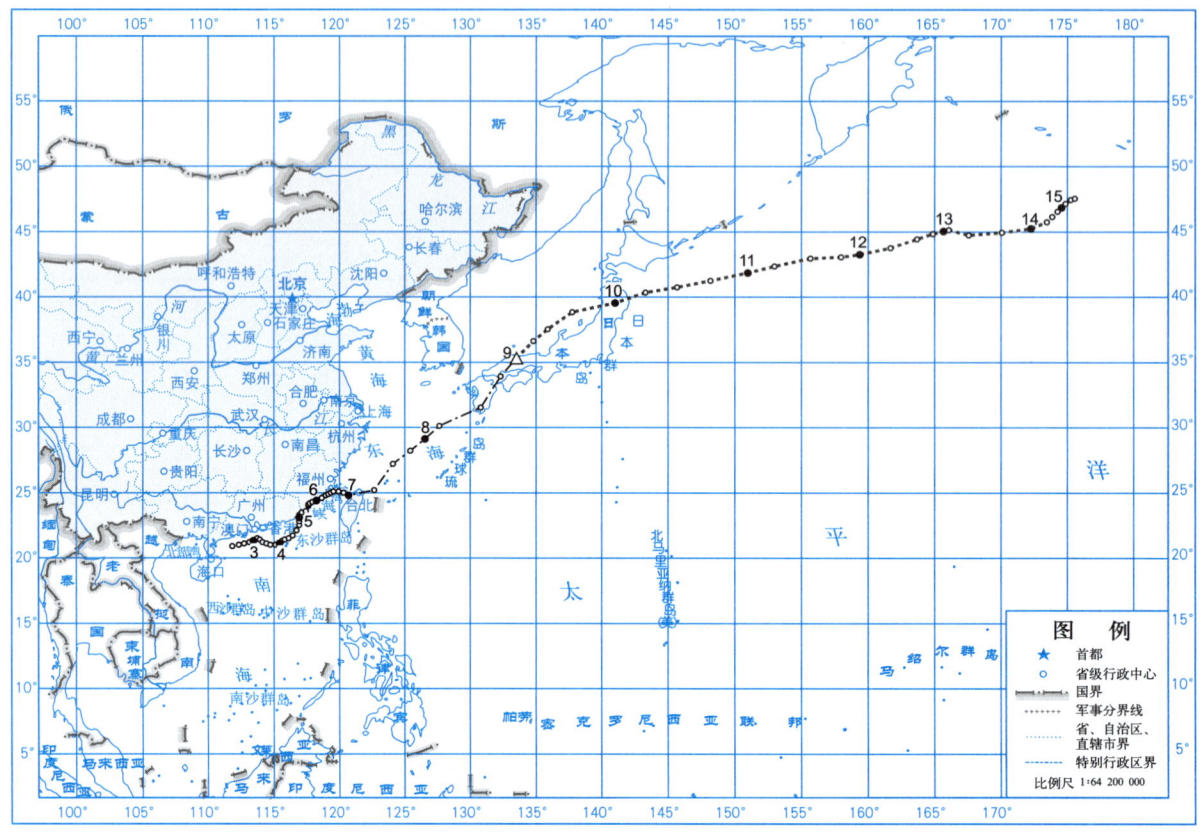

图 2.11.1　2109 号热带风暴 "卢碧"（Lupit）路径

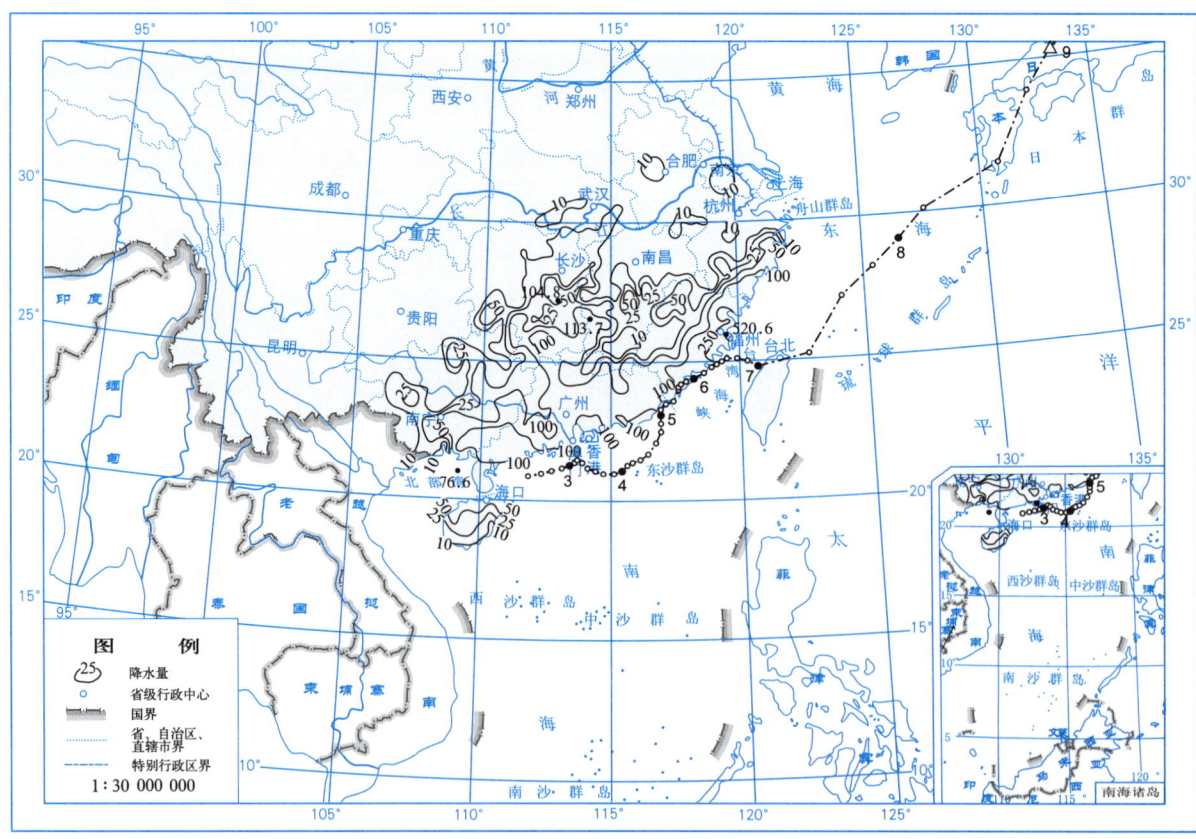

图 2.11.2　2109 号热带风暴 "卢碧"（Lupit）总降水量（mm）（8 月 2—7 日）

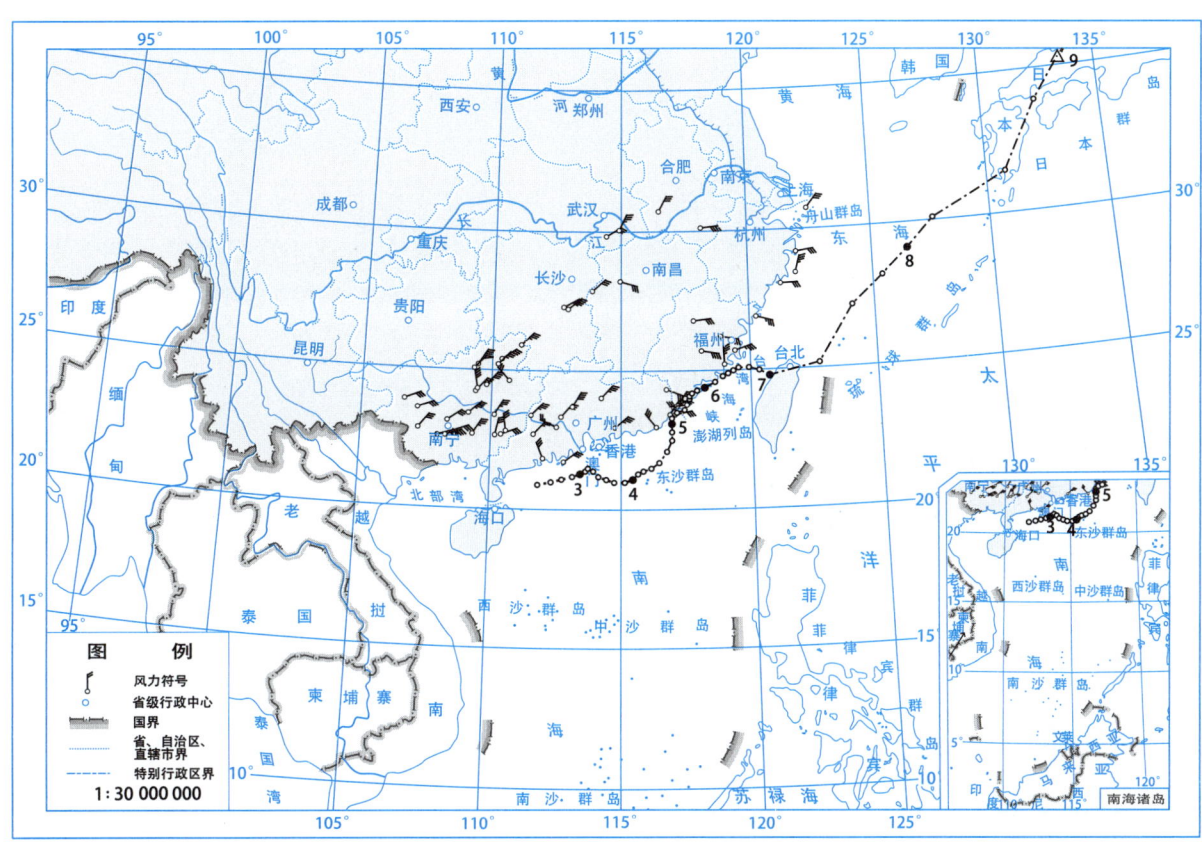

图 2.11.3　2109 号热带风暴"卢碧"(Lupit)大风分布(8月2—8日)

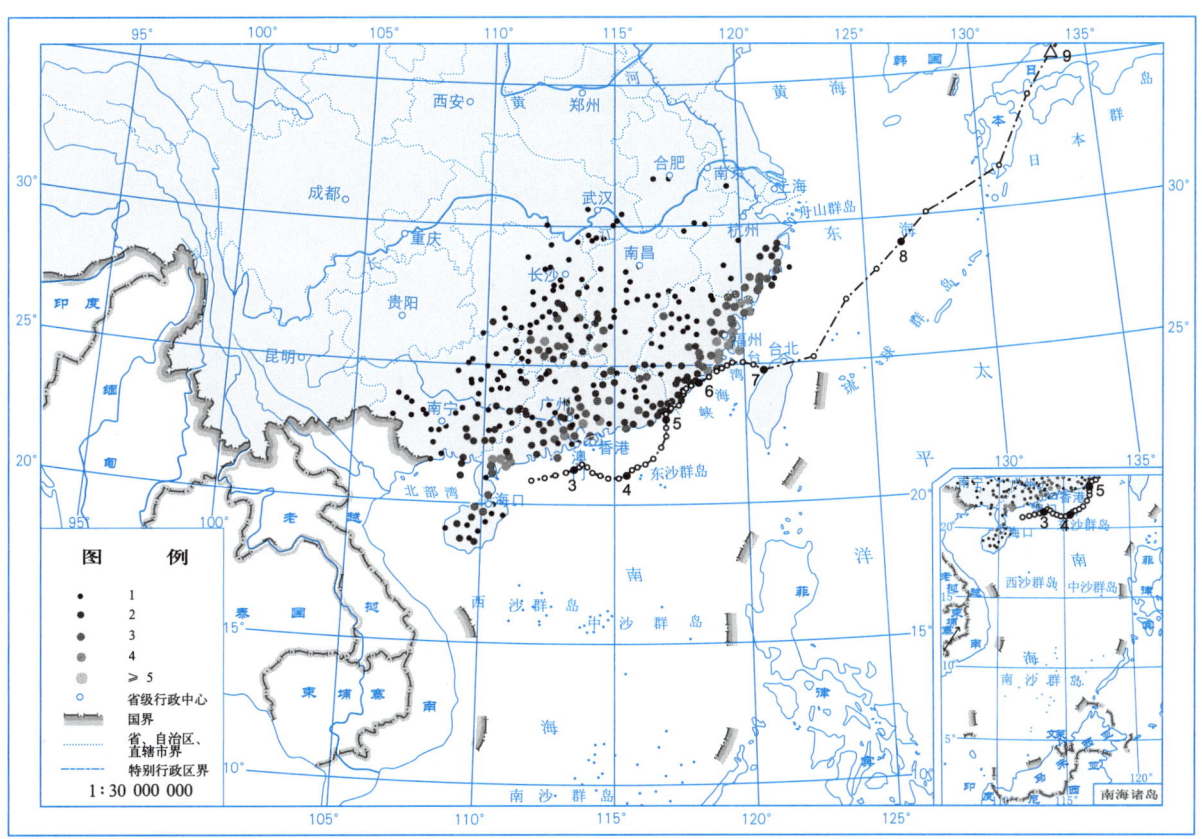

图 2.11.4　2109 号热带风暴"卢碧"(Lupit)总降水日数(d)

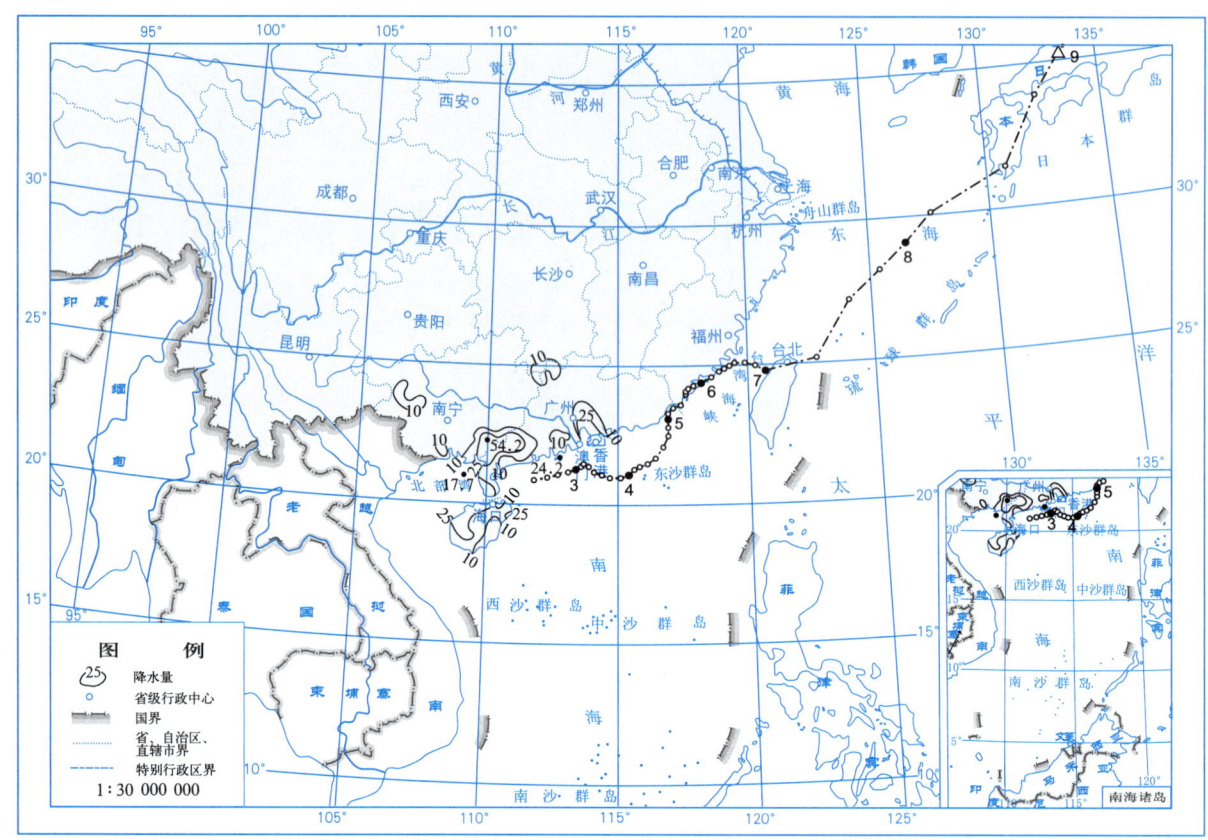

图 2.11.5　2021 年 8 月 2 日日降水量（mm）

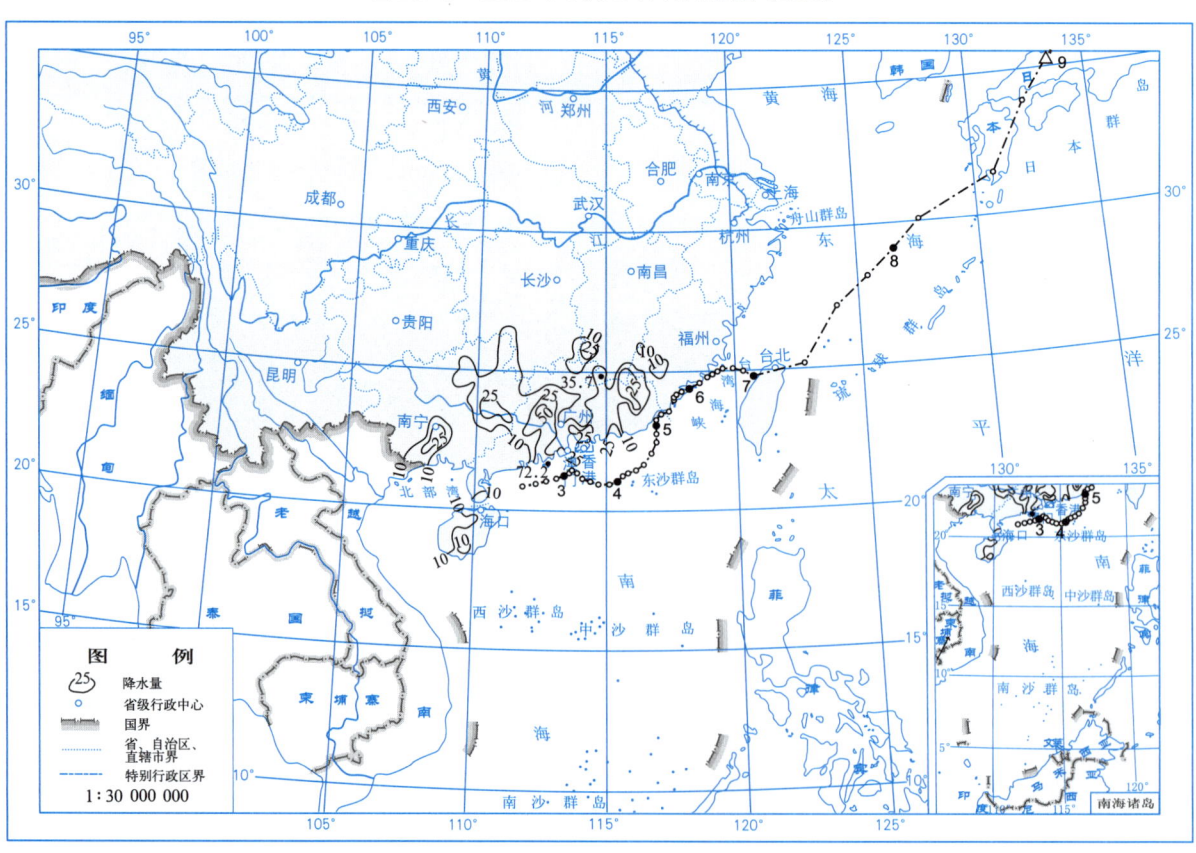

图 2.11.6　2021 年 8 月 3 日日降水量（mm）

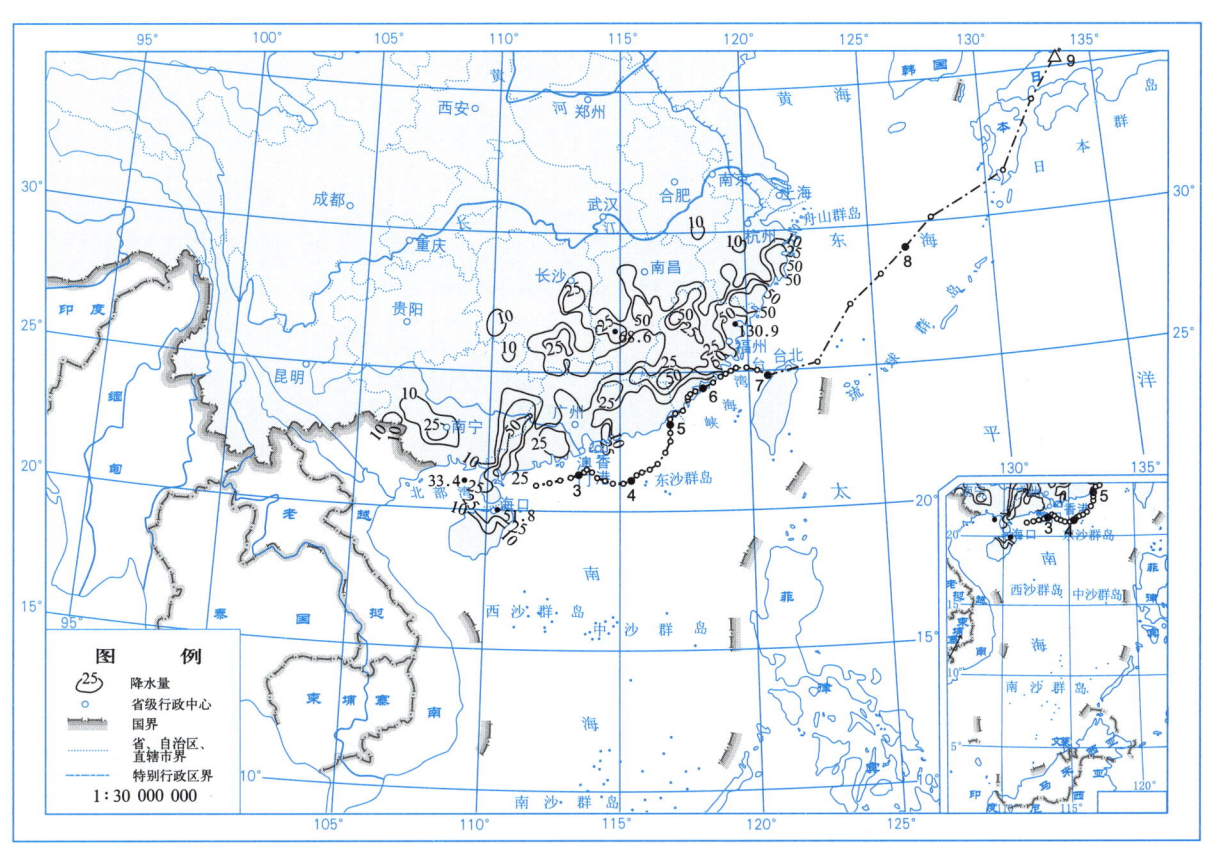

图 2.11.7　2021 年 8 月 4 日日降水量（mm）

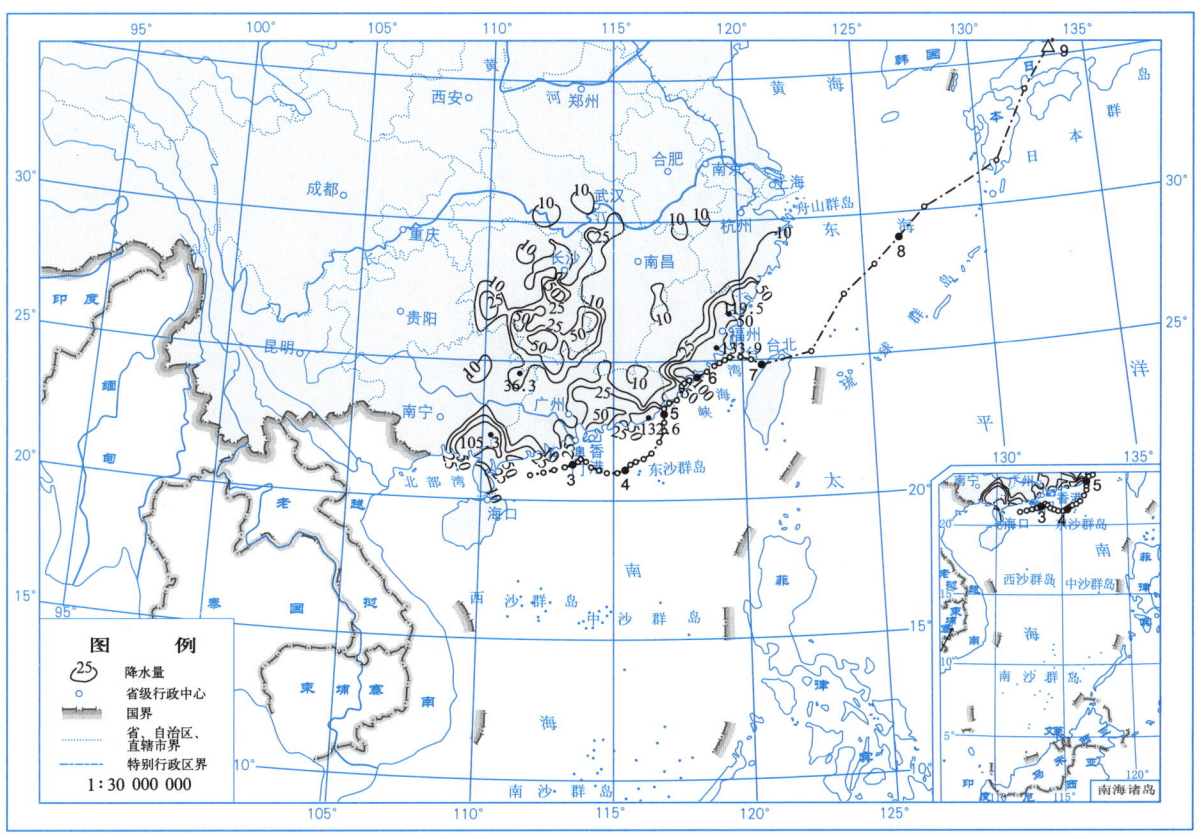

图 2.11.8　2021 年 8 月 5 日日降水量（mm）

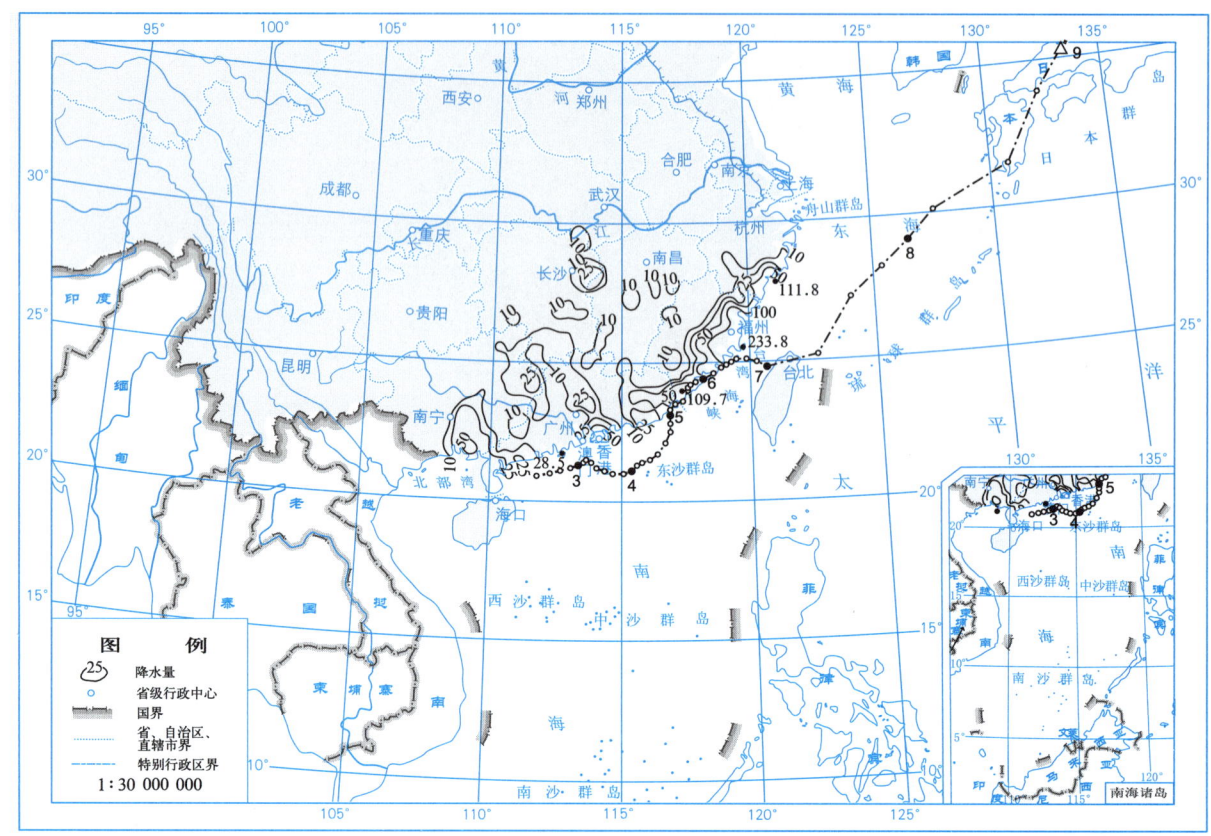

图 2.11.9　2021 年 8 月 6 日日降水量（mm）

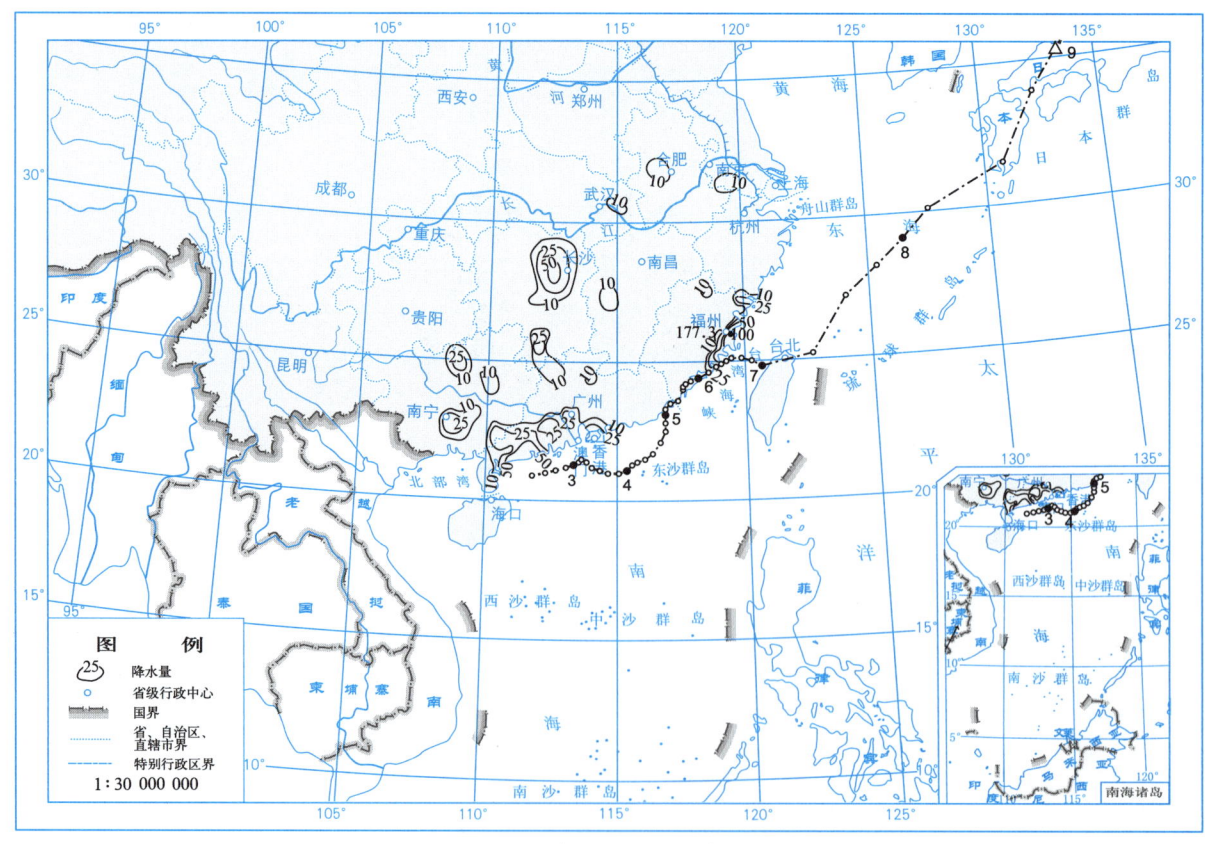

图 2.11.10　2021 年 8 月 7 日日降水量（mm）

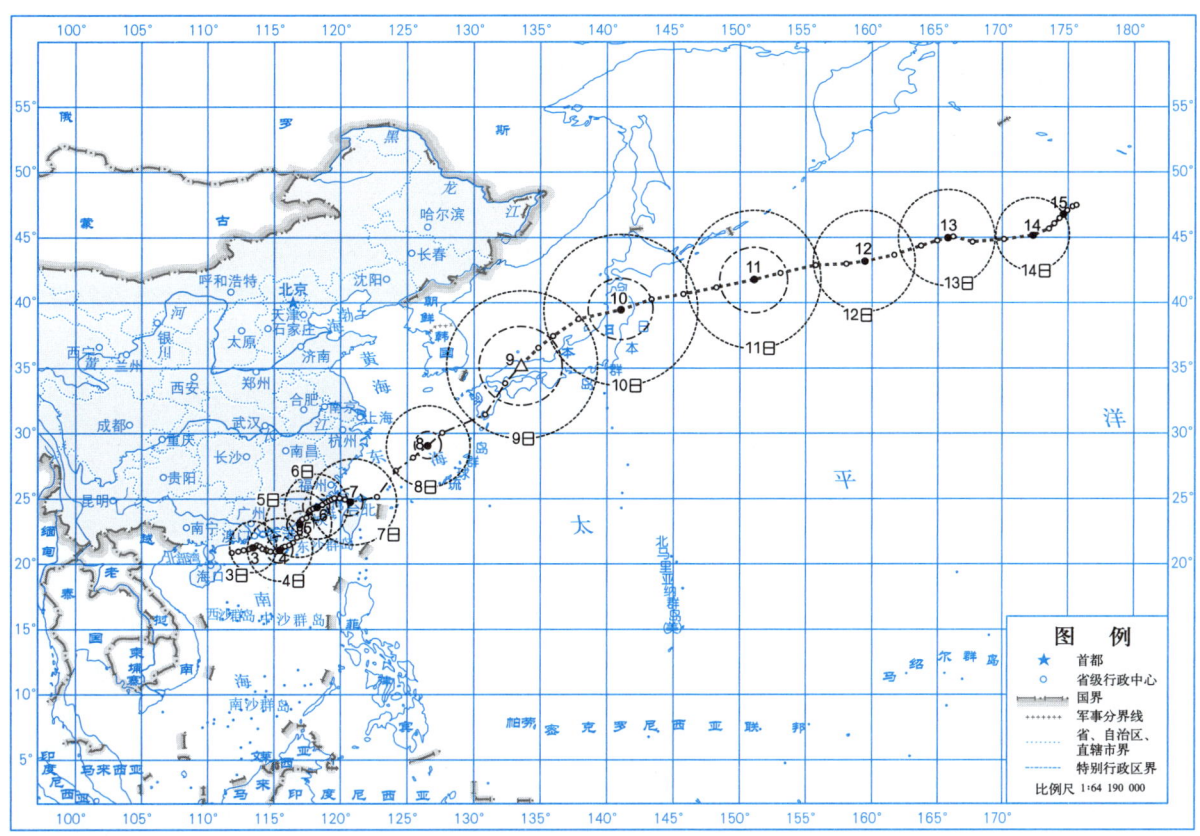

图 2.11.11　2109 号热带风暴"卢碧"(Lupit)大风区域演变

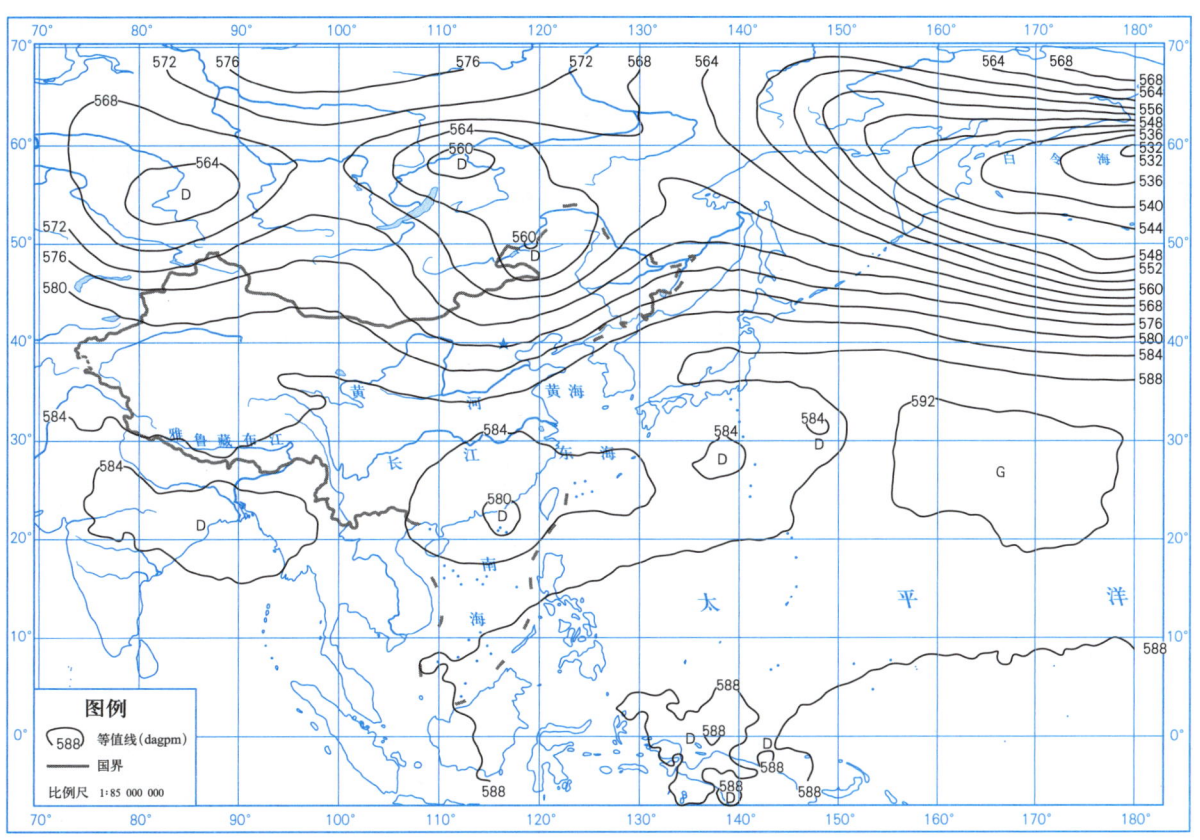

图 2.11.12　2021 年 8 月 5 日 08 时 500 hPa 高度场

2.12 2110 号强热带风暴"银河"（Mirinae）

第 2110 号强热带风暴"银河"是由 8 月 3 日下午位于琉球群岛附近的西北太平洋洋面上一个热带低压发展形成。形成后低压中心逆时针旋转半周，随后转向东北，5 日下午发展为热带风暴，并穿过琉球群岛，其后加大向东移动的分量，移速加快。7 日起，"银河"转向偏北，靠近日本以东洋面，9 日上午，"银河"逐渐转向偏东，并短暂加强为强热带风暴后，又逐渐减弱，次日凌晨转变为温带气旋，强度继续减弱，于 11 日早晨在西北太平洋洋面上减弱消散。

表 2.12.1 是强热带风暴"银河"的中心位置和强度。图 2.12.1 ～图 2.12.3 分别是强热带风暴"银河"的路径图、大风区域演变图和 2021 年 8 月 9 日 08 时 500 hPa 高度场图。

表 2.12.1　2110 号强热带风暴"银河"（Mirinae）8 月 3 日—11 日中心位置和强度

年	月	日	时	中心位置		中心气压 /hPa	中心风速 /（m/s）
				北纬 /°N	东经 /°E		
2021	8	3	14	23.6	124.3	1000	13
	8	3	20	23.9	124.8	1000	13
	8	4	02	24.4	124.8	1000	13
	8	4	08	24.8	124.6	1000	13
	8	4	14	25.1	125.4	998	15
	8	4	20	25.6	126.4	998	15
	8	5	02	25.9	126.9	998	15
	8	5	08	26.2	127.2	998	15
	8	5	14	26.8	128.1	995	18
	8	5	20	27.1	128.6	995	18
	8	6	02	26.9	129.9	992	20
	8	6	08	26.8	131.7	992	20
	8	6	14	27.3	133.2	990	23
	8	6	20	27.9	134.7	990	23
	8	7	02	28.6	136.3	990	23
	8	7	08	29.5	137.6	990	23
	8	7	14	30.9	138.5	990	23
	8	7	20	31.9	139.0	990	23
	8	8	02	33.2	139.7	990	23

(续表)

年	月	日	时	中心位置		中心气压 /hPa	中心风速 /(m/s)
				北纬/°N	东经/°E		
2021	8	8	08	34.1	140.7	990	23
	8	8	14	35.1	142.1	990	23
	8	8	20	35.9	143.6	990	23
	8	9	02	36.7	145.5	985	25
	8	9	08	37.7	147.7	985	25
	8	9	14	38.3	149.7	990	23
	8	9	20	38.7	152.1	992	20
△	8	10	02	39.0	154.8	992	18
	8	10	08	38.6	158.2	995	15
	8	10	14	38.1	161.2	995	15
	8	10	20	37.3	164.5	998	13
	8	11	02	37.2	167.2	998	13
	8	11	08	37.2	169.3	998	13
消散							

热带气旋年鉴 2021

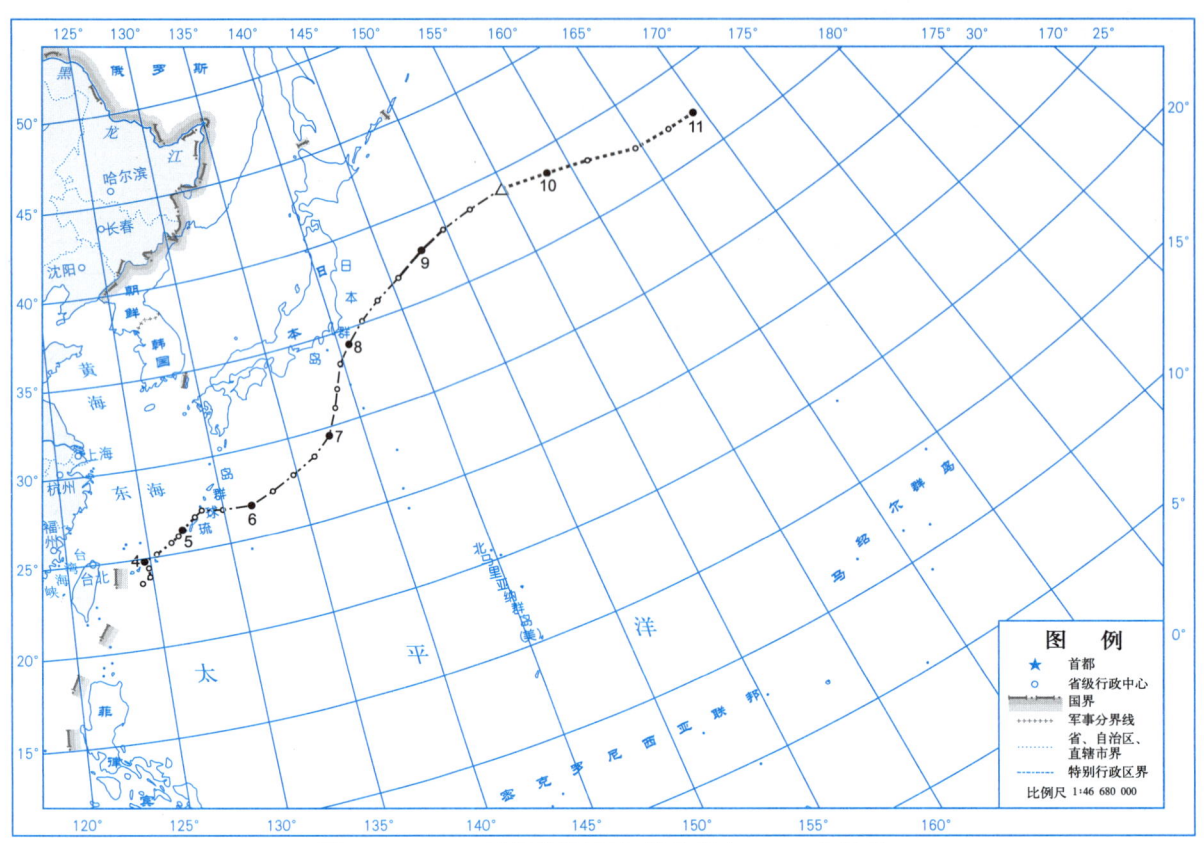

图 2.12.1　2110 号强热带风暴"银河"（Mirinae）路径

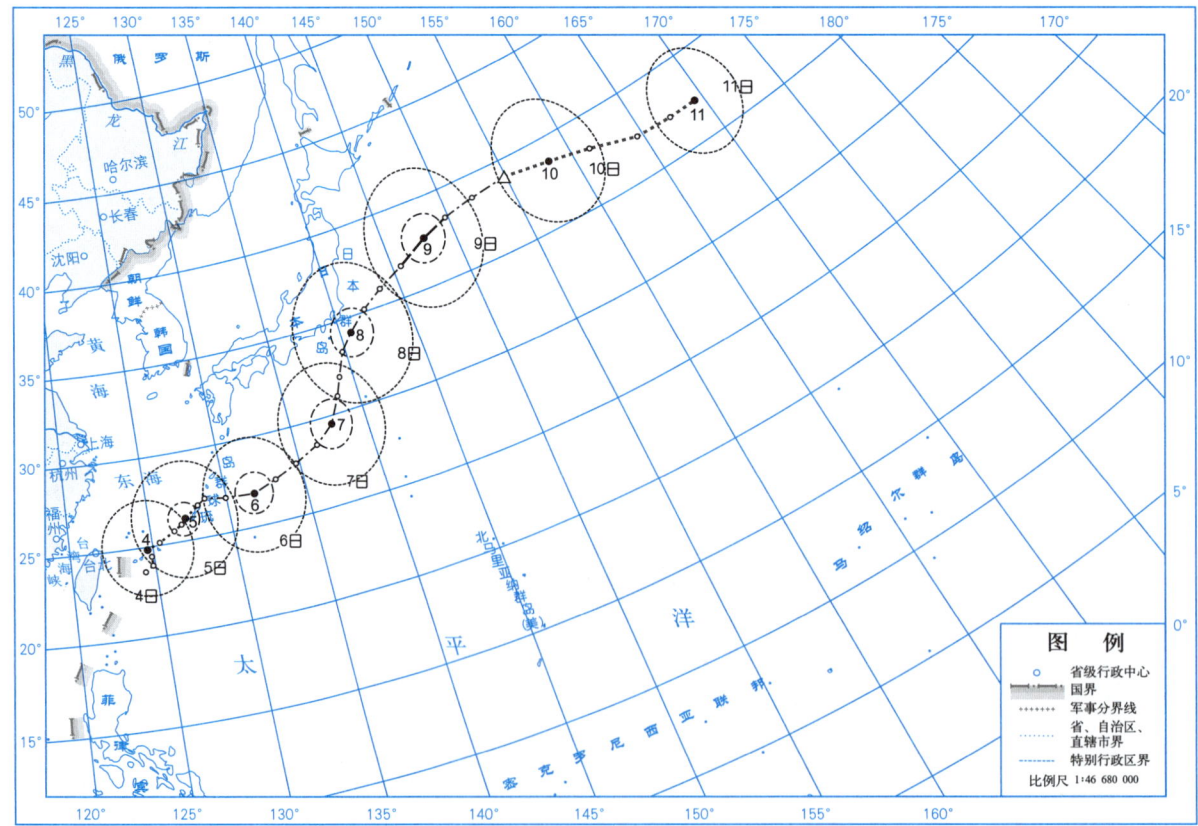

图 2.12.2　2110 号强热带风暴"银河"（Mirinae）大风区域演变

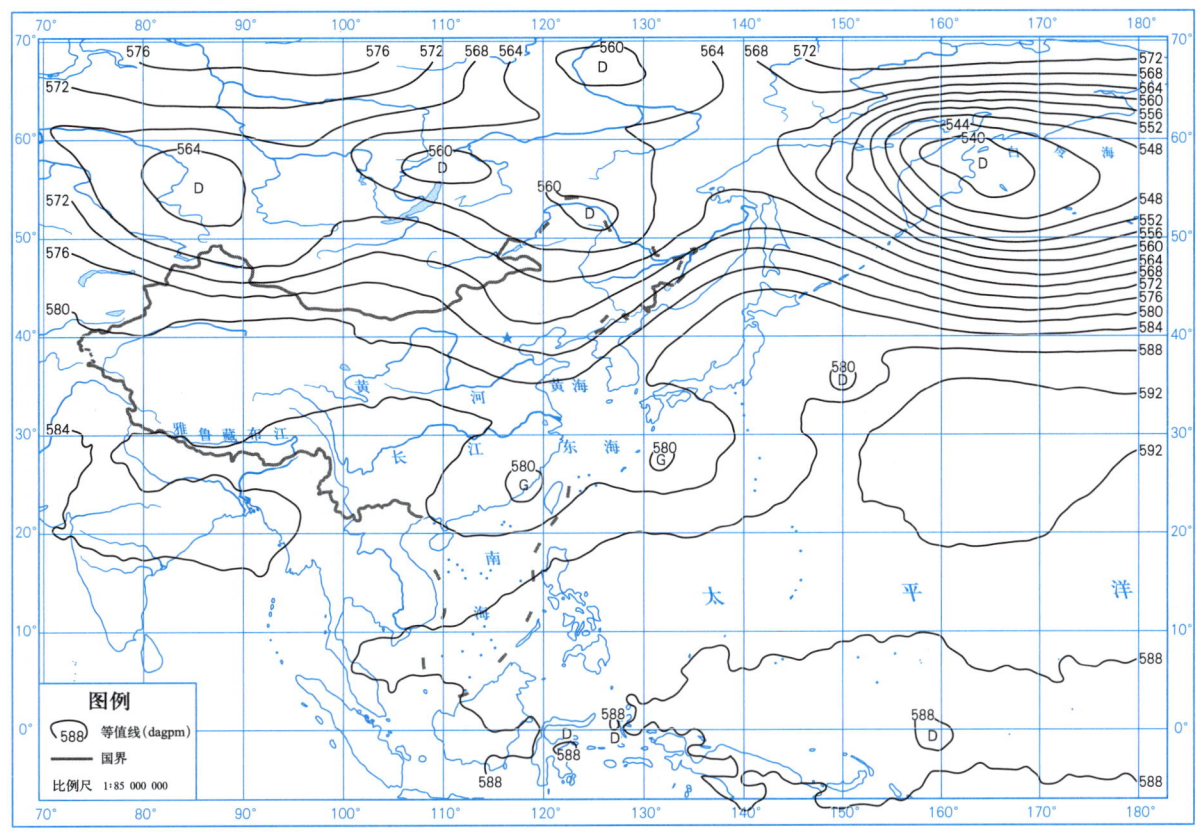

图 2.12.3　2021 年 8 月 9 日 08 时 500 hPa 高度场（dagpm）

2.13　2111号强热带风暴"妮妲"（Nida）

第2111号强热带风暴"妮妲"是由8月4日凌晨位于美国塞班岛以北约930 km的西北太平洋洋面上一个热带低压发展形成。形成后低压中心向偏北方向移动，当日夜间发展为热带风暴，6日继续加强为强热带风暴，并转向东偏北方向移动，7日夜间减弱为热带风暴，之后转变为温带气旋，随即在西北太平洋洋面上减弱消散。

表2.13.1是强热带风暴"妮妲"的中心位置和强度。图2.13.1～图2.13.3分别是强热带风暴"妮妲"的路径图、大风区域演变图和2021年8月6日08时500 hPa高度场图。

表2.13.1　2111号强热带风暴"妮妲"（Nida）8月4—8日中心位置和强度

年	月	日	时	中心位置		中心气压 /hPa	中心风速 /（m/s）
				北纬 /°N	东经 /°E		
2021	8	4	02	23.5	146.0	1002	13
	8	4	08	25.3	146.9	1002	13
	8	4	14	27.3	147.5	1000	15
	8	4	20	28.9	147.5	998	18
	8	5	02	30.3	147.4	995	20
	8	5	08	31.5	147.6	992	23
	8	5	14	32.6	147.7	992	23
	8	5	20	33.5	148.0	992	23
	8	6	02	34.6	148.7	992	23
	8	6	08	35.4	149.7	990	25
	8	6	14	36.2	151.2	990	25
	8	6	20	36.7	153.1	990	25
	8	7	02	37.9	155.2	990	25
	8	7	08	38.6	158.0	990	25
	8	7	14	38.8	160.2	990	25
	8	7	20	39.0	163.2	995	23
	8	8	02	39.5	165.8	995	23
△	8	8	08	40.0	168.7	998	18
	8	8	14	40.2	171.8	1000	15
				消散			

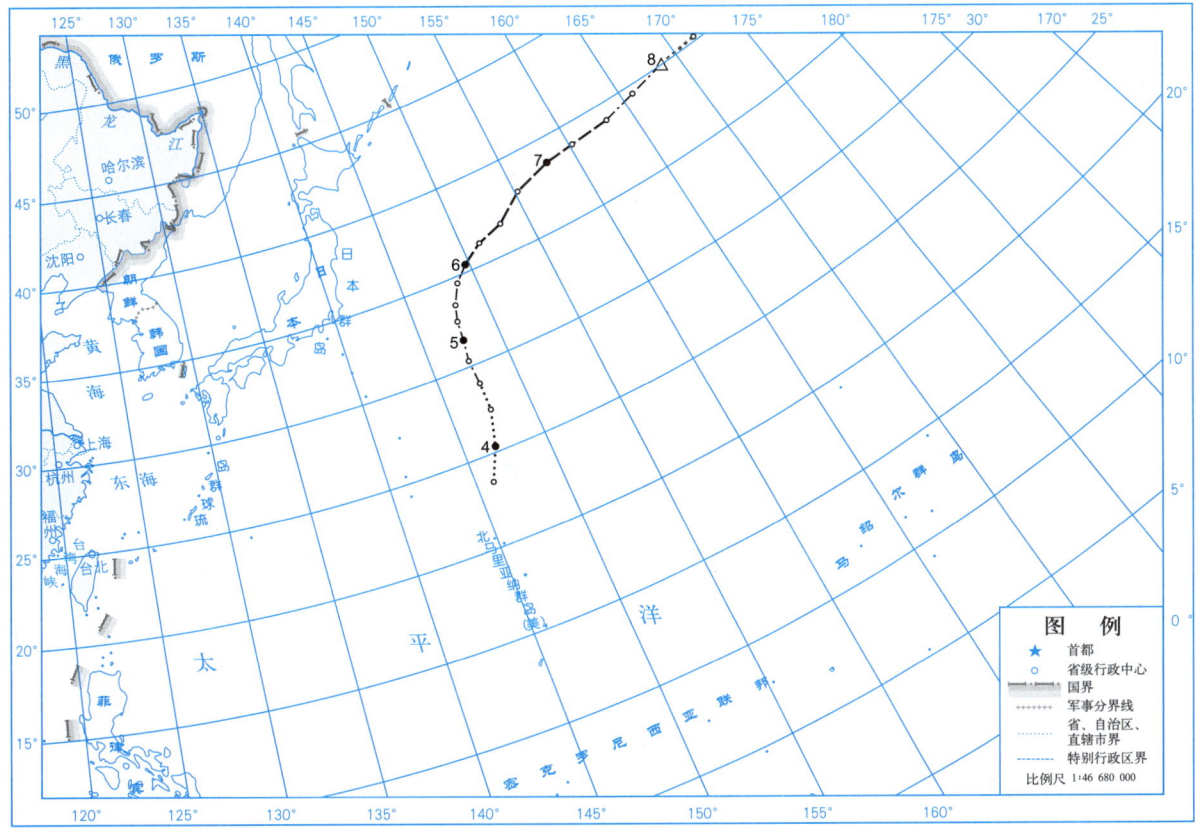

图 2.13.1　2111 号强热带风暴"妮妲"(Nida)路径

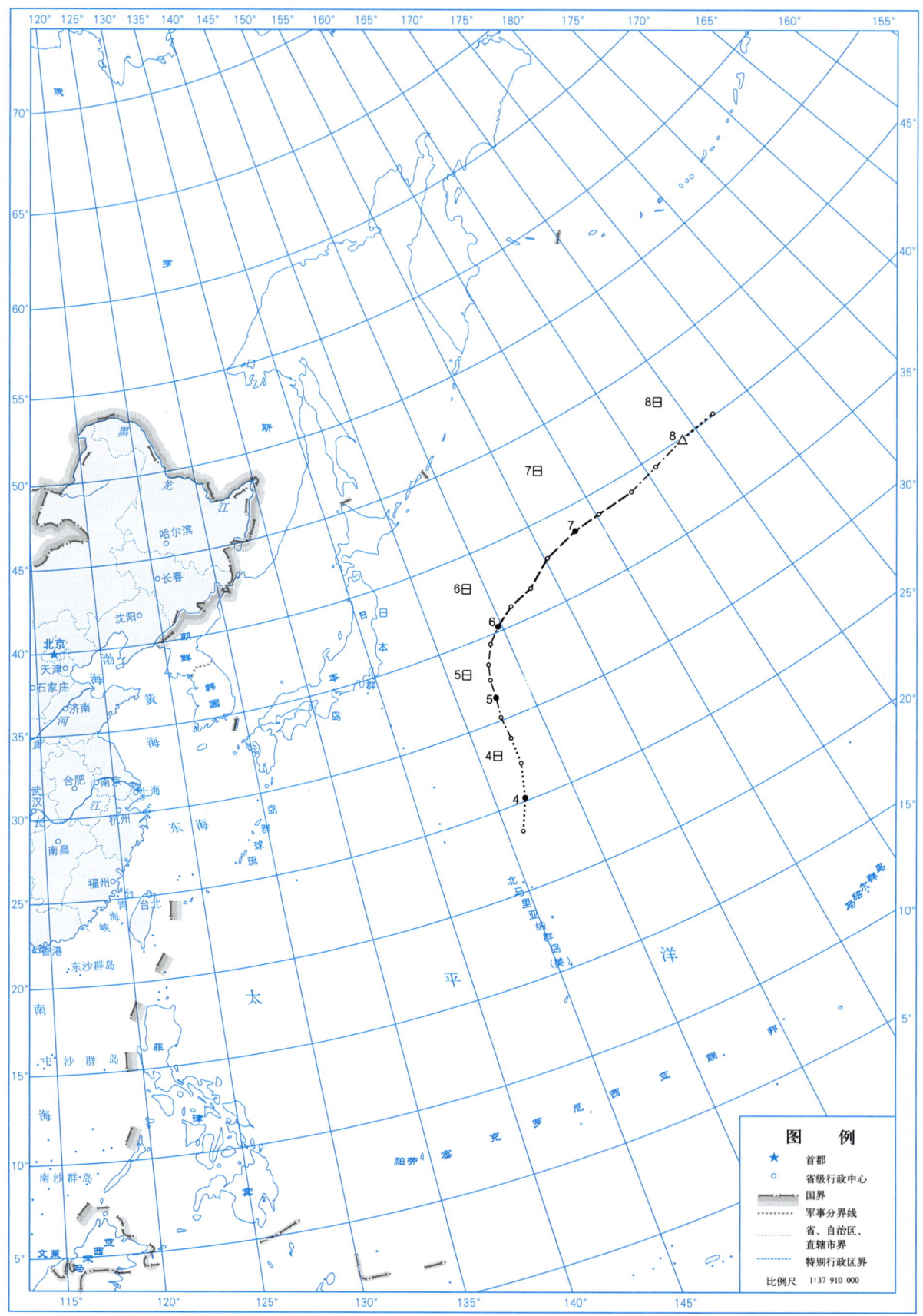

图 2.13.2 2111 号强热带风暴"妮妲"(Nida)大风区域演变

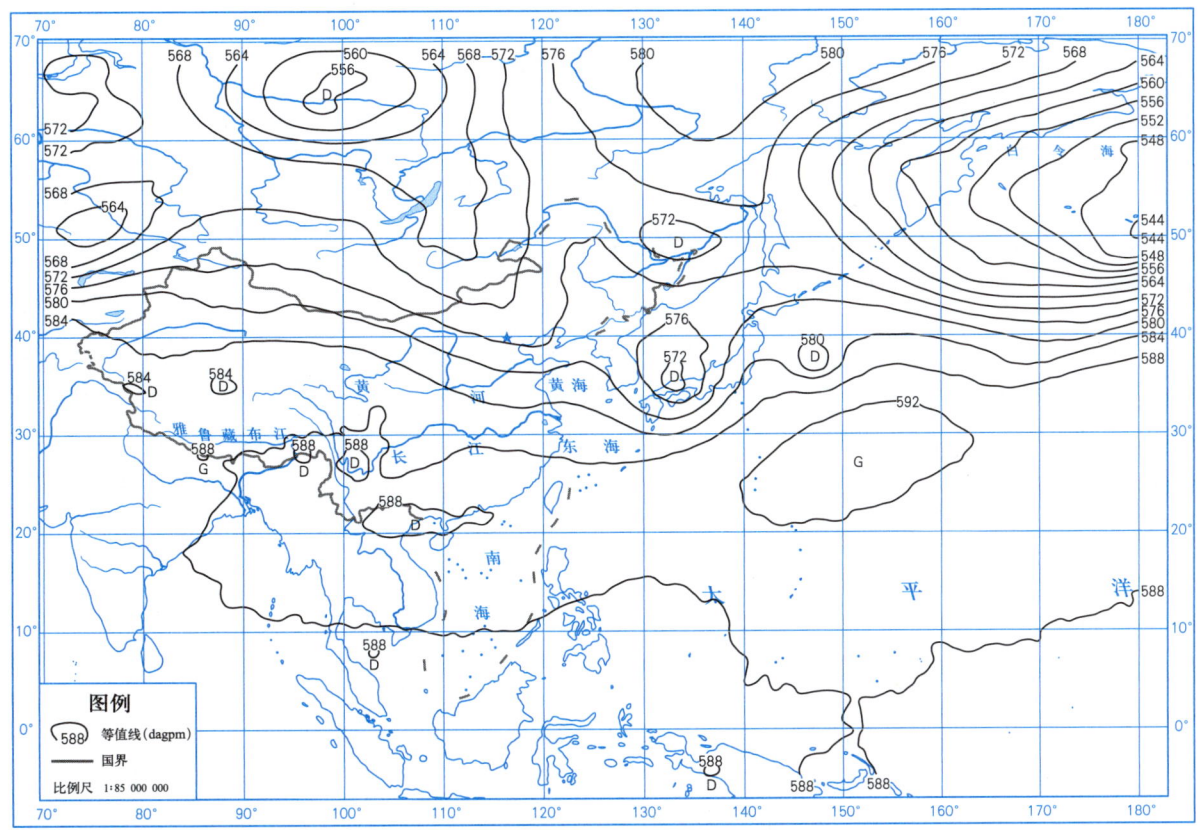

图 2.13.3 2021 年 8 月 6 日 08 时 500 hPa 高度场

2.14　2112号强热带风暴"奥麦斯"（Omais）

第2112号强热带风暴"奥麦斯"是由8月19日凌晨位于美国关岛以西约880 km的西北太平洋洋面上一个热带低压发展形成。形成后低压中心向西偏北方向移动，20日夜间发展为热带风暴，并加大向北移动的分量，22日凌晨短暂加强为强热带风暴，穿过琉球群岛后随即减弱为热带风暴，进入东海海域。之后，"奥麦斯"强度逐渐减弱，转向北偏东，移速加快，23日夜间擦过韩国济州岛，尔后东北行穿过韩国东南部，于24日凌晨进入日本海海域，强度略有加强。随后，"奥麦斯"发生变性，移速放缓，强度减弱，擦过日本北海道岛北部沿海，进入鄂霍次克海海域，并沿着千岛群岛一路东北行，于30日下午在堪察加半岛以东约520 km的西北太平洋洋面上减弱消散。

表2.14.1是强热带风暴"奥麦斯"的中心位置和强度。图2.14.1～图2.14.3分别是强热带风暴"奥麦斯"的路径图、大风区域演变图和2021年8月23日08时500 hPa高度场图。

表2.14.1　2112号强热带风暴"奥麦斯"（Omais）8月19—30日中心位置和强度

年	月	日	时	中心位置		中心气压/hPa	中心风速/(m/s)
				北纬/°N	东经/°E		
2021	8	19	02	15.9	136.9	1005	13
	8	19	08	16.7	135.4	1005	13
	8	19	14	17.5	133.9	1005	13
	8	19	20	18.0	133.0	1005	13
	8	20	02	18.3	132.2	1002	15
	8	20	08	18.5	131.4	1002	15
	8	20	14	18.7	130.6	1002	15
	8	20	20	19.0	130.0	1000	18
	8	21	02	19.8	129.4	1000	18
	8	21	08	21.3	128.2	998	20
	8	21	14	21.9	127.7	998	20
	8	21	20	22.7	127.1	995	23
	8	22	02	23.2	126.5	992	25
	8	22	08	24.2	125.9	992	25
	8	22	14	25.1	125.4	995	23
	8	22	20	25.9	125.0	998	20
	8	23	02	27.2	124.8	998	20
	8	23	08	29.1	125.2	1000	18
	8	23	14	31.4	125.7	1000	18

(续表)

年	月	日	时	中心位置		中心气压 /hPa	中心风速 /(m/s)
				北纬/°N	东经/°E		
2021	8	23	20	33.7	127.0	1000	18
	8	24	02	36.1	129.7	998	20
△	8	24	08	37.6	131.6	998	20
	8	24	14	38.7	132.6	998	20
	8	24	20	39.9	133.6	1000	18
	8	25	02	40.7	134.9	1002	15
	8	25	08	41.0	136.6	1002	15
	8	25	14	41.6	137.8	1002	13
	8	25	20	42.7	138.9	1005	10
	8	26	02	43.7	139.6	1005	10
	8	26	08	45.1	141.5	1005	10
	8	26	14	46.2	143.8	1004	10
	8	26	20	47.2	145.2	1002	10
	8	27	02	47.8	146.8	1002	10
	8	27	08	47.9	147.8	1002	10
	8	27	14	47.8	149.0	1002	10
	8	27	20	48.4	151.4	1002	10
	8	28	02	49.3	153.5	1000	13
	8	28	08	50.0	155.4	1000	13
	8	28	14	50.5	156.7	998	13
	8	28	20	50.7	157.8	998	10
	8	29	02	50.8	158.7	995	10
	8	29	08	51.0	159.8	995	10
	8	29	14	51.1	160.5	995	10
	8	29	20	51.1	161.3	998	10
	8	30	02	51.1	163.0	998	10
	8	30	08	51.0	164.5	998	10
	8	30	14	50.8	166.7	1000	10
				消散			

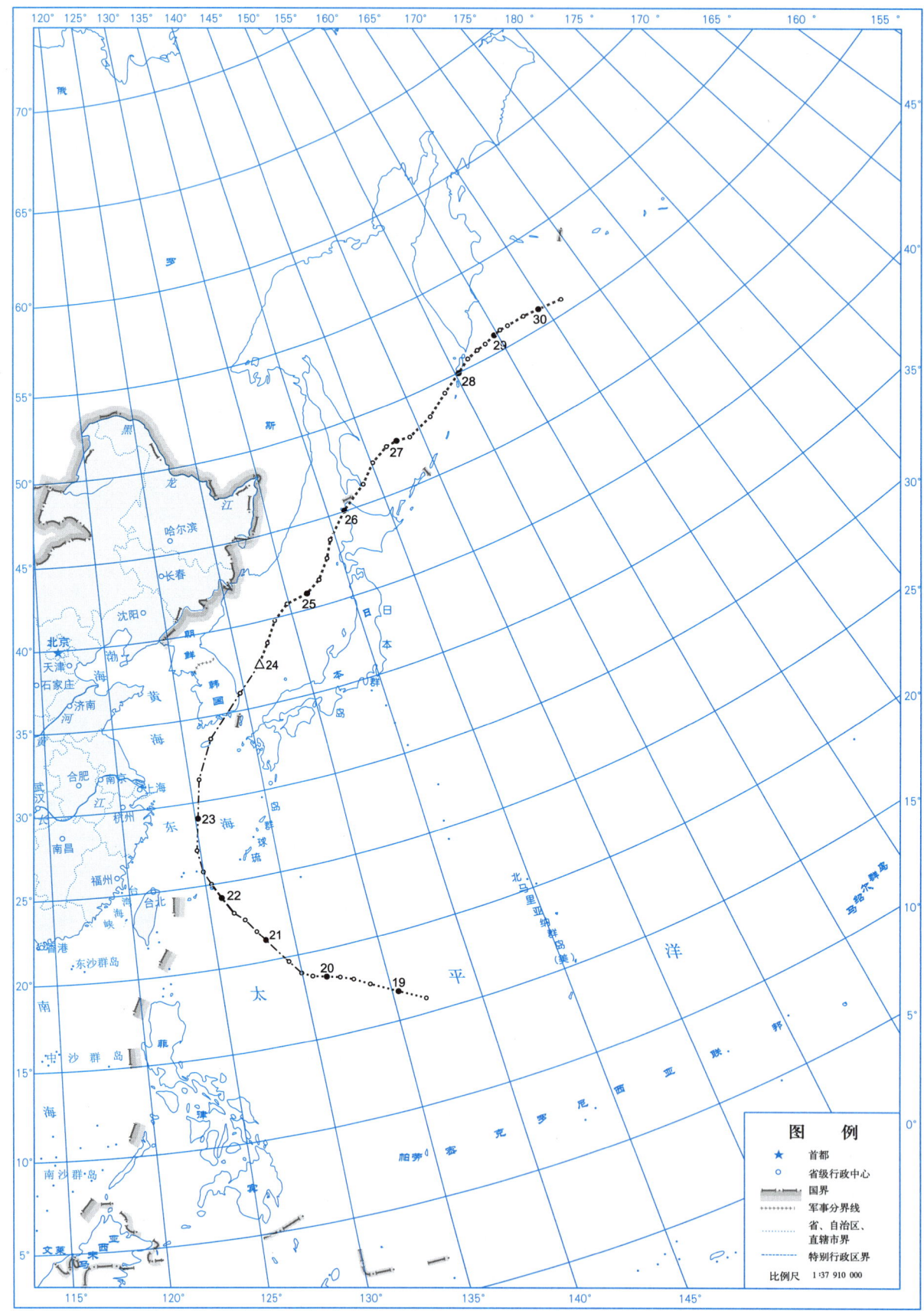

图 2.14.1　2112 号强热带风暴"奥麦斯"（Omais）路径

图 2.14.2　2112 号强热带风暴"奥麦斯"(Omais)大风区域演变

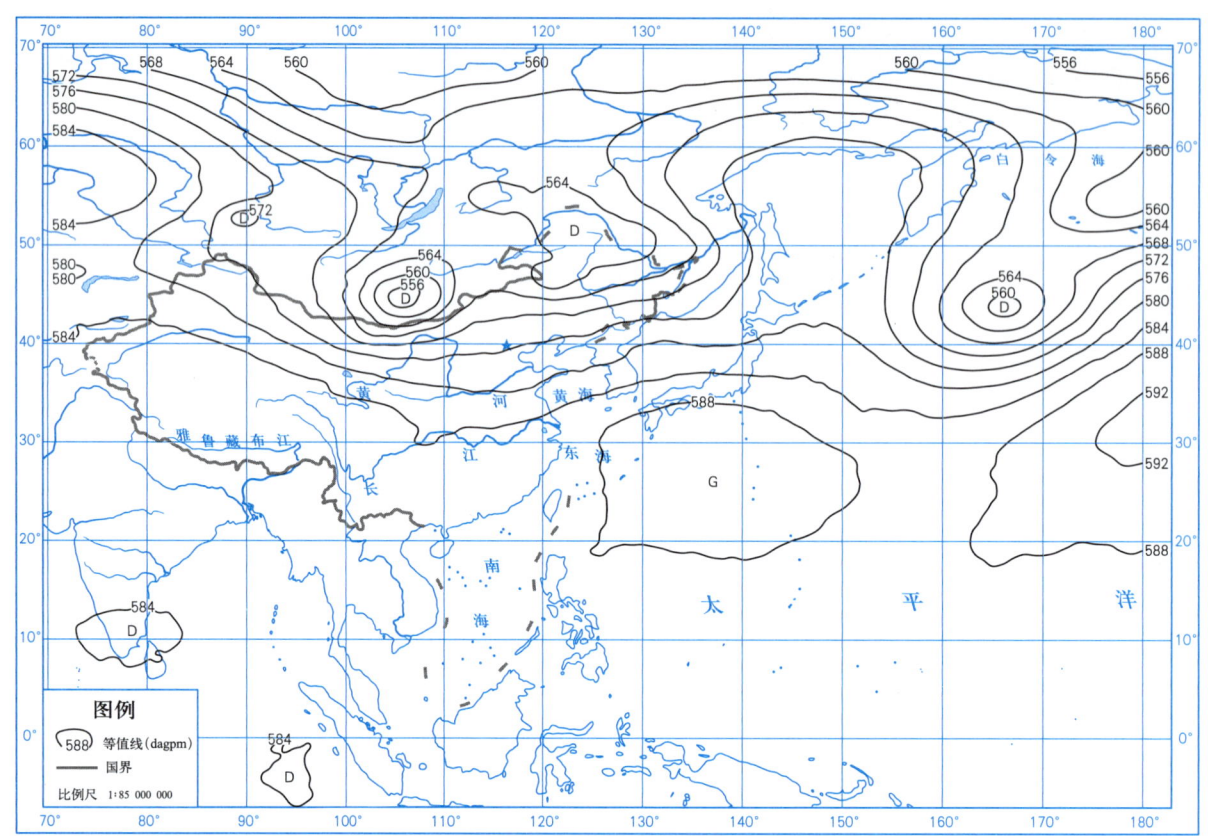

图 2.14.3 2021 年 8 月 23 日 08 时 500 hPa 高度场

2.15 热带低压（TD2103）

热带低压（TD2103）是由 9 月 1 日下午在中途岛西偏南约 1510 km 的西北太平洋洋面上形成。形成后低压中心向西北方向移动，移速缓慢，2 日夜间转向偏北，次日再次转向北偏东方向移动，于 4 日早晨在中途岛西偏北约 1770 km 的西北太平洋洋面上减弱消散。

表 2.15.1 是热带低压（TD2103）的中心位置和强度。图 2.15.1～图 2.15.3 分别是热带低压（TD2103）的路径图、大风区域演变图和 2021 年 9 月 3 日 08 时 500 hPa 高度场图。

表 2.15.1　热带低压（TD2103）9 月 1—4 日中心位置和强度

年	月	日	时	中心位置		中心气压 /hPa	中心风速 /（m/s）
				北纬 /°N	东经 /°E		
2021	9	1	14	24.5	162.5	1010	13
	9	1	20	25.1	161.5	1010	13
	9	2	02	25.8	160.5	1010	13
	9	2	08	26.5	159.7	1008	15
	9	2	14	27.1	158.9	1008	15
	9	2	20	27.9	158.5	1008	15
	9	3	02	28.7	158.1	1008	15
	9	3	08	29.7	157.7	1008	15
	9	3	14	30.7	157.7	1008	15
	9	3	20	31.9	157.8	1008	15
	9	4	02	33.4	158.8	1010	13
	9	4	08	34.7	160.1	1010	13
消散							

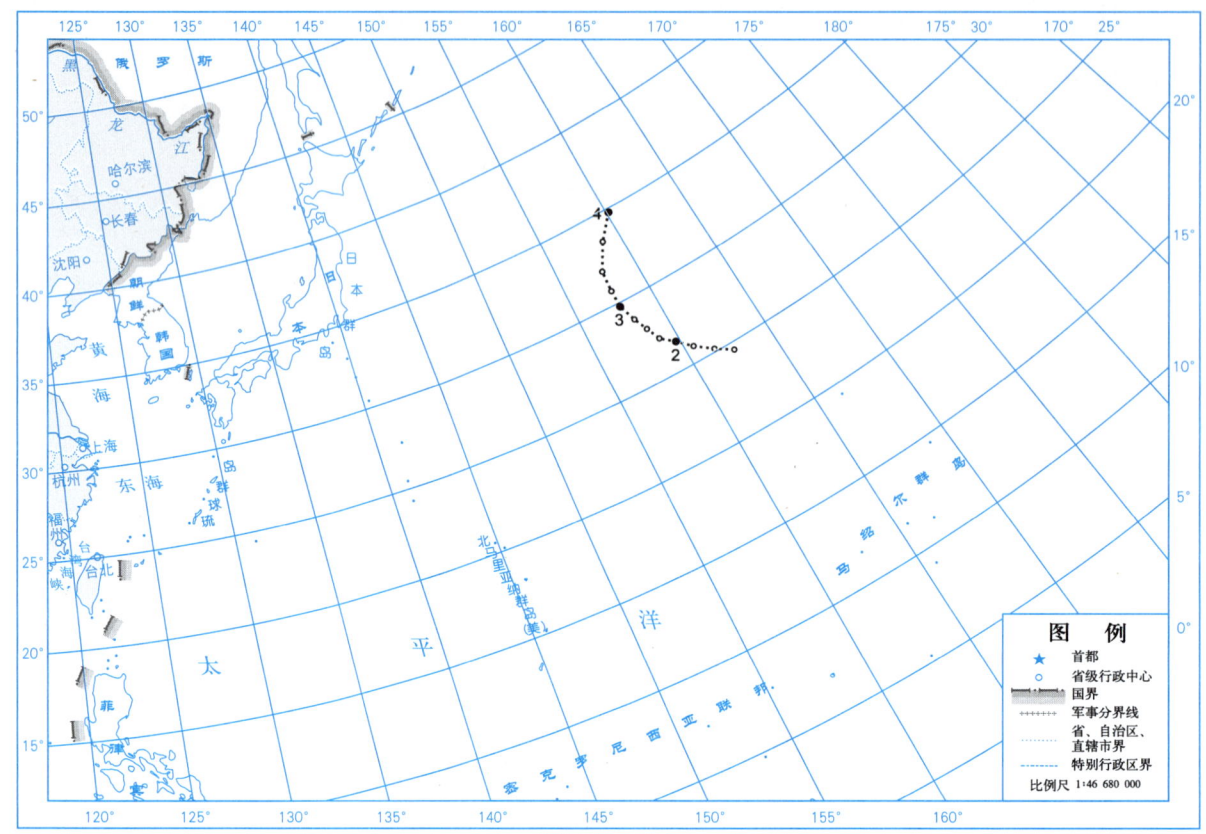

图 2.15.1 热带低压（TD2103）路径

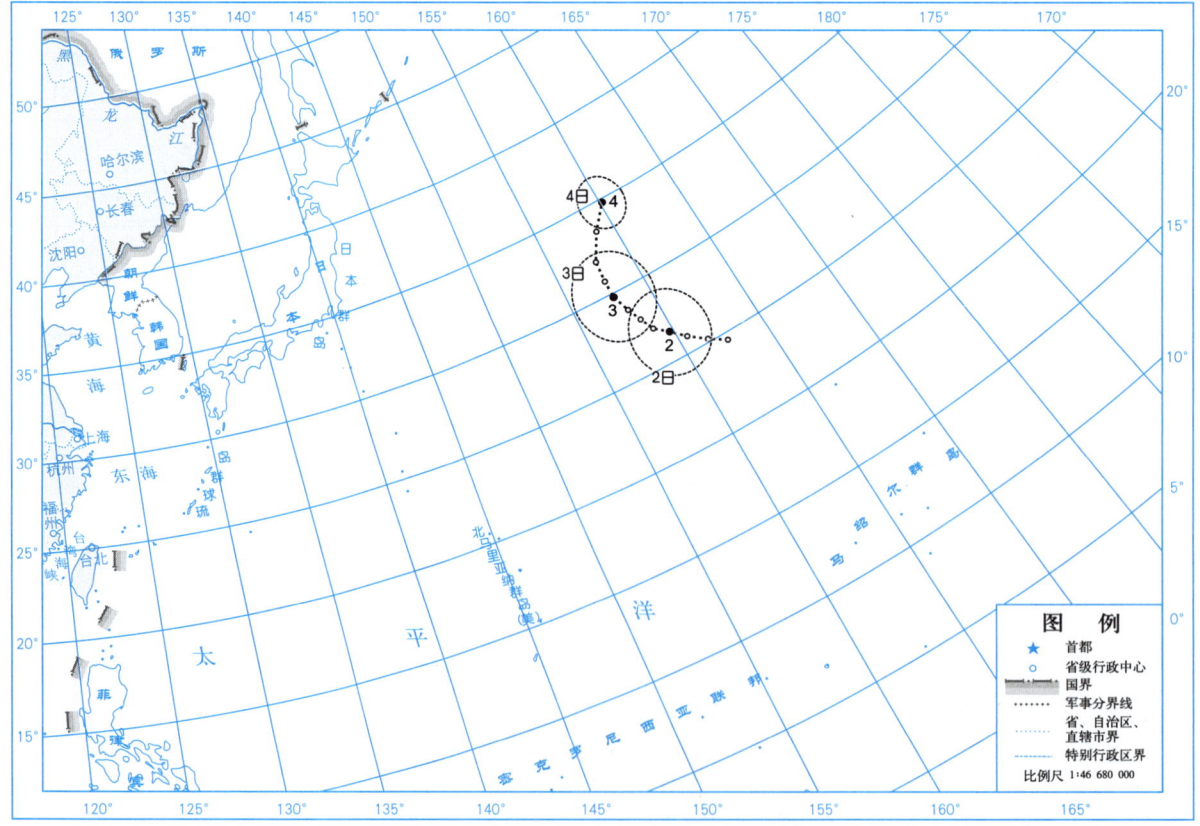

图 2.15.2 热带低压（TD2103）大风区域演变

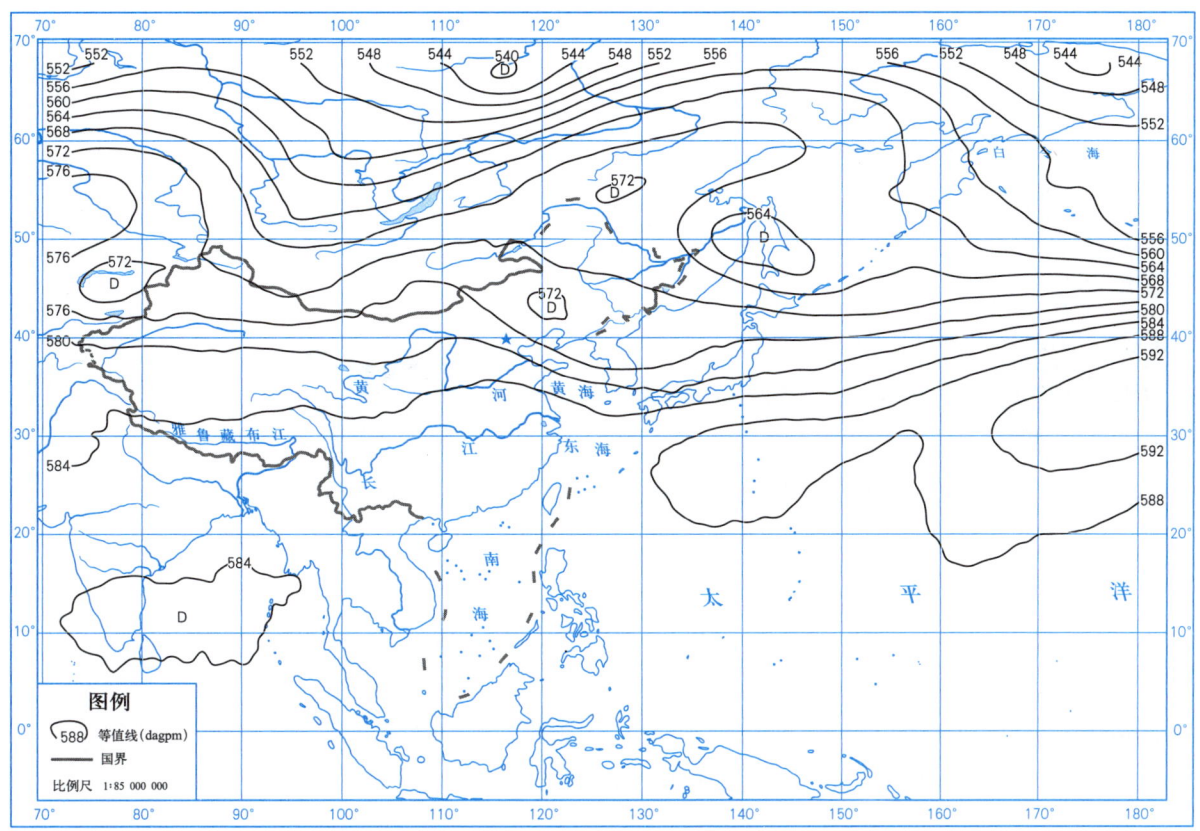

图 2.15.3　2021 年 9 月 3 日 08 时 500 hPa 高度场

2.16　2113号强热带风暴"康森"（Conson）

第2113号强热带风暴"康森"是由9月5日下午位于菲律宾棉兰老岛以东约480 km的西北太平洋洋面上一个热带低压发展形成。形成后低压中心向偏西方向移动，6日早晨发展为热带风暴，并转向西偏北，当日夜间加强为强热带风暴，随即登陆菲律宾萨马岛沿海，并快速穿过菲律宾群岛，于8日夜间进入南海海域。之后，强热带风暴"康森"沿偏西方向移动，强度维持，穿过中沙群岛，逐渐靠近越南中部沿海，11日夜间转向西南，减弱为热带风暴，次日又折向西北，继续减弱为热带低压。13日夜间，"康森"登陆越南中部沿海，并快速在越南境内消散。

受强热带风暴"康森"影响，9月11—13日，海南三亚出现最大风力6级（12.7 m/s）、阵风9级（21.6 m/s），为本次强热带风暴影响过程风极值。

受其影响，9月9—13日，海南大部、广东西南部局部、广西东南部局部总雨量为10～50 mm；海南局部总雨量为50～125 mm；其中，海南万宁总雨量124.1 mm；海南琼海10日雨量86.5 mm，10日13时雨量75.0 mm，分别为本次强热带风暴影响过程总雨量、日雨量和时雨量极值。

表2.16.1是强热带风暴"康森"的中心位置和强度。图2.16.1～图2.16.10分别是强热带风暴"康森"的路径图、总降水量图、大风分布图、总降水日数图、2021年9月10—13日的日降水量图、大风区域演变图和2021年9月11日08时500 hPa高度场图。

表2.16.1　2113号强热带风暴"康森"（Conson）9月5—13日中心位置和强度

年	月	日	时	中心位置		中心气压/hPa	中心风速/(m/s)
				北纬/°N	东经/°E		
2021	9	5	14	9.9	130.3	1006	13
	9	5	20	9.9	129.6	1006	13
	9	6	02	10.0	128.7	1004	15
	9	6	08	10.3	127.7	1002	18
	9	6	14	10.8	126.8	1000	23
	9	6	20	11.2	126.0	994	25
	9	7	02	11.7	125.0	990	28
	9	7	08	12.1	124.3	990	28
	9	7	14	12.4	123.4	990	28
	9	7	20	12.8	122.8	990	28
	9	8	02	13.3	122.0	990	28
	9	8	08	13.6	121.5	990	28
	9	8	14	14.1	120.8	990	28

（续表）

年	月	日	时	中心位置		中心气压 /hPa	中心风速 /（m/s）
				北纬 /°N	东经 /°E		
2021	9	8	20	14.9	120.1	992	25
	9	9	02	15.6	118.9	992	25
	9	9	08	15.8	117.8	992	25
	9	9	14	16.0	116.7	992	25
	9	9	20	16.1	115.0	992	25
	9	10	02	15.8	114.0	988	28
	9	10	08	15.7	112.8	988	28
	9	10	14	15.7	112.1	988	28
	9	10	20	15.7	111.4	988	28
	9	11	02	15.7	110.9	988	28
	9	11	08	15.7	110.0	990	25
	9	11	14	15.6	109.6	990	25
	9	11	20	15.3	109.4	992	23
	9	12	02	15.2	109.3	995	20
	9	12	08	15.3	109.2	998	15
	9	12	14	15.3	109.1	998	15
	9	12	20	15.3	109.1	998	15
	9	13	02	15.5	109.0	1000	13
	9	13	08	15.8	108.8	1000	13
	9	13	14	16.1	108.5	1000	13
	9	13	20	15.9	108.2	1000	13
				消散			

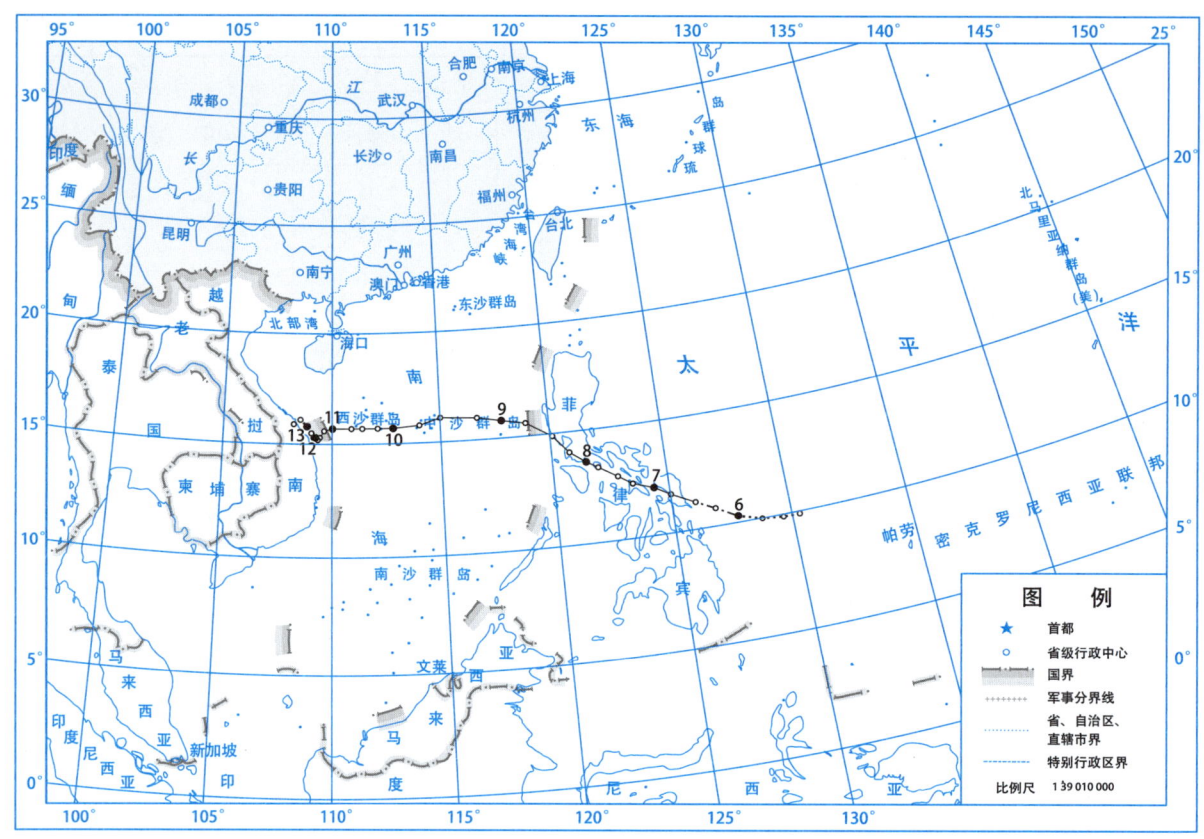

图 2.16.1　2113 号强热带风暴"康森"(Conson)路径

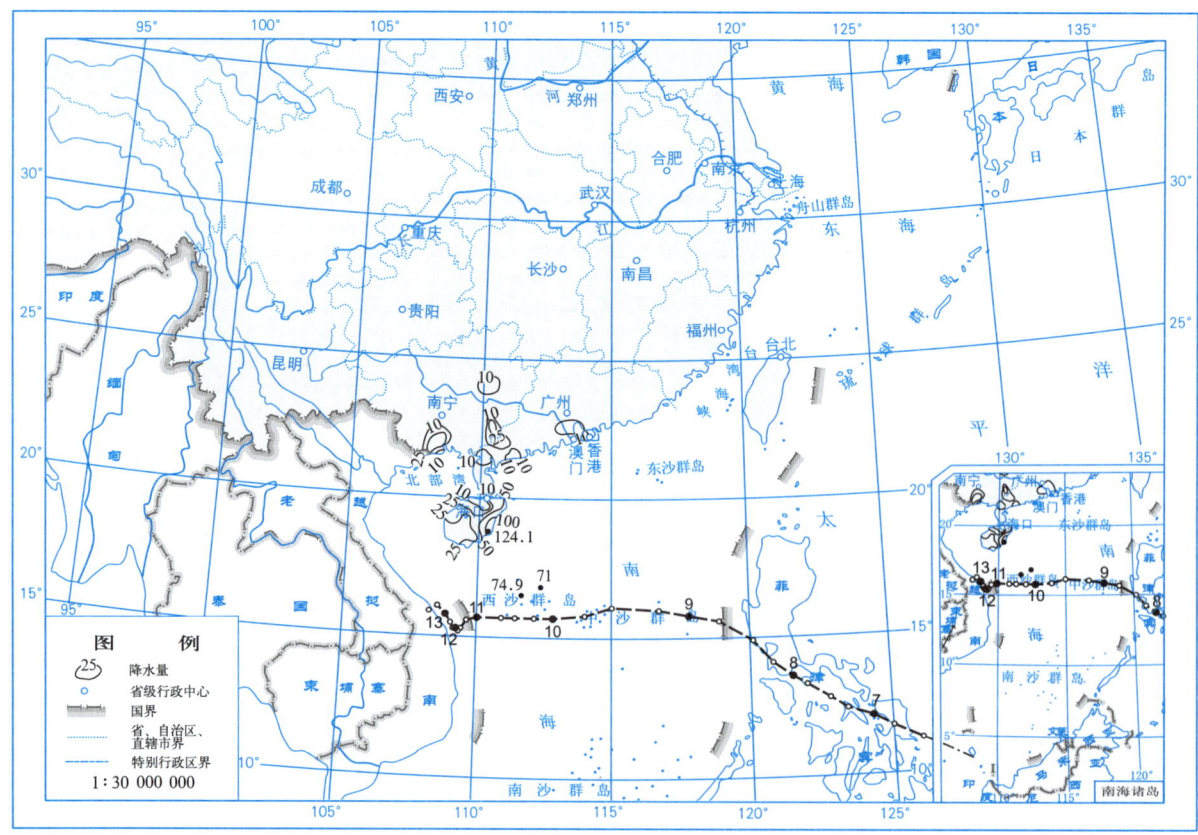

图 2.16.2　2113 号强热带风暴"康森"(Conson)总降水量(mm)(9月9—13日)

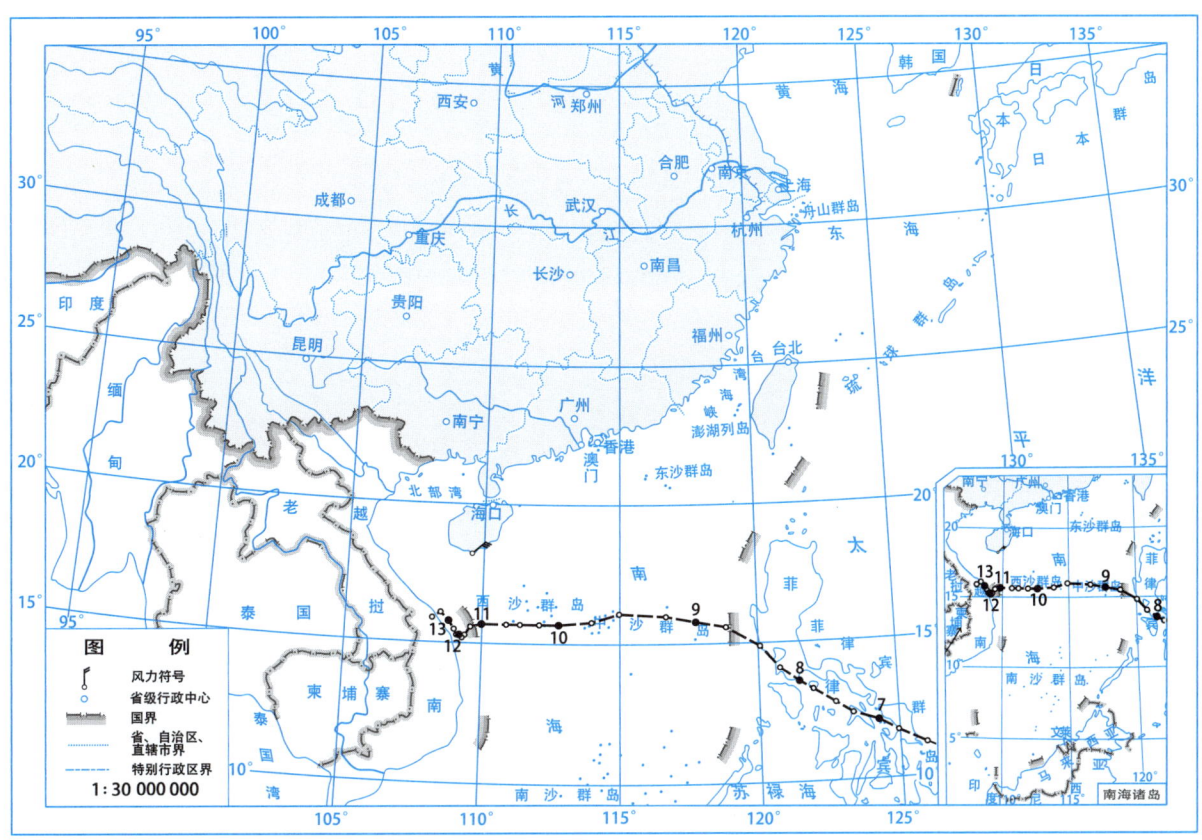

图 2.16.3　2113 号强热带风暴"康森"(Conson)大风分布(9月11—13日)

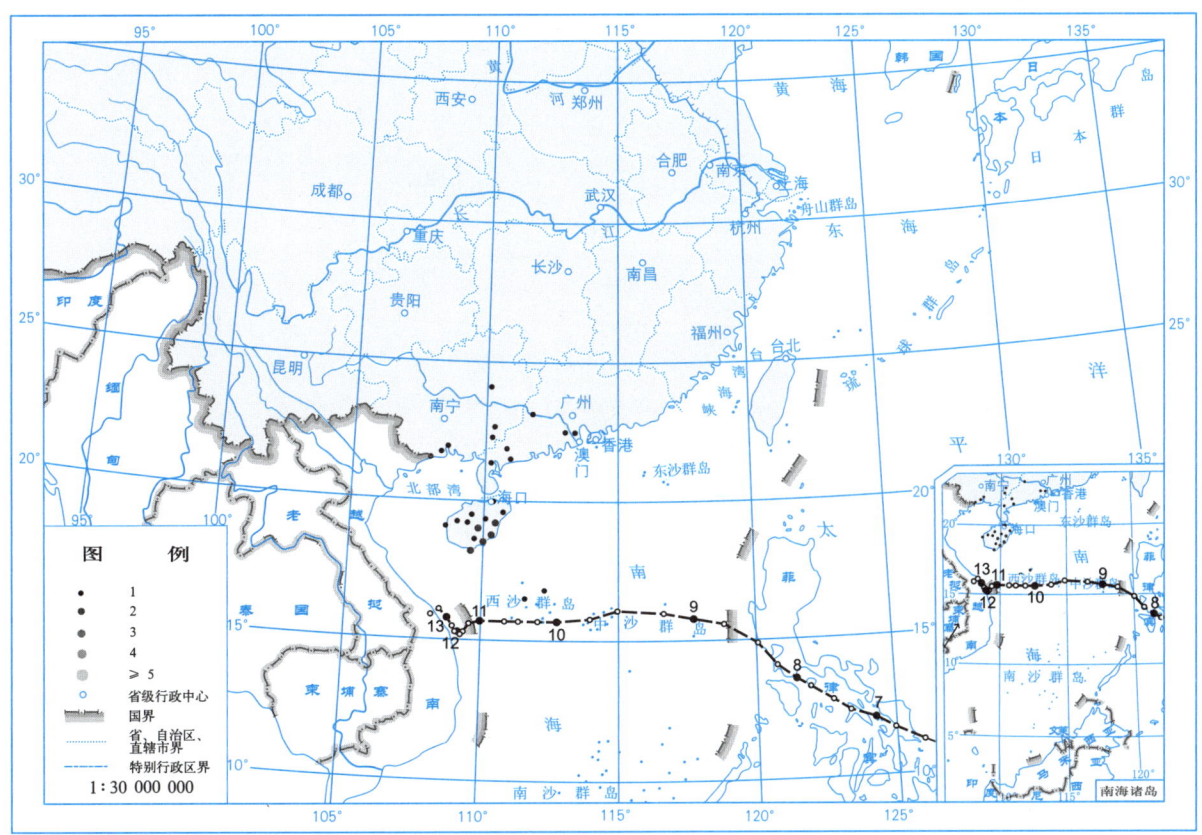

图 2.16.4　2113 号强热带风暴"康森"(Conson)总降水日数(d)

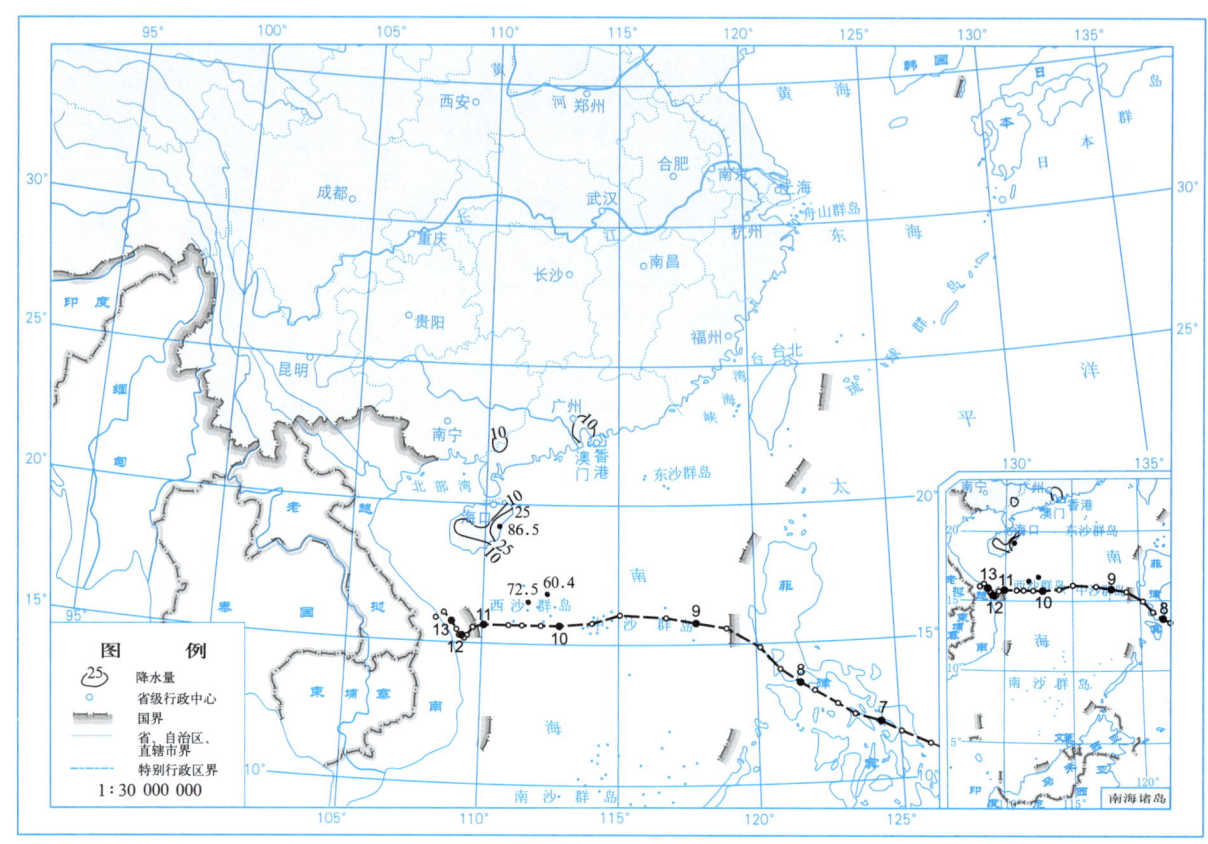

图 2.16.5　2021 年 9 月 10 日日降水量（mm）

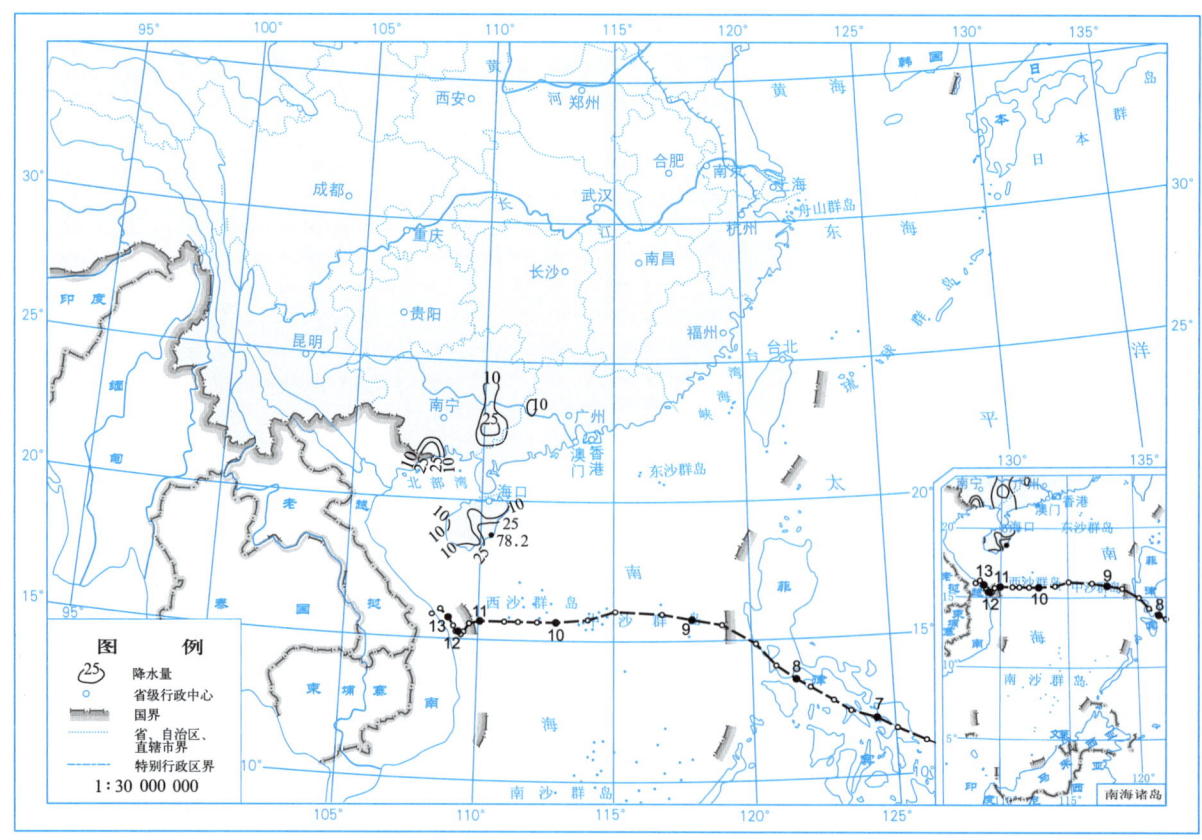

图 2.16.6　2021 年 9 月 11 日日降水量（mm）

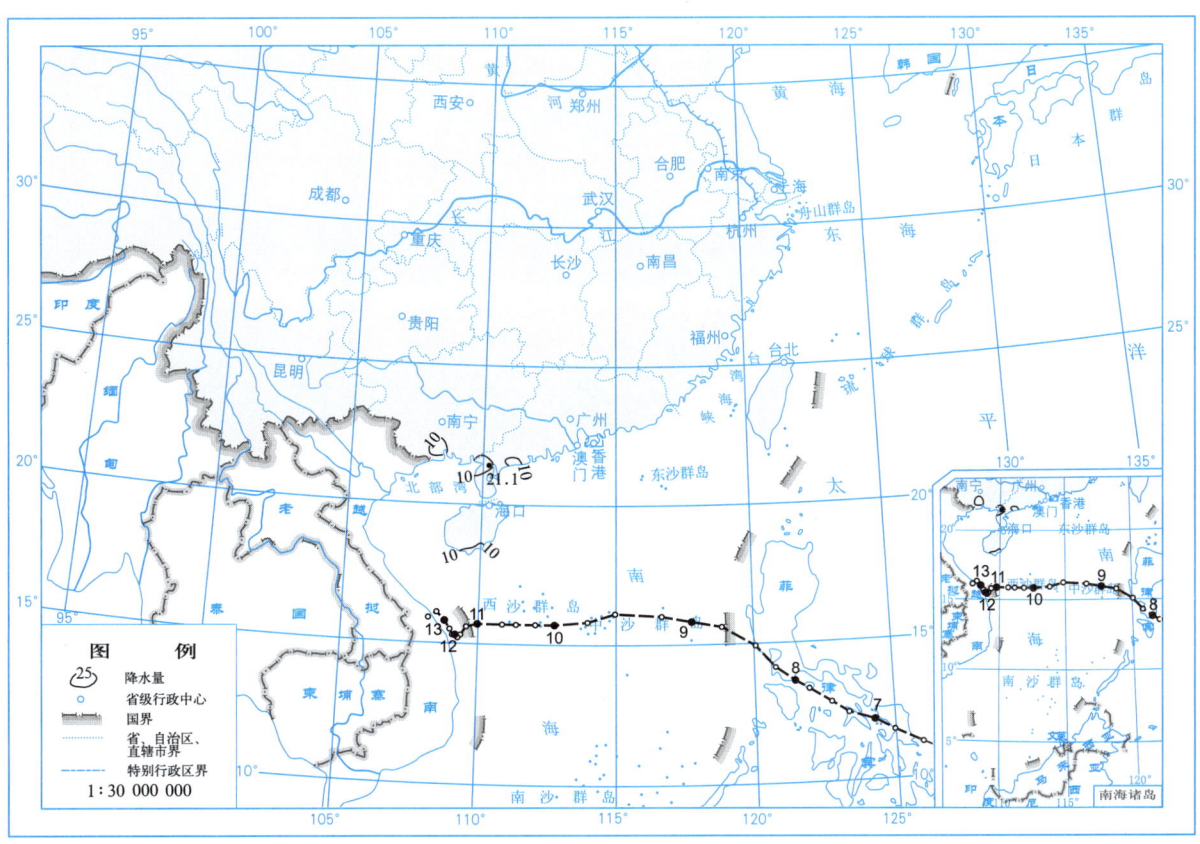

图 2.16.7　2021 年 9 月 12 日日降水量（mm）

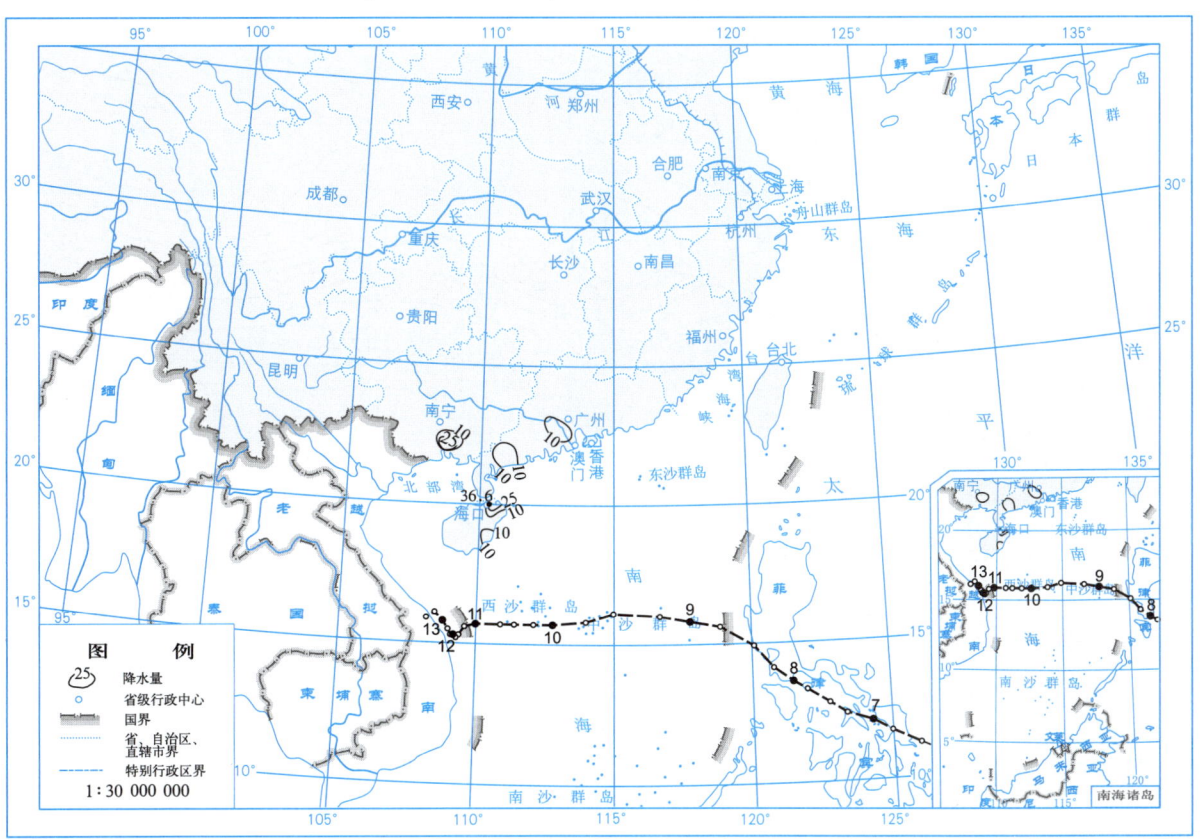

图 2.16.8　2021 年 9 月 13 日日降水量（mm）

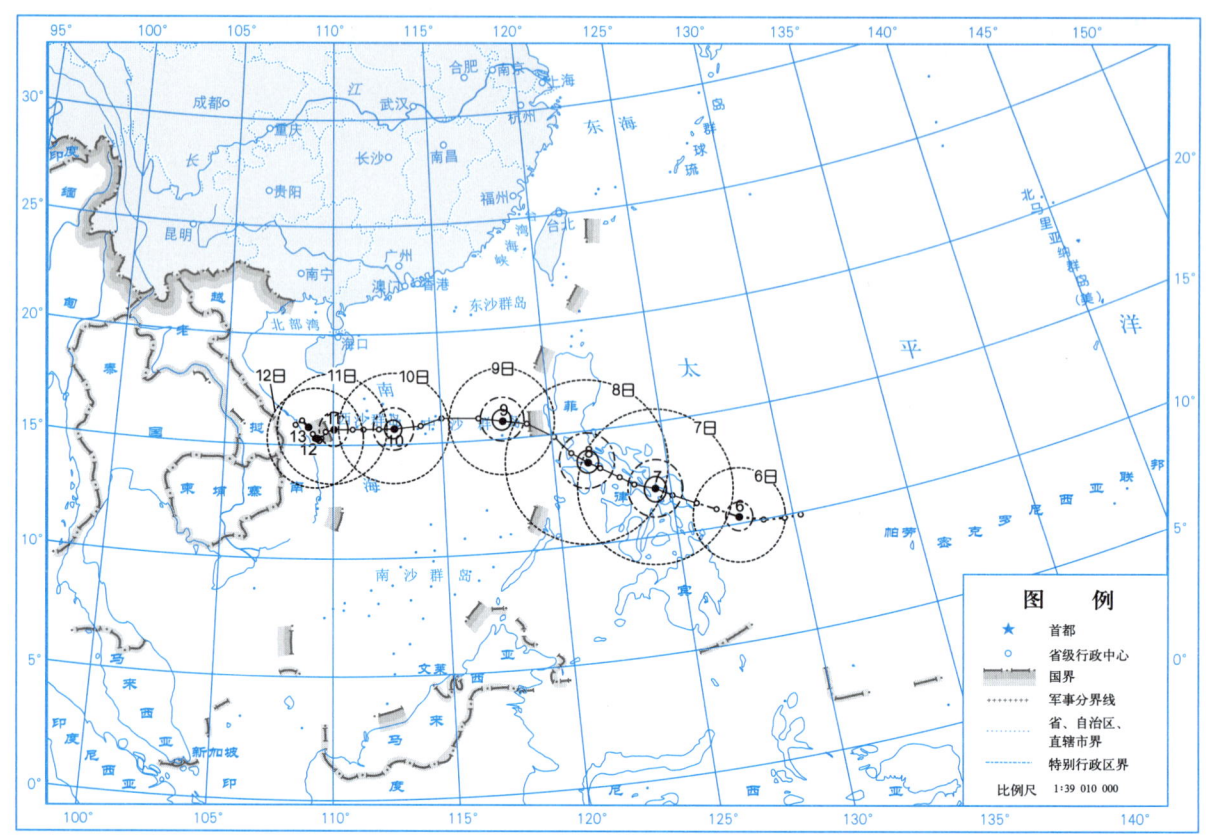

图 2.16.9　2113 号强热带风暴"康森"(Conson)大风区域演变

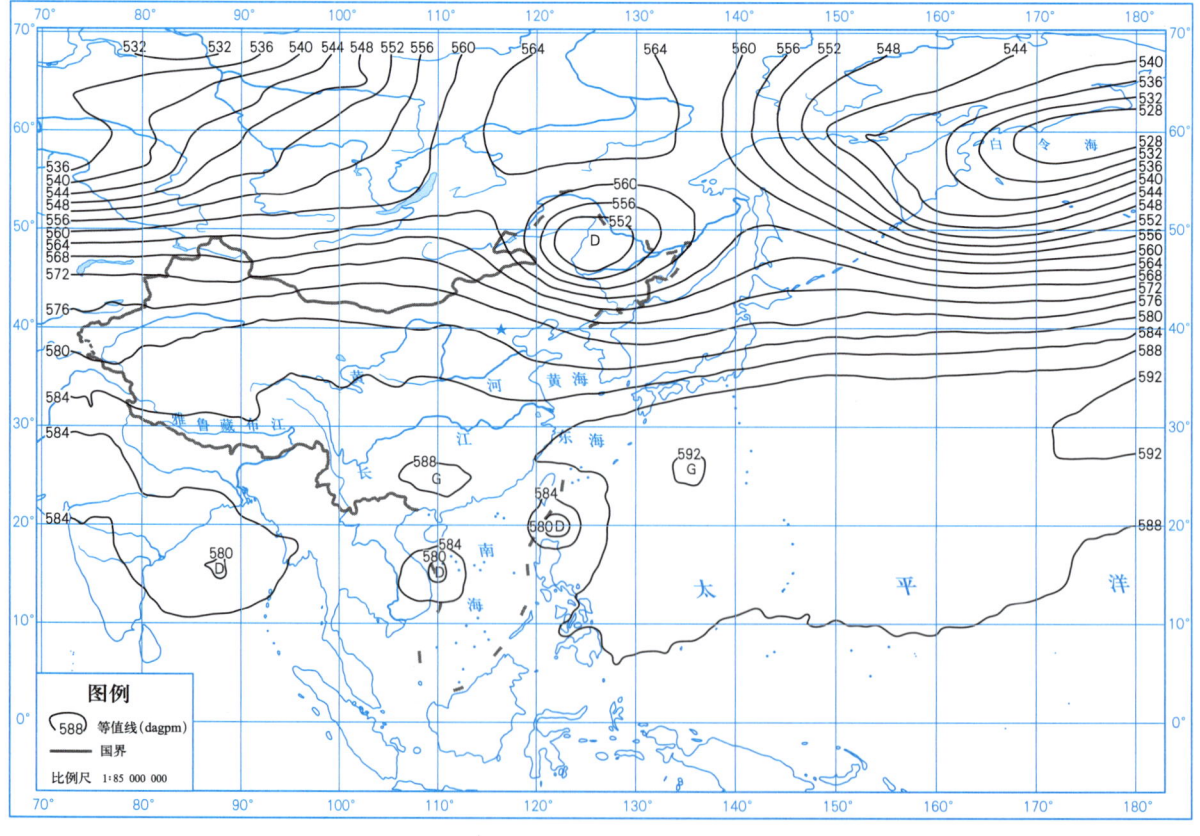

图 2.16.10　2021 年 9 月 11 日 08 时 500 hPa 高度场

2.17 2114 号超强台风"灿都"（Chanthu）

第 2114 号超强台风"灿都"由 9 月 5 日夜间位于美国关岛以西约 510 km 的西北太平洋洋面上一个热带低压发展形成。形成后低压中心向西北方向移动，强度快速增强，次日夜间发展为热带风暴，7 日快速增强为强台风，8 日凌晨进一步增强至超强台风，并转向西偏南方向移动。9 日开始，超强台风"灿都"转向西北，强度经历了减弱后再增强，于 10 日下午达到其生命史最大强度，近中心最大风速 68 m/s，中心最低气压 905 hPa。之后，超强台风"灿都"向偏北方向移动，从台湾岛东侧洋面北上，强度开始减弱，12 日下午进入东海南部海域，强度减弱为强台风。13 日夜间，"灿都"移速减缓，在距离上海约 150 km 的东海海面上盘旋，先折向东南，又回旋一周后转向东偏北方向，期间强度进一步减弱为强热带风暴。随后，"灿都"移速加快，17 日早晨继续减弱为热带风暴，穿过朝鲜海峡，途经日本九州岛、濑户内海、四国岛和本州岛，于次日进入西北太平洋洋面，强度减弱为热带低压。随即，"灿都"变性为温带气旋，于 19 日下午在日本以东的西北太平洋洋面上减弱消散。

受超强台风"灿都"影响，9 月 11—17 日，福建沿海局部及九仙山、浙江沿海局部、江西瑞金和贵溪、安徽南部局部、上海南汇、江苏沿海局部出现最大风力 6～7 级、阵风 7～10 级；福建三沙、浙江大陈和石浦出现最大风力 8 级、阵风 10 级；浙江嵊泗出现最大风力 11 级（30.4 m/s）、阵风 13 级（39.2 m/s），为本次超强台风影响过程风极值。

受其影响，9 月 11—17 日，广东东部沿海局部、江西局部、福建沿海部分地区及其余局部、浙江东部部分、安徽南部局部、江苏南部部分、山东东营和阳信、辽宁皮口总雨量为 10～50 mm；广东潮州、福建平潭和三沙、浙江北部部分和南部沿海局部、上海大部、江苏南部局部、安徽黄山总雨量为 50～150 mm；浙江中北部沿海大部、上海局部地区总雨量为 150～244 mm；浙江定海总雨量 379.2 mm，13 日雨量 186.6 mm，分别为本次强台风影响过程总雨量及日雨量极值；上海松江 11 日 13 时雨量 88.5 mm，为本次超强台风影响过程时雨量极值。

受"灿都"北上云团和西风槽共同影响，9 月 11 日，浙江中北部出现局部暴雨，上海出现暴雨到大暴雨；12 日，随着"灿都"北上，雨势反而减弱，浙江和上海只出现中到大雨；13 日，随着"灿都"临近，浙江东北沿海出现大面积暴雨到大暴雨，上海出现大雨；14 日，"灿都"东移减弱，长江口和钱塘江口附近出现局部暴雨（表 2.17.1）。

受其影响，造成上海、江苏和浙江省（市）出现了一定程度的灾情。总计受灾人数 85.1 万人，紧急避险转移人数 25.6 万人，紧急转移安置人数 45.6 万人，农作物受灾面积 1.86 万 hm^2，农作物绝收面积 0.06 万 hm^2，直接经济损失 6.62 亿元（表 2.17.2）。

图 2.17.1～图 2.17.12 分别是超强台风"灿都"的路径图、总降水量图、大风分布图、总降水日数图、2021 年 9 月 11—16 日的日降水量图、大风区域演变图和 2021 年 9 月 13 日 14 时 500 hPa 高度场图。

表 2.17.1 2114 号超强台风"灿都"(Chanthu) 9 月 5—19 日中心位置和强度

年	月	日	时	中心位置		中心气压 /hPa	中心风速 /(m/s)
				北纬 /°N	东经 /°E		
2021	9	5	20	12.9	140.0	1008	13
	9	6	02	13.2	139.5	1006	13
	9	6	08	13.5	139.0	1004	15
	9	6	14	14.0	138.6	1002	15
	9	6	20	14.6	138.0	998	18
	9	7	02	15.1	137.4	990	23
	9	7	08	15.6	136.7	982	28
	9	7	14	16.1	135.8	970	35
	9	7	20	16.3	134.7	955	42
	9	8	02	16.3	133.5	935	52
	9	8	08	16.1	132.3	925	58
	9	8	14	15.7	131.3	915	62
	9	8	20	15.5	130.3	915	62
	9	9	02	15.4	129.1	915	62
	9	9	08	15.5	128.0	915	62
	9	9	14	15.8	127.0	920	58
	9	9	20	16.2	126.0	920	58
	9	10	02	16.6	125.0	930	55
	9	10	08	17.1	124.0	915	62
	9	10	14	17.8	123.4	910	68
	9	10	20	18.7	122.8	905	68
	9	11	02	19.5	122.3	905	68
	9	11	08	20.3	121.8	930	62
	9	11	14	21.0	121.6	930	58
	9	11	20	21.9	121.8	935	52
	9	12	02	22.8	122.0	935	52
	9	12	08	23.8	122.3	935	52
	9	12	14	25.2	122.3	935	50
	9	12	20	26.3	122.7	940	48

(续表)

年	月	日	时	中心位置		中心气压 /hPa	中心风速 /(m/s)
				北纬/°N	东经/°E		
2021	9	13	02	27.6	123.1	945	48
	9	13	08	29.1	123.6	950	45
	9	13	14	30.7	123.4	955	42
	9	13	20	31.0	123.4	955	42
	9	14	02	31.5	123.6	965	38
	9	14	08	31.3	123.9	970	30
	9	14	14	31.0	124.3	970	28
	9	14	20	30.7	124.7	980	25
	9	15	02	30.3	125.2	982	25
	9	15	08	30.3	125.7	990	25
	9	15	14	30.4	125.9	982	28
	9	15	20	30.2	125.7	982	28
	9	16	02	30.3	125.4	980	30
	9	16	08	30.5	125.1	980	30
	9	16	14	31.1	125.4	990	28
	9	16	20	31.7	125.8	992	25
	9	17	02	32.3	126.4	992	25
	9	17	08	32.9	127.5	995	23
	9	17	14	33.5	129.2	995	23
	9	17	20	33.8	131.6	998	23
	9	18	02	34.0	134.1	1000	18
	9	18	08	34.4	136.5	1002	15
	9	18	14	34.6	137.8	1002	15
△	9	18	20	34.5	139.1	1005	13
	9	19	02	34.1	140.2	1005	13
	9	19	08	33.6	140.9	1008	13
	9	19	14	33.3	141.6	1008	13
消散							

表 2.17.2　2114 号超强台风"灿都"（Chanthu）在上海、江苏和浙江省（市）引发的灾情

受灾省（市）	受灾人口/万人	死亡人口/人	失踪人口/人	紧急转移人口/万人	农作物		倒塌房屋/万间	直接经济损失/亿元
					受灾面积/万 hm^2	绝收面积/万 hm^2		
上海市	33.1	0	0	24.6	0.87	0.02	0	1.2
江苏省	3.1	0	0	0.1	0.05	0	0	0.02
浙江省	48.9	0	0	20.9	0.94	0.04	0	5.4
合计	85.1	0	0	45.6	1.86	0.06	0	6.62

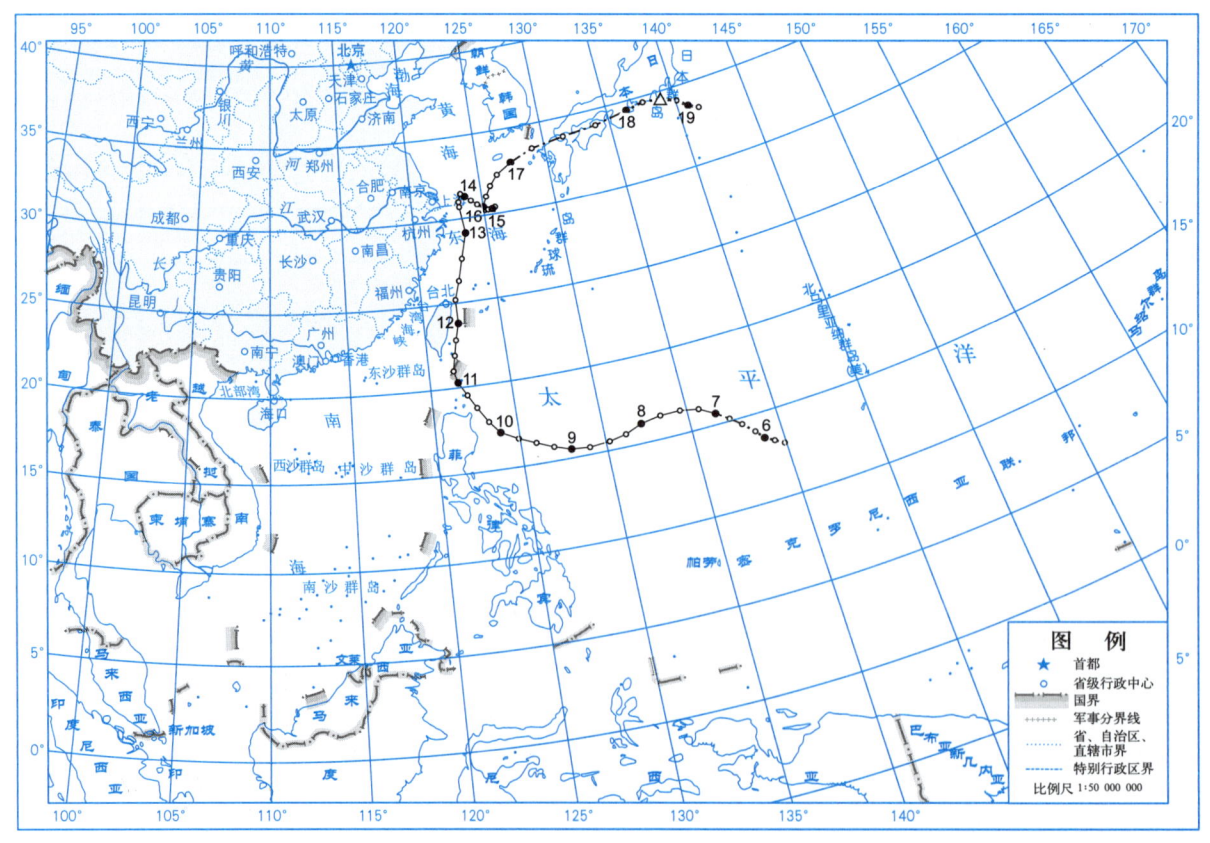

图 2.17.1　2114 号超强台风"灿都"（Chanthu）路径

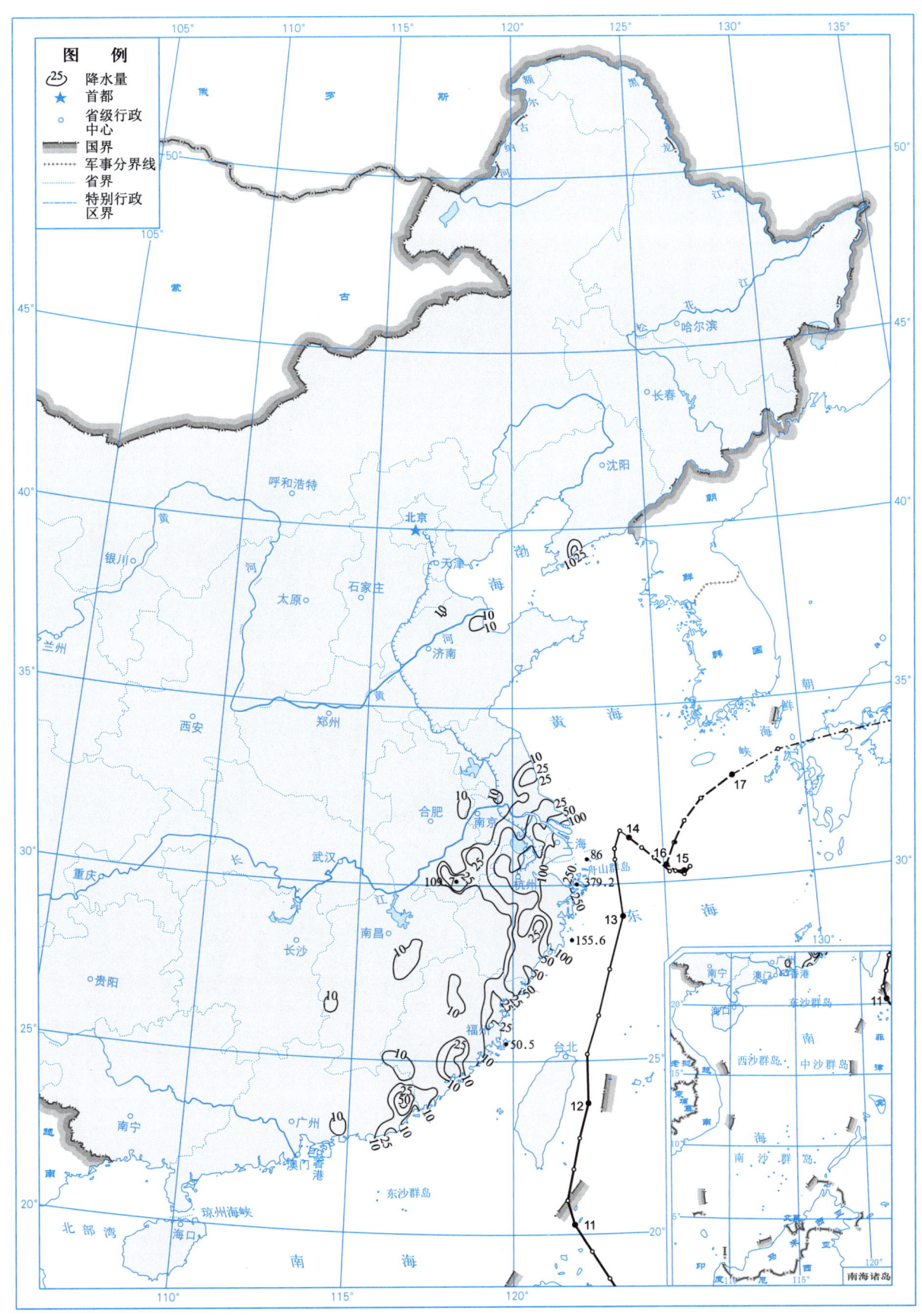

图 2.17.2　2114 号超强台风"灿都"(Chanthu)总降水量(mm)(9 月 11—17 日)

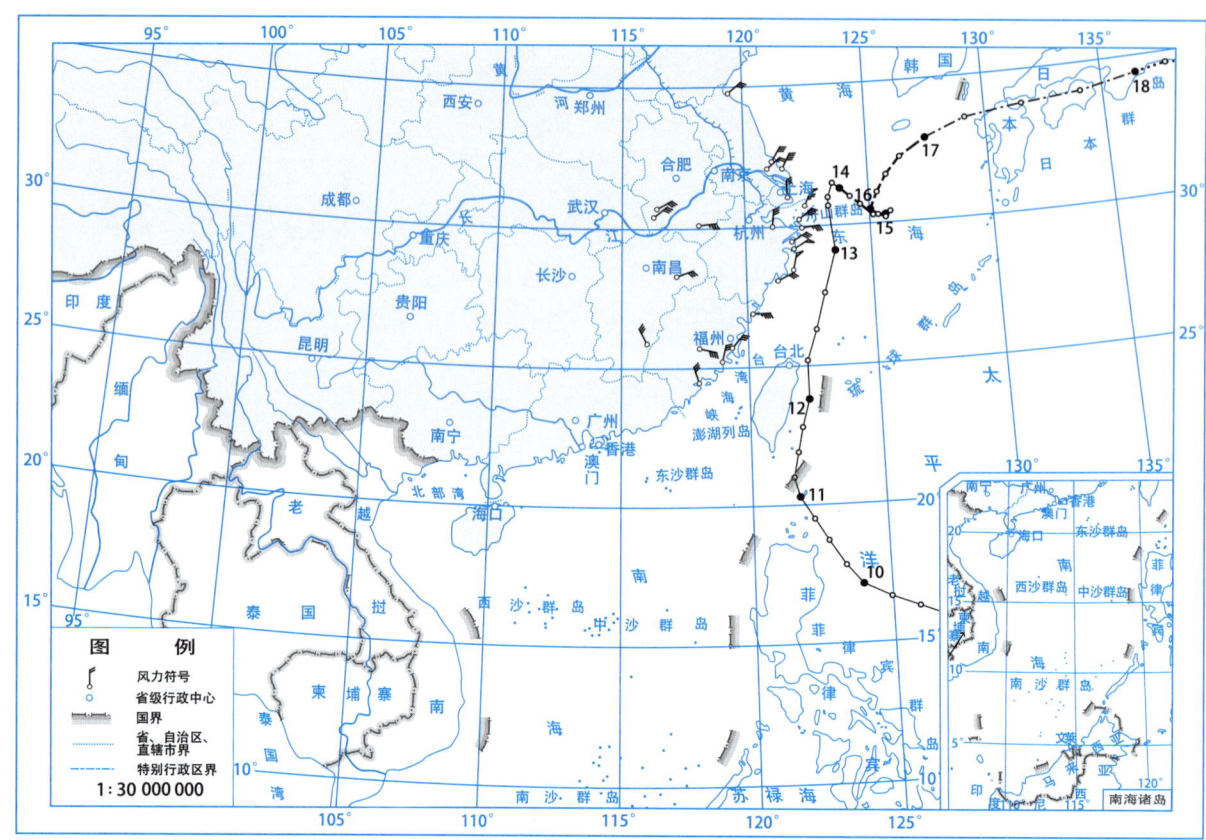

图 2.17.3　2114 号超强台风"灿都"(Chanthu)大风分布(9 月 11—17 日)

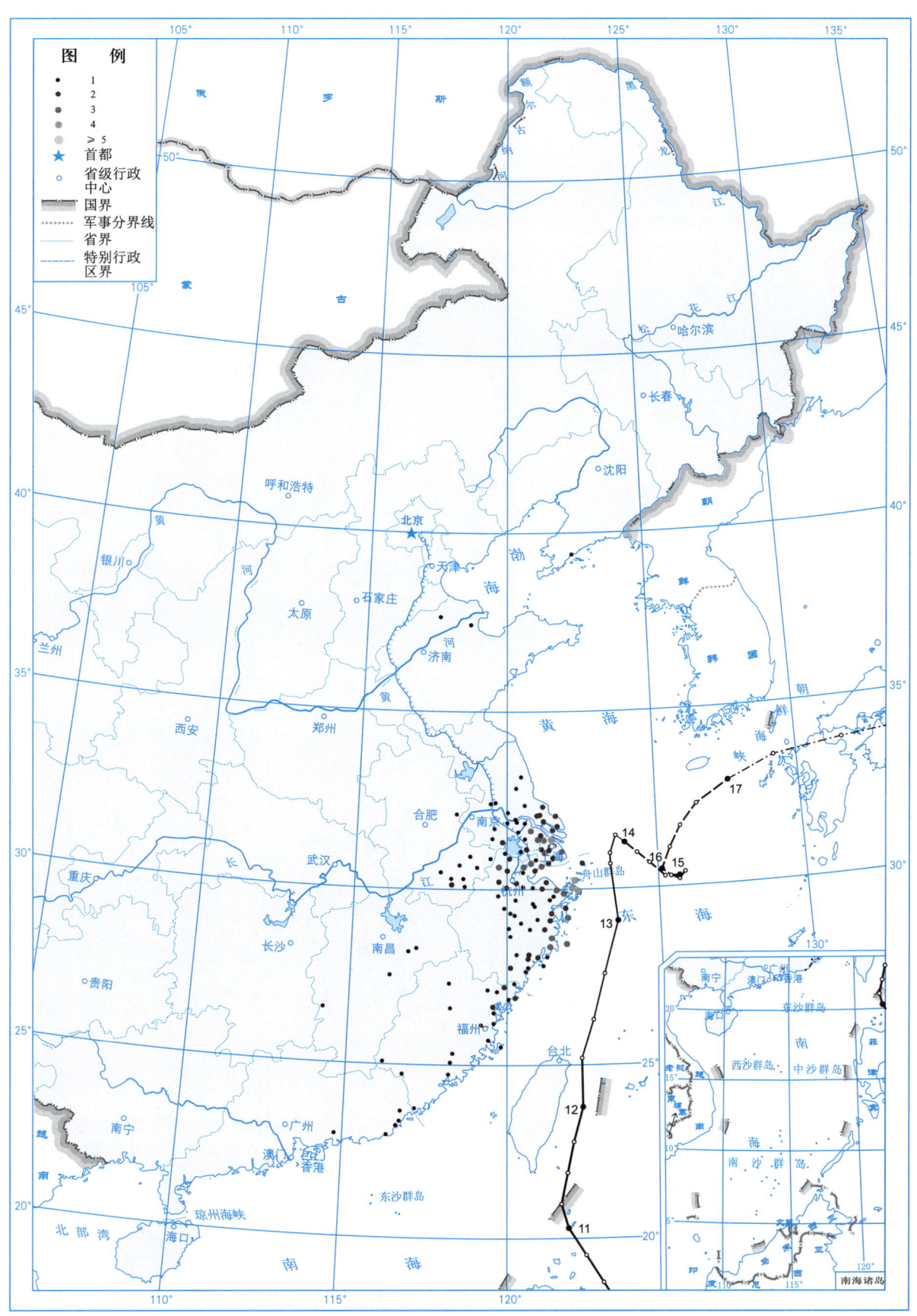

图 2.17.4 2114 号超强台风"灿都"(Chanthu)总降水日数(d)

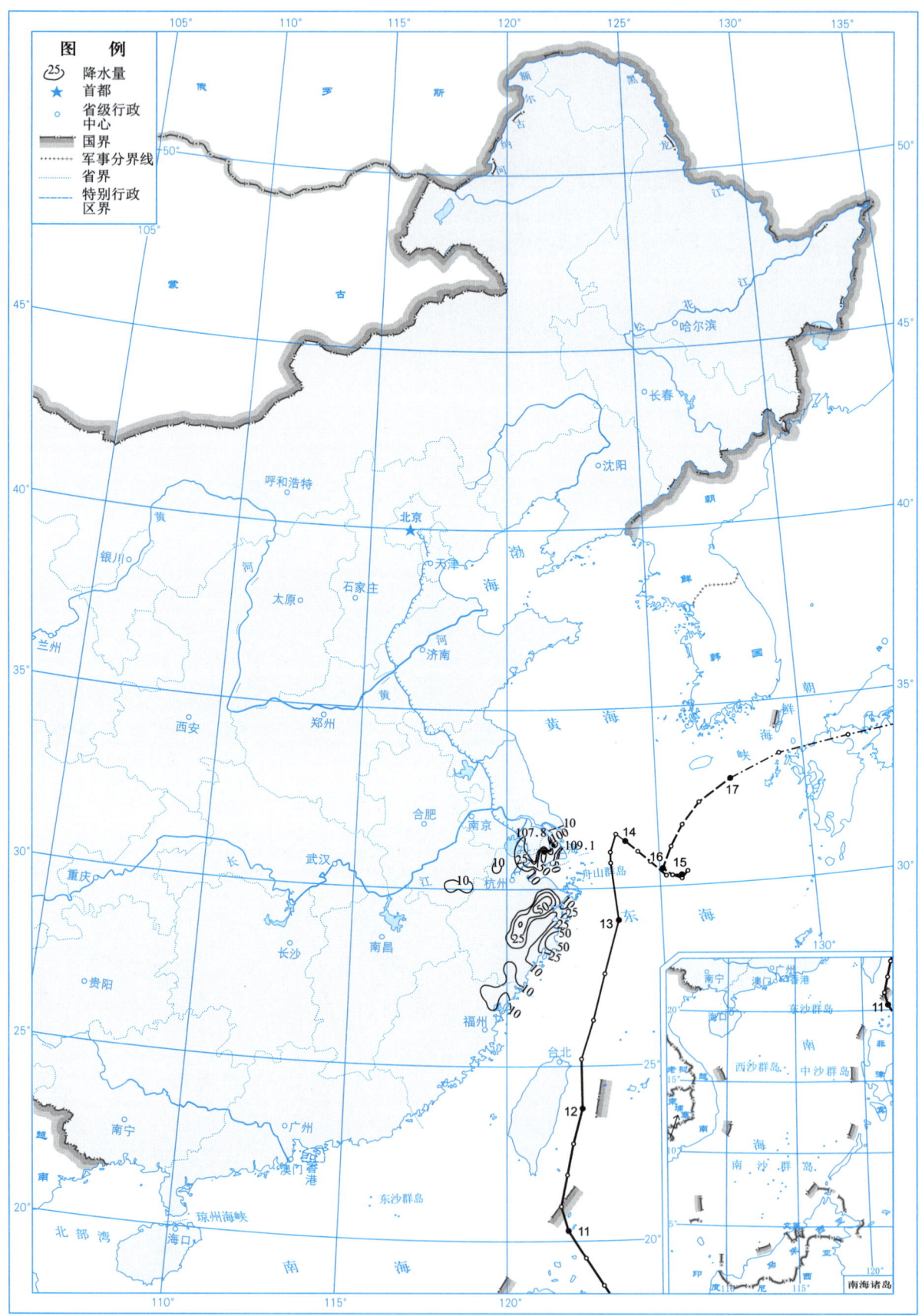

图 2.17.5 2021 年 9 月 11 日日降水量 (mm)

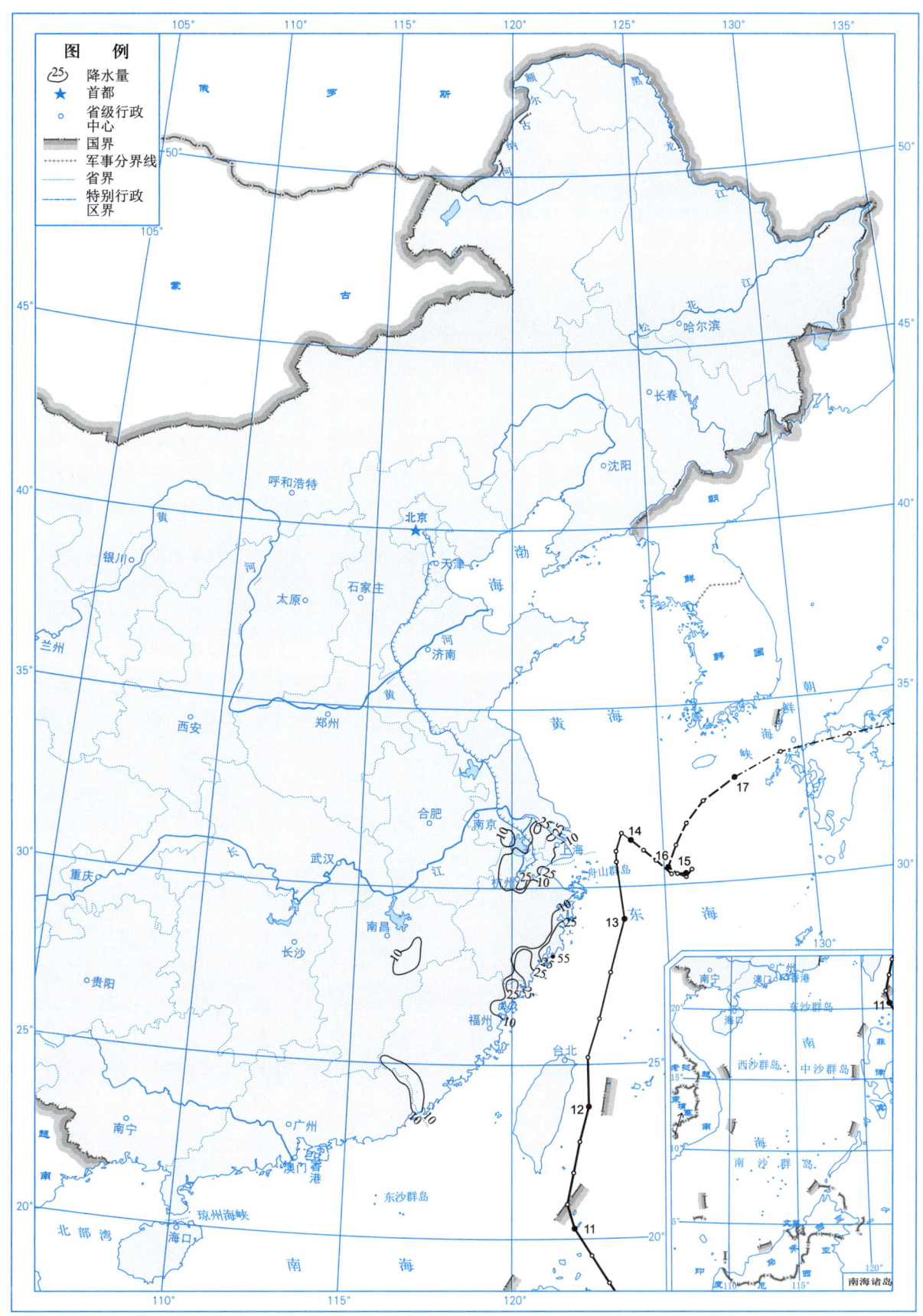

图 2.17.6　2021 年 9 月 12 日日降水量（mm）

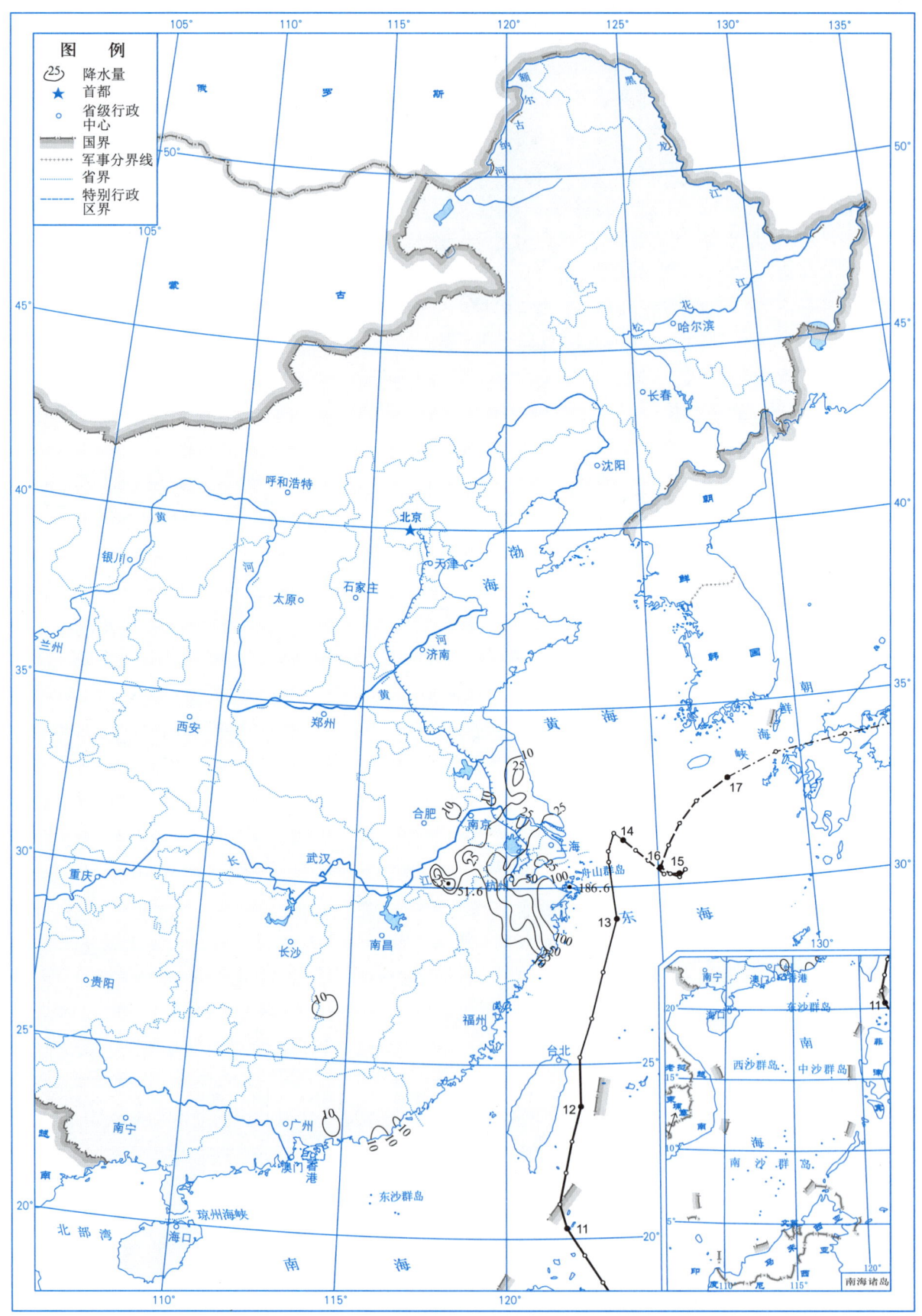

图 2.17.7　2021 年 9 月 13 日日降水量（mm）

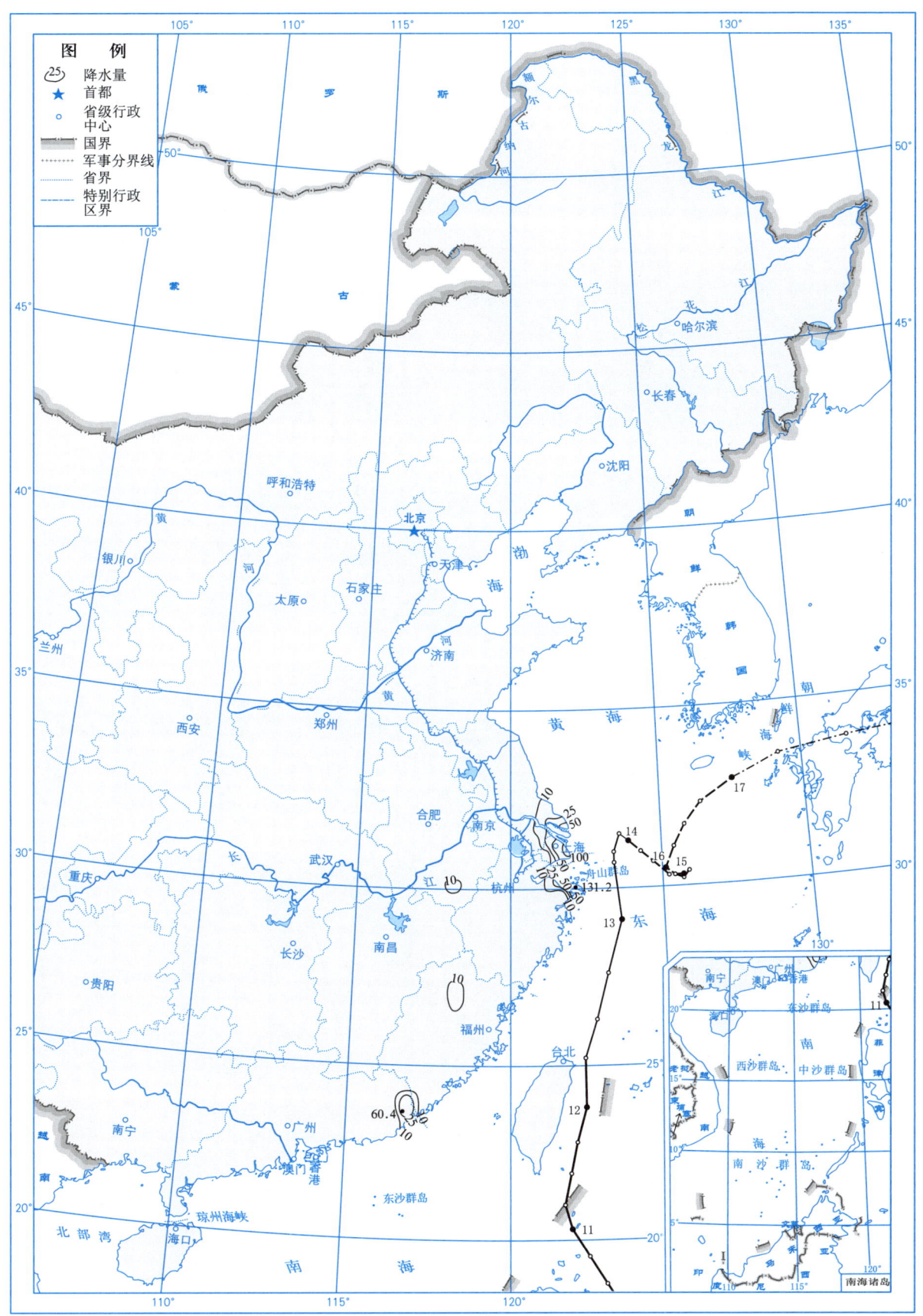

图 2.17.8 2021 年 9 月 14 日日降水量（mm）

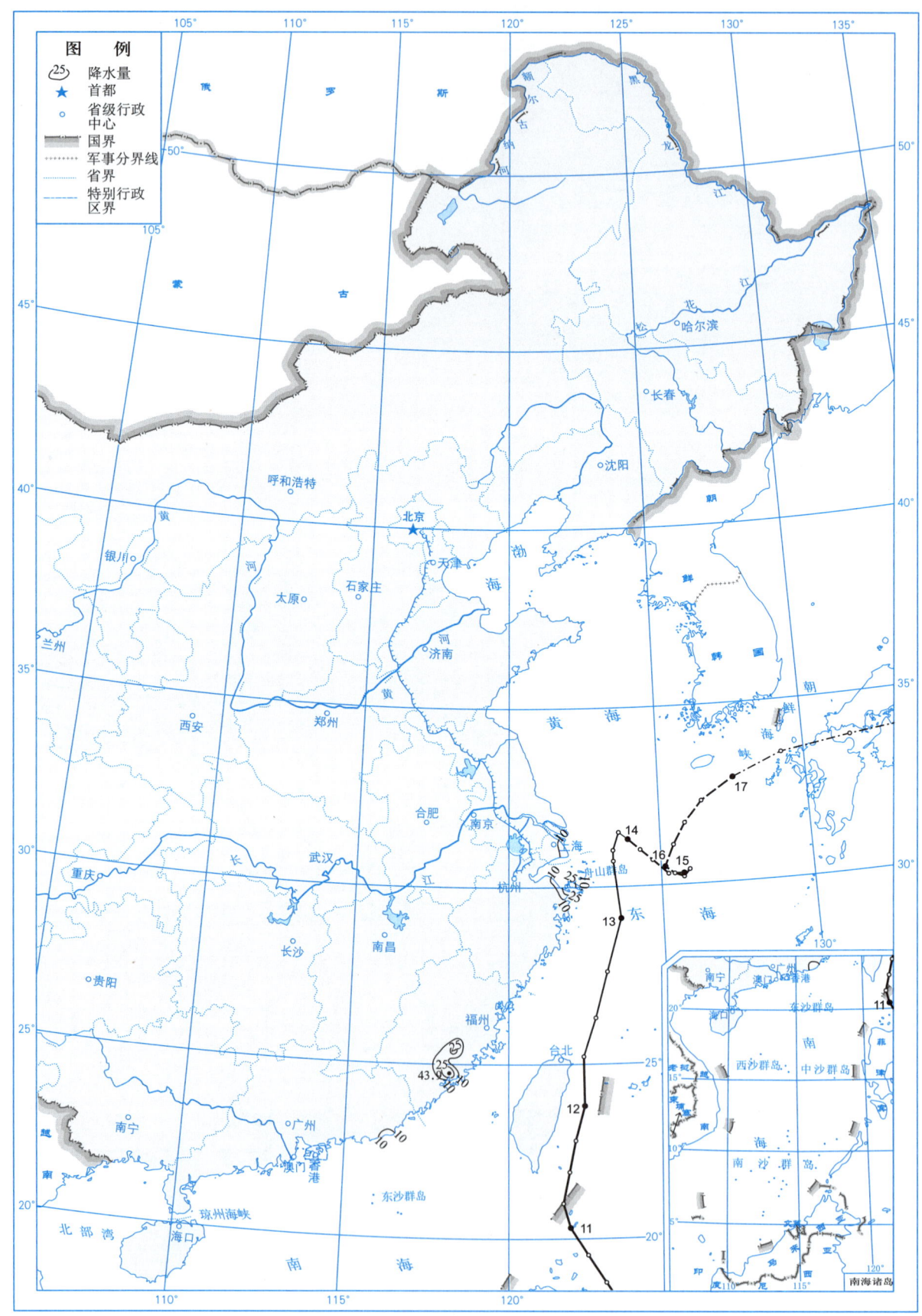

图 2.17.9 2021年9月15日日降水量（mm）

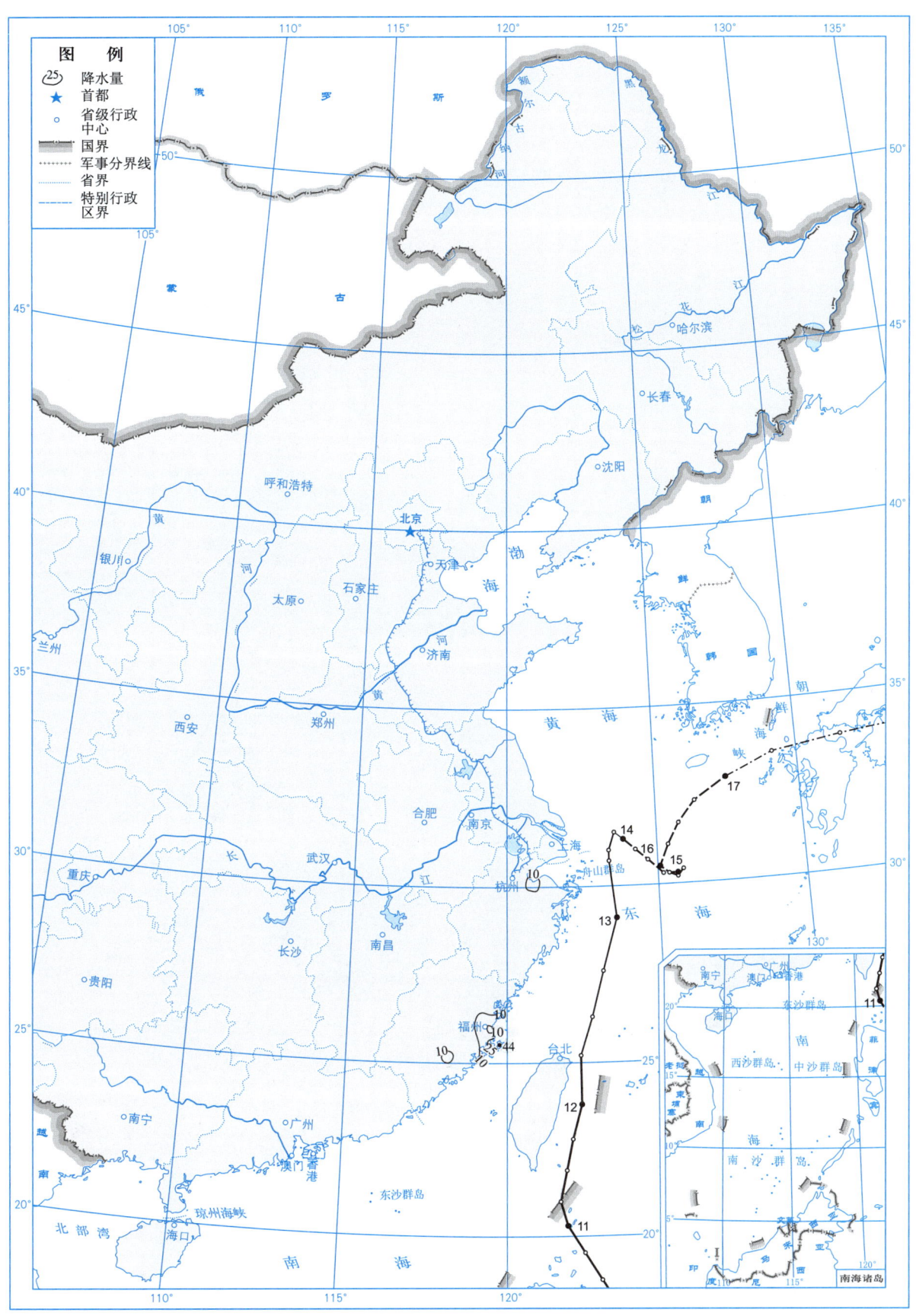

图 2.17.10 2021 年 9 月 16 日日降水量（mm）

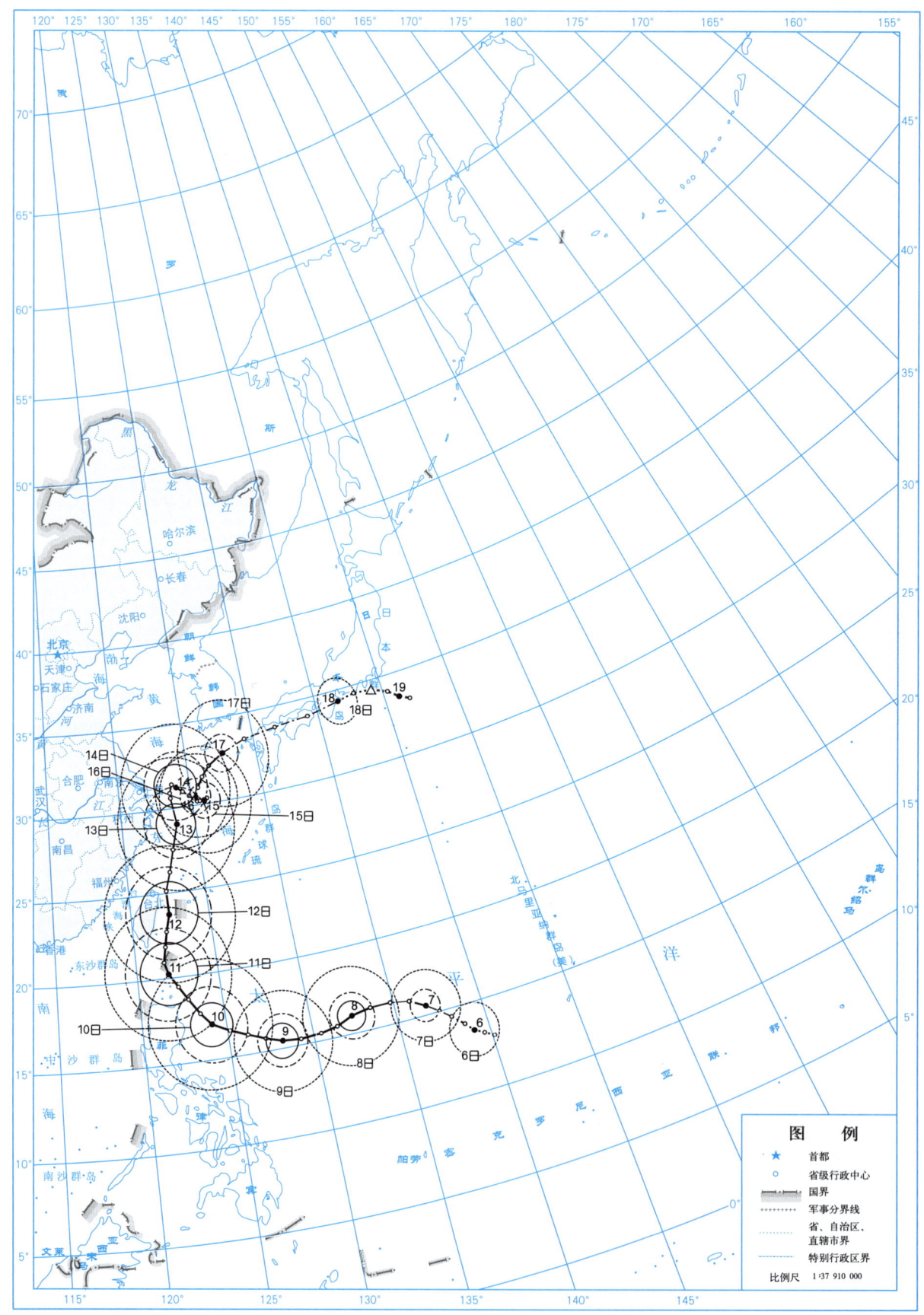

图 2.17.11　2114 号超强台风"灿都"(Chanthu)大风区域演变

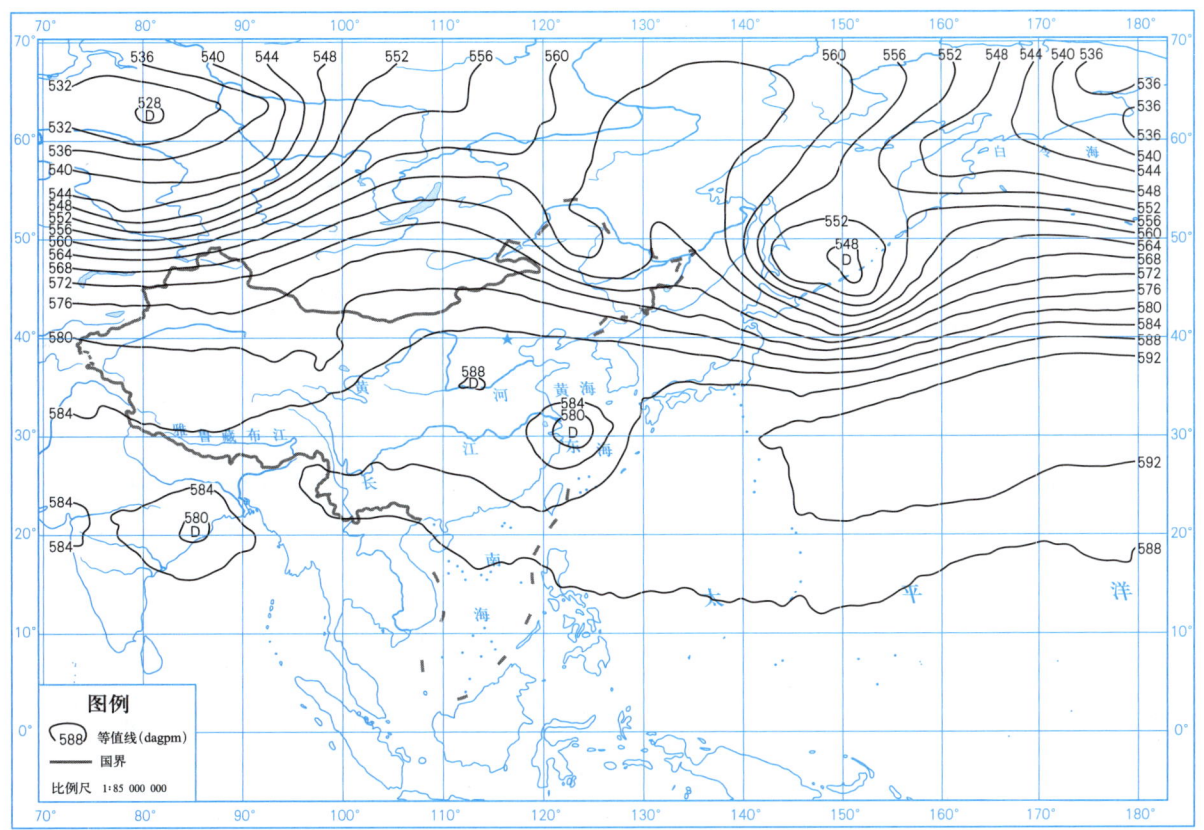

图 2.17.12　2021 年 9 月 13 日 14 时 500 hPa 高度场

2.18 2115号热带风暴"电母"(Dianmu)

第2115号热带风暴"电母"由9月22日下午位于中沙群岛以南约290 km的南海海面上一个热带低压发展形成。形成后低压中心向西偏北方向移动,次日下午短暂发展为热带风暴,随即夜间登陆越南中部沿海,强度减弱。登陆后,"电母"途经老挝、泰国,于26日早晨在泰国西部减弱消散。

受热带风暴"电母"影响,9月23—24日,海南三亚、广东西南部局部、广西中南部部分出现最大风力6～7级、阵风7～9级;广西容县出现最大风力7级(14.7 m/s)、阵风9级(24.3 m/s),为本次热带风暴影响过程风极值。

受其影响,9月22—25日,海南局部、广东中西部部分、广西中南部部分和云南南部局部总雨量为10～50 mm;海南东部大部、广东雷州、广西南部局部总雨量为50～123 mm;其中,海南琼海总雨量为122.6 mm,23日雨量83.7 mm,广西合浦23日15时雨量42.9 mm,分别为本次热带风暴影响过程总雨量、日雨量及时雨量极值。

受热带风暴"电母"外围环流影响,9月23—24日,华南普遍出现中到大雨,局部暴雨。

表2.18.1是热带风暴"电母"的中心位置和强度。图2.18.1～图2.18.9分别是热带风暴"电母"的路径图、总降水量图、大风分布图、总降水日数图、2021年9月23—25日的日降水量图、大风区域演变图和2021年9月23日20时500 hPa高度场图。

表2.18.1 2115号热带风暴"电母"(Dianmu)9月22—26日中心位置和强度

年	月	日	时	中心位置		中心气压 /hPa	中心风速 /(m/s)
				北纬/°N	东经/°E		
2021	9	22	14	12.8	113.9	1004	13
	9	22	20	12.9	113.4	1004	13
	9	23	02	13.4	112.7	1002	15
	9	23	08	14.1	111.6	1002	15
	9	23	14	14.9	110.5	998	18
	9	23	20	15.5	109.4	998	18
	9	24	02	15.7	108.2	1002	13
	9	24	08	15.9	106.7	1002	13
	9	24	14	16.1	105.4	1002	13
	9	24	20	16.2	104.4	1002	13
	9	25	02	16.0	103.5	1002	13
	9	25	08	15.9	102.6	1002	13
	9	25	14	15.9	101.7	1002	13

（续表）

年	月	日	时	中心位置		中心气压 /hPa	中心风速 /(m/s)
				北纬/°N	东经/°E		
2021	9	25	20	15.9	100.9	1002	13
	9	26	02	16.0	100.3	1002	13
	9	26	08	16.1	99.6	1002	13
消散							

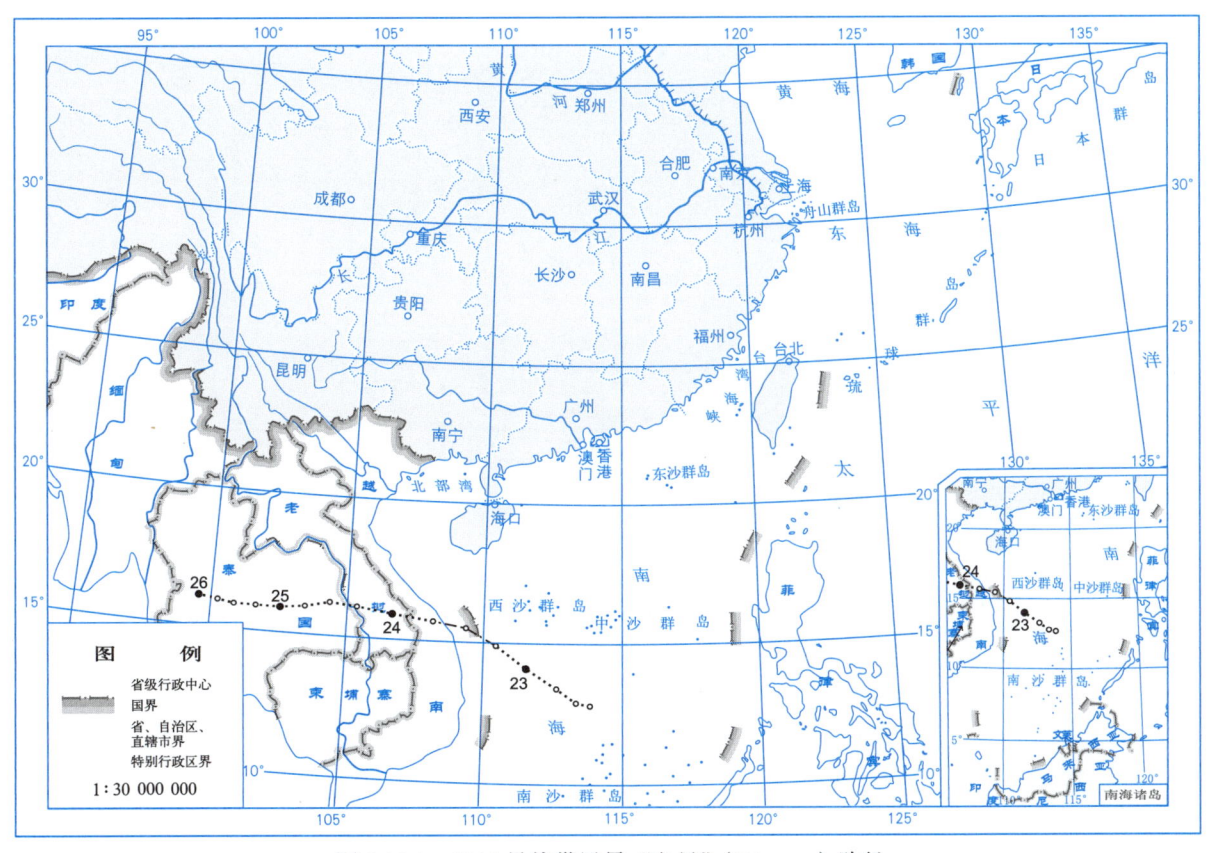

图 2.18.1　2115 号热带风暴"电母"（Dianmu）路径

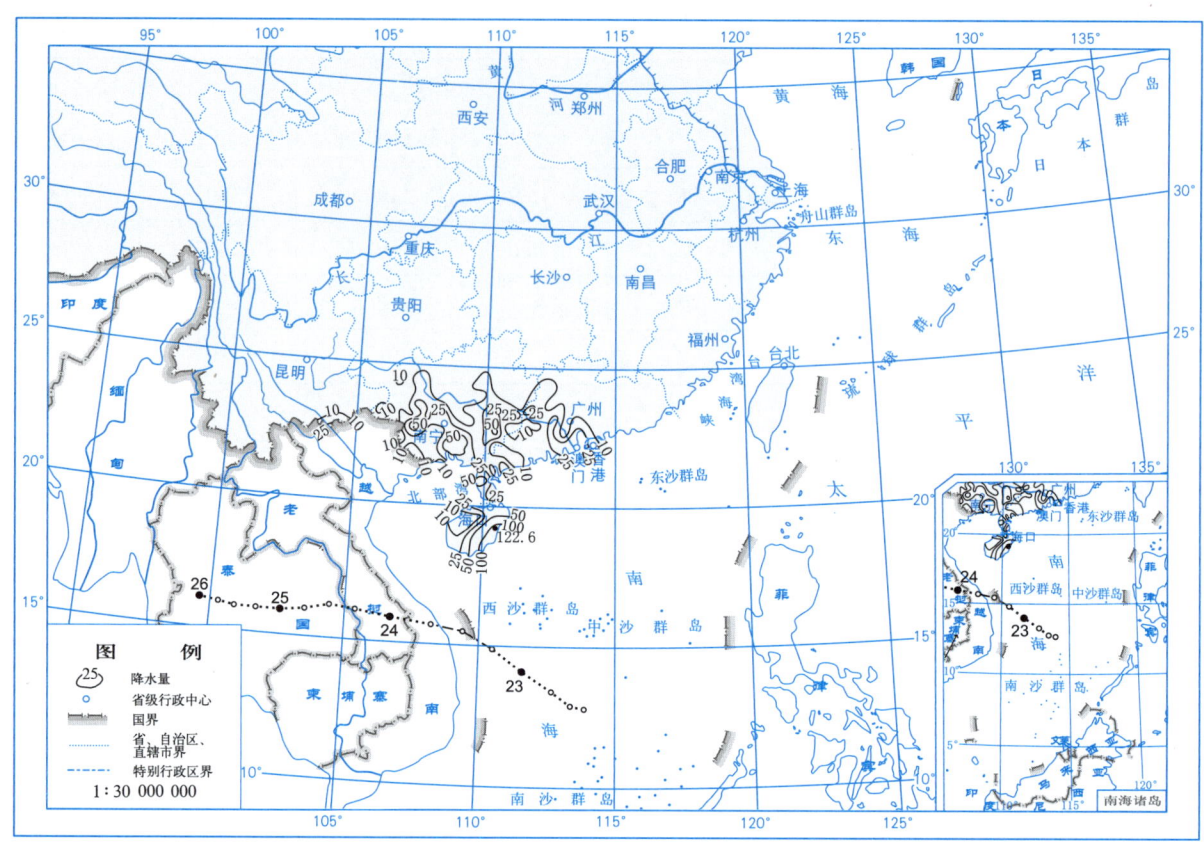

图 2.18.2　2115 号热带风暴"电母"(Dianmu)总降水量(mm)(9月22—25日)

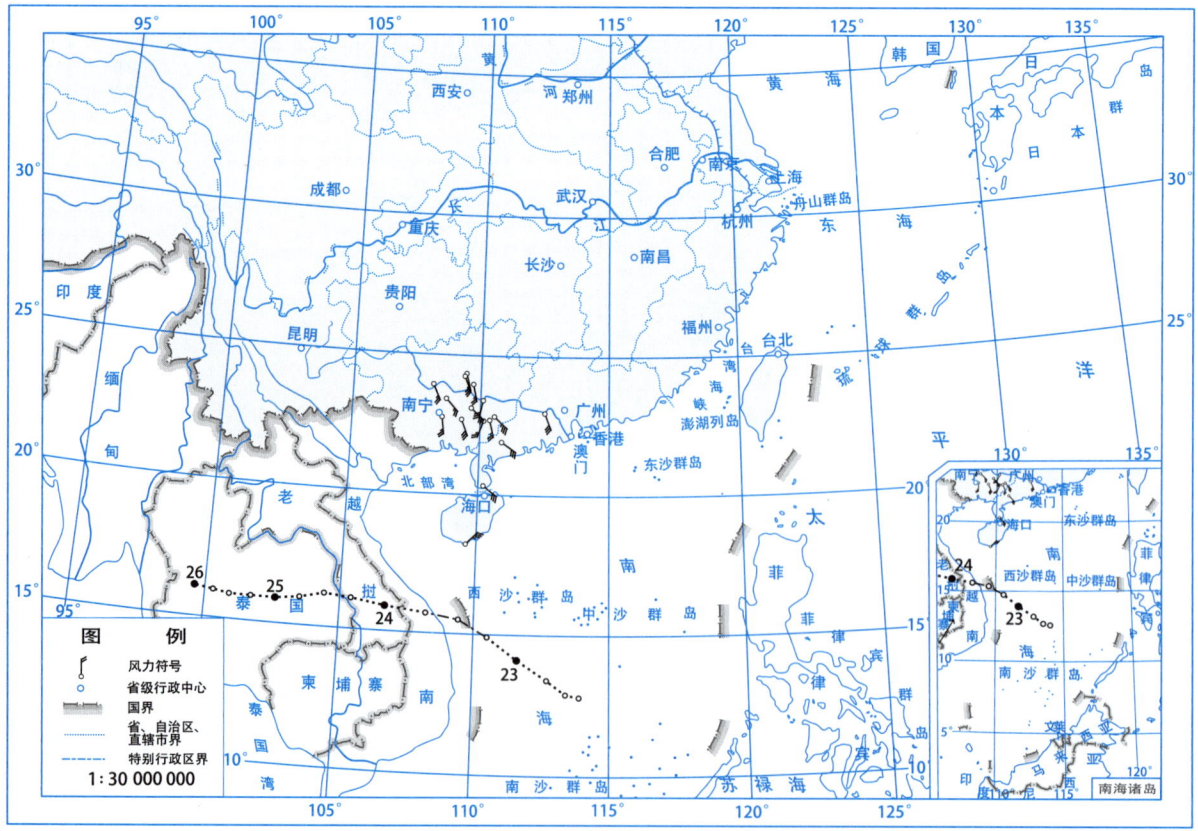

图 2.18.3　2115 号热带风暴"电母"(Dianmu)大风分布(9月23—24日)

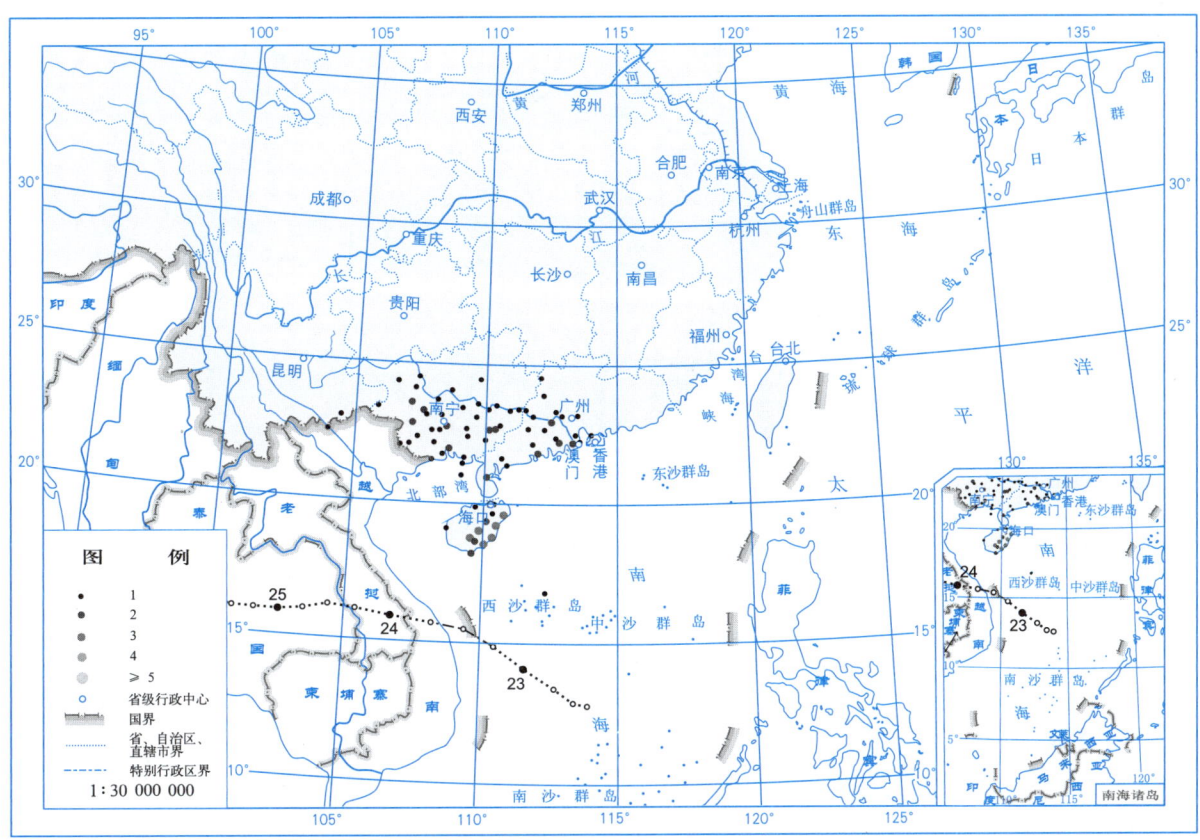

图 2.18.4　2115 号热带风暴"电母"（Dianmu）总降水日数（d）

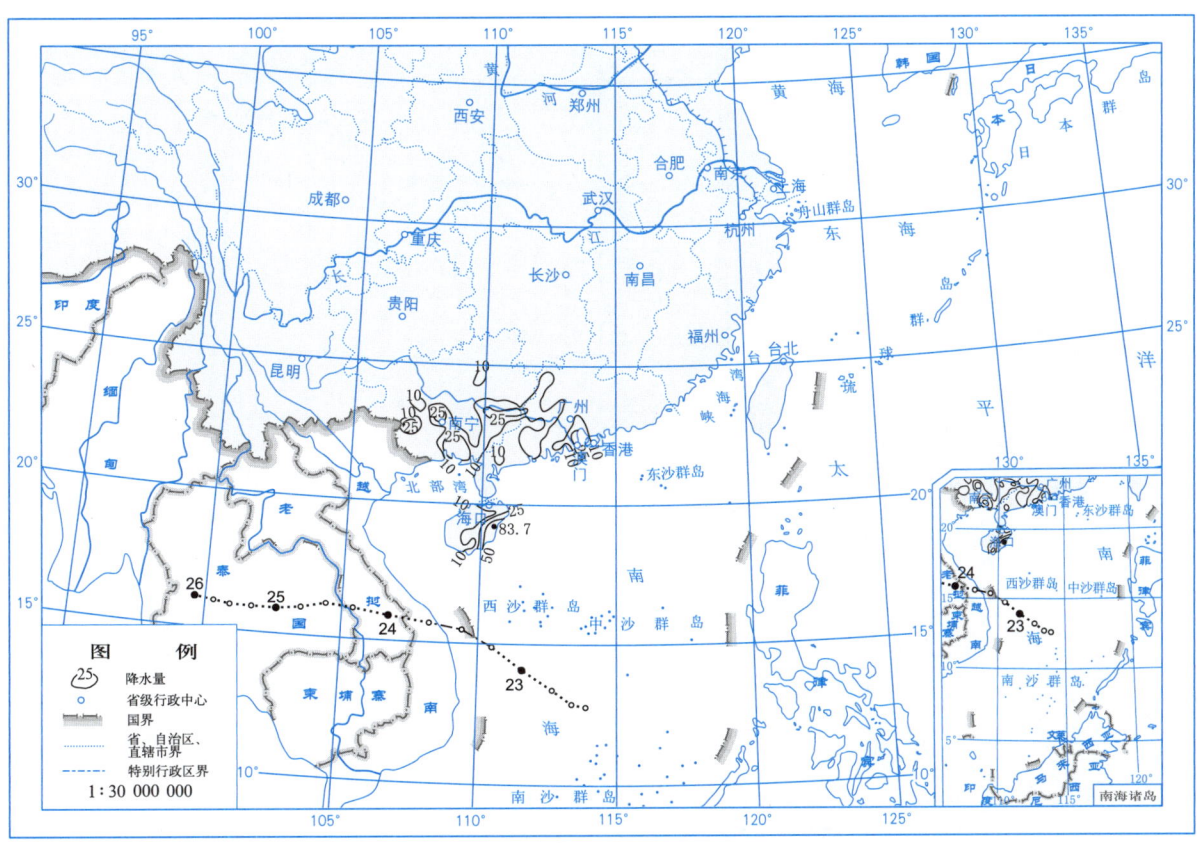

图 2.18.5　2021 年 9 月 23 日日降水量（mm）

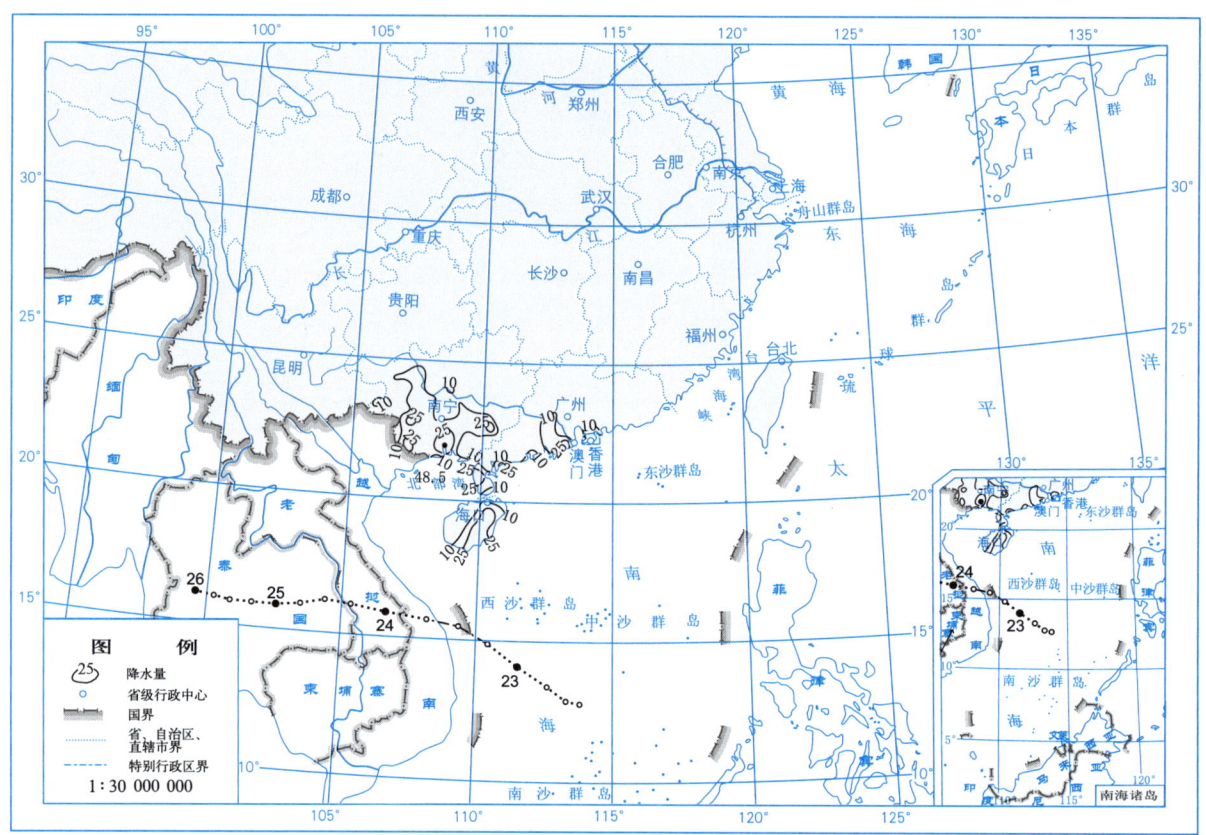

图 2.18.6　2021 年 9 月 24 日日降水量（mm）

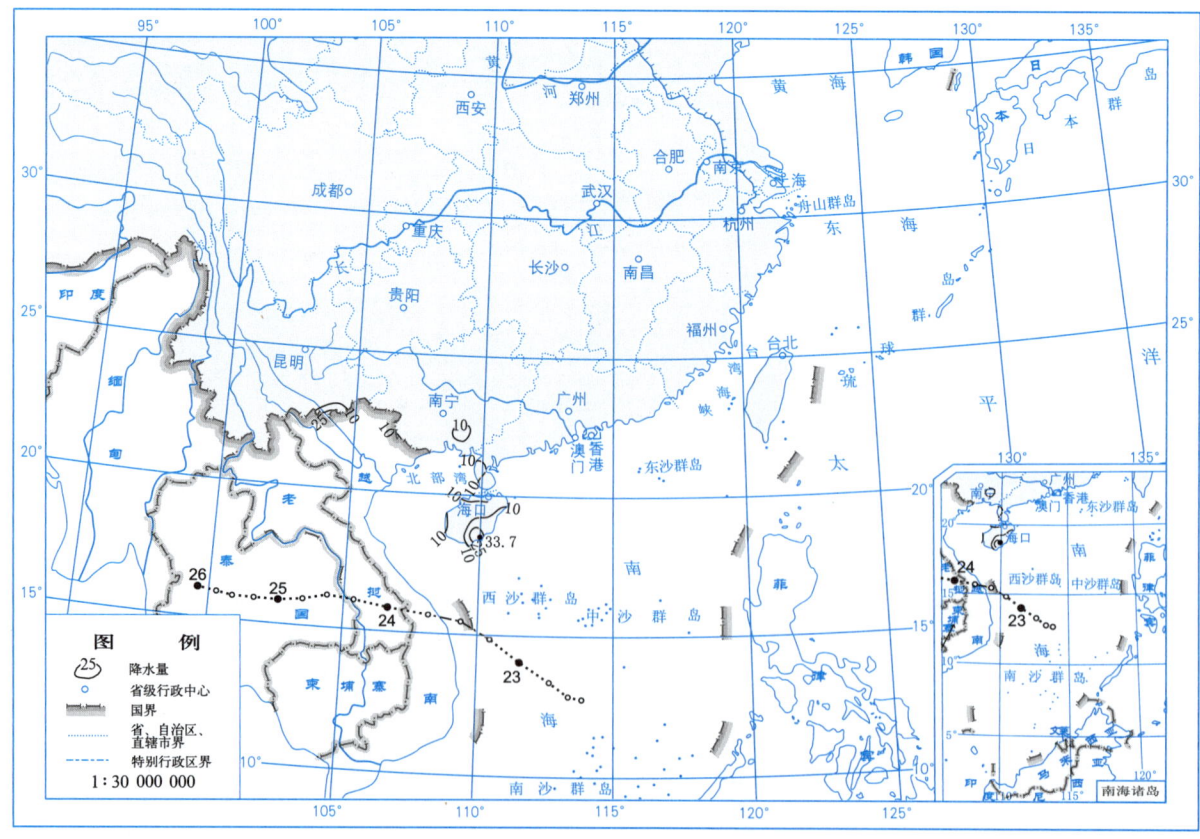

图 2.18.7　2021 年 9 月 25 日日降水量（mm）

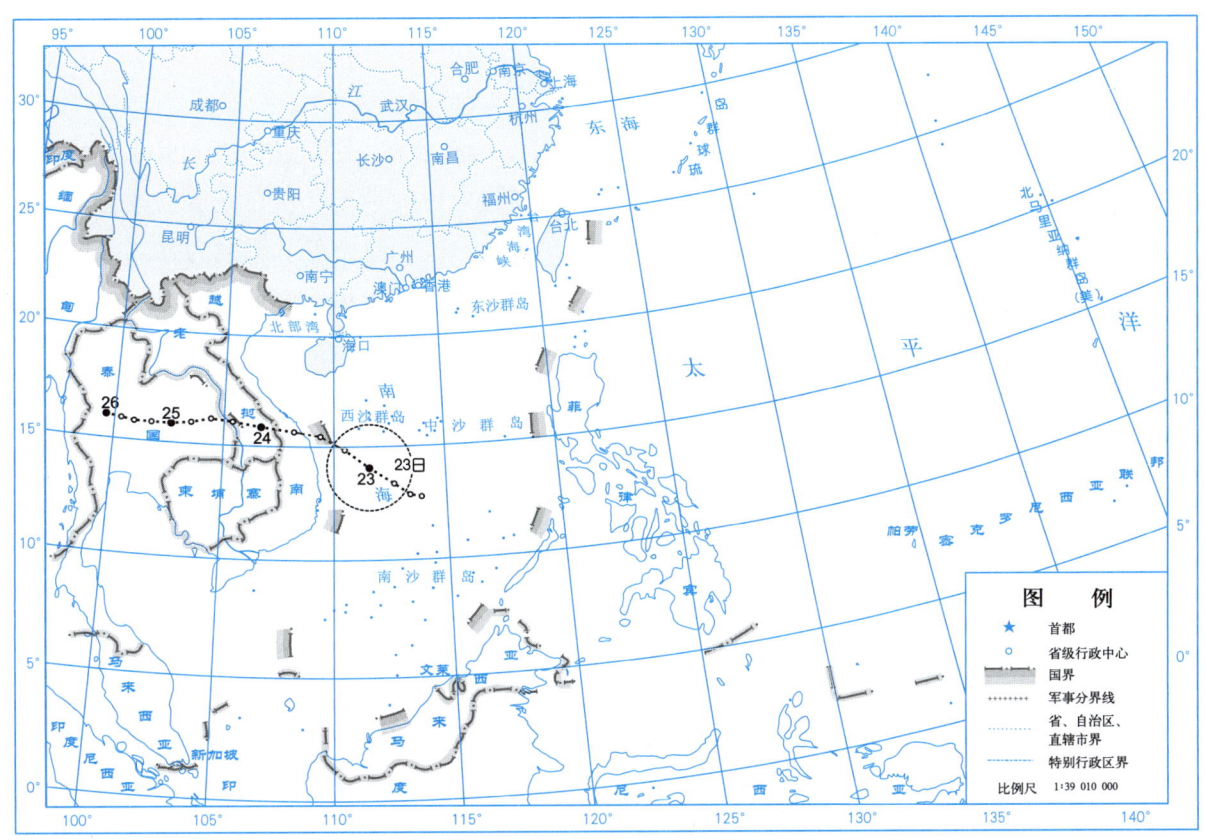

图 2.18.8　2115 号热带风暴"电母"(Dianmu)大风区域演变

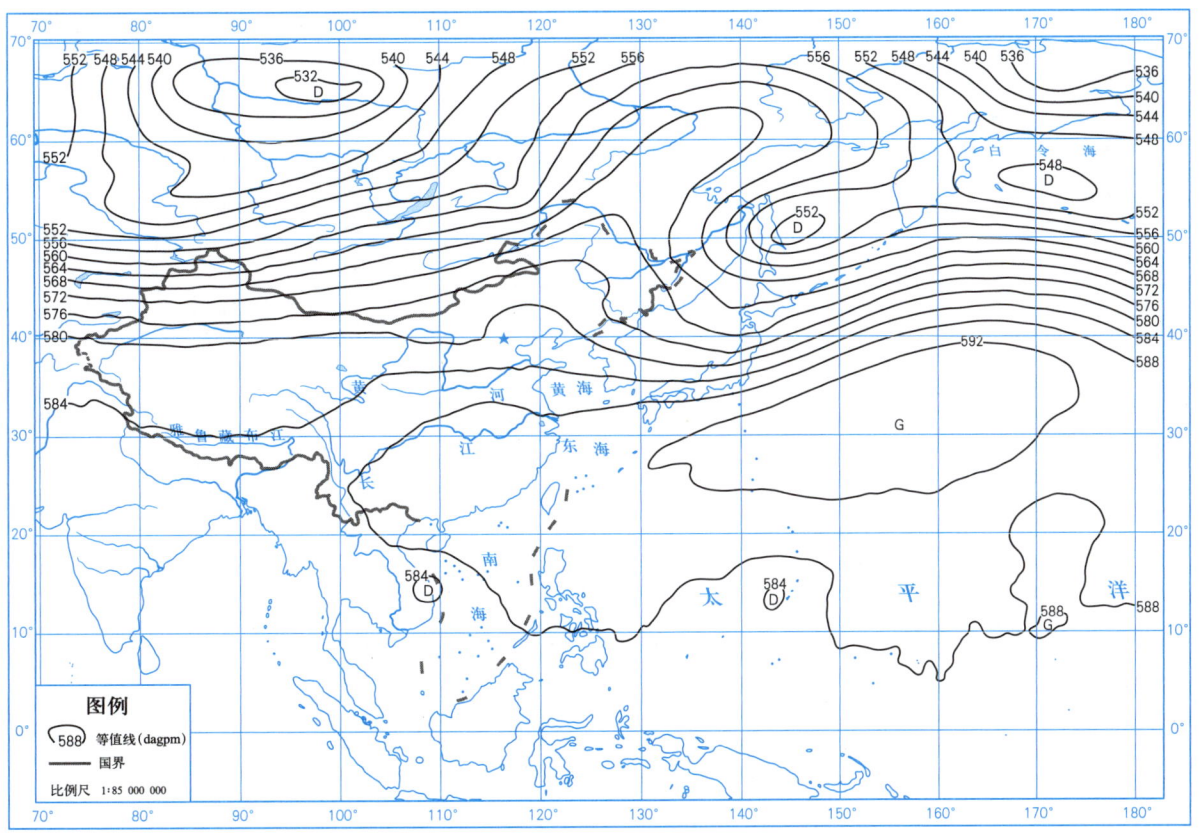

图 2.18.9　2021 年 9 月 23 日 20 时 500 hPa 高度场

2.19　2116号超强台风"蒲公英"（Mindulle）

第2116号超强台风"蒲公英"是由9月22日夜间位于霍尔群岛西北方向约450 km的西北太平洋洋面上一个热带低压发展形成。形成后低压中心向西偏北方向移动，次日发展为热带风暴，并逐渐加大向北移动的分量，尔后进入快速增强阶段。9月24日，"蒲公英"增强为强热带风暴，次日早晨增强为台风，下午继续增强为强台风，26日进一步增强至超强台风，达到其生命史的最大强度。次日，"蒲公英"减弱为强台风后，继续北上，29再次加强为超强台风，次日转向东北方向移动。之后，"蒲公英"移速加快，强度逐渐减弱，30日减弱为强台风，10月2日凌晨减弱至强热带风暴，随即快速变性为温带气旋，沿着千岛群岛以东洋面继续东北行，4日进入白令海海域，强度进一步减弱，移速减慢，加大东移分量，于7日凌晨在白令海峡附近减弱消散。

表2.19.1是超强台风"蒲公英"的中心位置和强度。图2.19.1～图2.19.3分别是超强台风"蒲公英"的路径图、大风区域演变图和2021年9月29日14时500 hPa高度场图。

表2.19.1　2116号超强台风"蒲公英"（Mindulle）9月22日—10月7日中心位置和强度

年	月	日	时	中心位置		中心气压 /hPa	中心风速 /(m/s)
				北纬/°N	东经/°E		
2021	9	22	20	11.2	148.6	1002	13
	9	23	02	12.0	147.4	1000	15
	9	23	08	12.6	146.2	1000	15
	9	23	14	13.3	144.6	1000	15
	9	23	20	13.8	143.3	998	18
	9	24	02	14.1	142.1	998	18
	9	24	08	14.6	141.1	995	20
	9	24	14	15.1	140.3	990	23
	9	24	20	15.9	139.4	982	28
	9	25	02	16.5	138.7	980	30
	9	25	08	17.1	138.1	975	33
	9	25	14	17.6	137.7	955	42
	9	25	20	18.1	137.4	940	50
	9	26	02	18.5	137.0	940	50
	9	26	08	18.6	136.8	925	58
	9	26	14	18.8	136.7	920	60
	9	26	20	19.0	136.7	920	60
	9	27	02	19.4	136.7	920	60

(续表)

年	月	日	时	中心位置		中心气压 /hPa	中心风速 /(m/s)
				北纬/°N	东经/°E		
2021	9	27	08	19.6	136.7	935	52
	9	27	14	19.9	136.6	945	48
	9	27	20	20.2	136.4	945	48
	9	28	02	20.5	136.3	945	48
	9	28	08	21.0	136.2	940	50
	9	28	14	21.5	135.7	940	50
	9	28	20	22.0	135.4	940	50
	9	29	02	22.7	135.6	940	50
	9	29	08	23.4	135.4	935	52
	9	29	14	24.2	135.4	935	52
	9	29	20	25.0	135.5	935	52
	9	30	02	25.8	135.8	935	52
	9	30	08	26.6	136.4	945	48
	9	30	14	27.9	137.3	945	48
	9	30	20	29.1	138.1	945	48
	10	1	02	30.3	139.1	945	48
	10	1	08	31.9	141.0	950	45
	10	1	14	34.0	142.8	960	40
	10	1	20	35.4	144.1	965	35
	10	2	02	37.2	145.6	975	30
△	10	2	08	39.4	147.6	975	28
	10	2	14	41.6	150.1	975	28
	10	2	20	43.8	152.6	975	28
	10	3	02	46.3	155.5	975	28
	10	3	08	48.8	157.9	975	28
	10	3	14	51.4	160.2	975	28
	10	3	20	53.6	162.2	968	25
	10	4	02	55.7	164.4	968	25
	10	4	08	57.1	166.5	970	20
	10	4	14	58.1	168.6	970	20
	10	4	20	58.8	170.0	970	20

(续表)

年	月	日	时	中心位置		中心气压 /hPa	中心风速 /（m/s）
				北纬 /°N	东经 /°E		
2021	10	5	02	59.3	171.7	970	20
	10	5	08	59.6	173.4	972	20
	10	5	14	59.9	175.4	976	20
	10	5	20	60.2	177.7	980	18
	10	6	02	60.6	179.8	980	18
	10	6	08	61.3	182.4	980	18
	10	6	14	62.1	183.9	980	18
	10	6	20	62.5	185.0	980	18
	10	7	02	62.3	186.4	980	18
				消散			

2 2021年逐个热带气旋概述

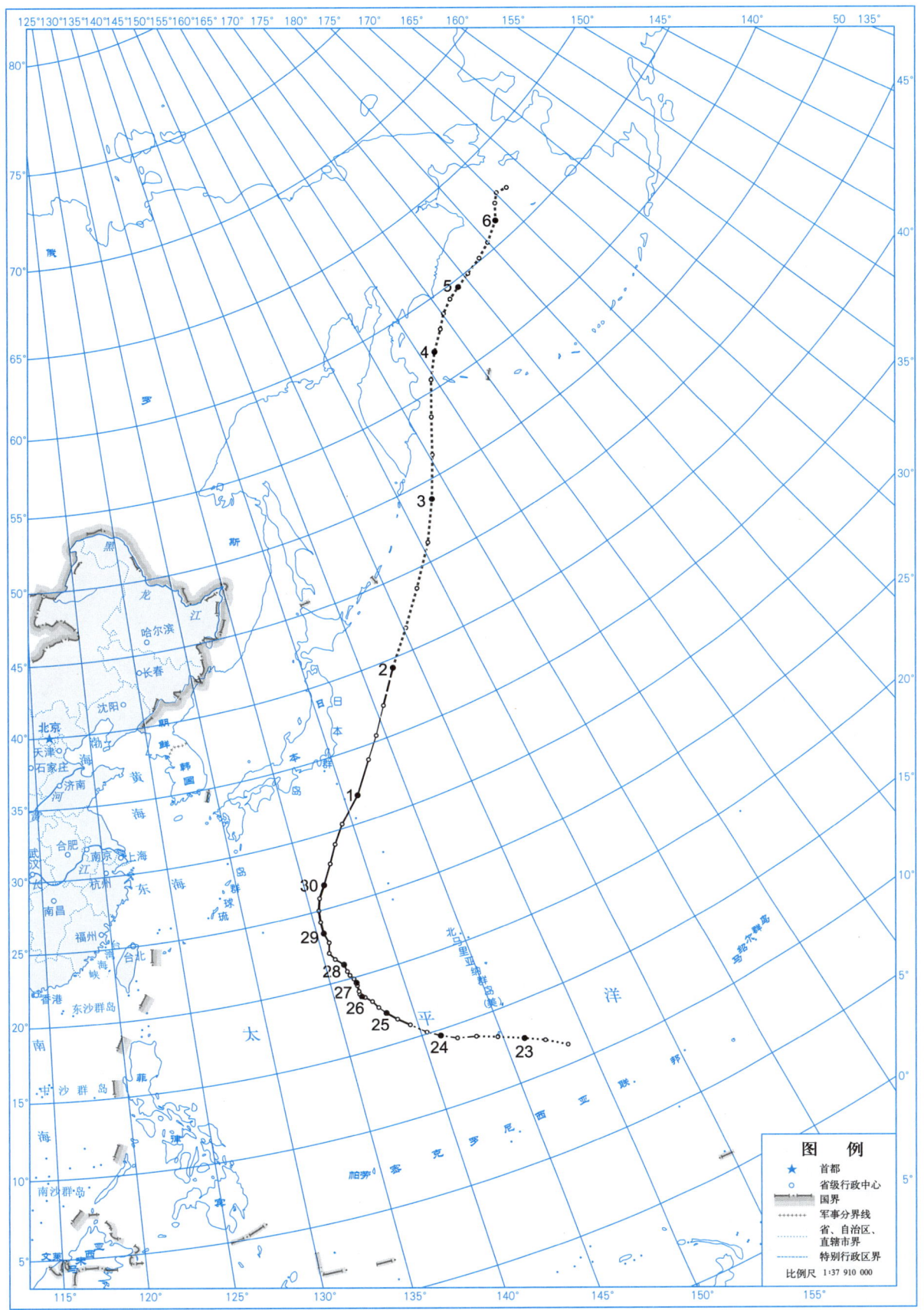

图 2.19.1　2116 号超强台风"蒲公英"（Mindulle）路径

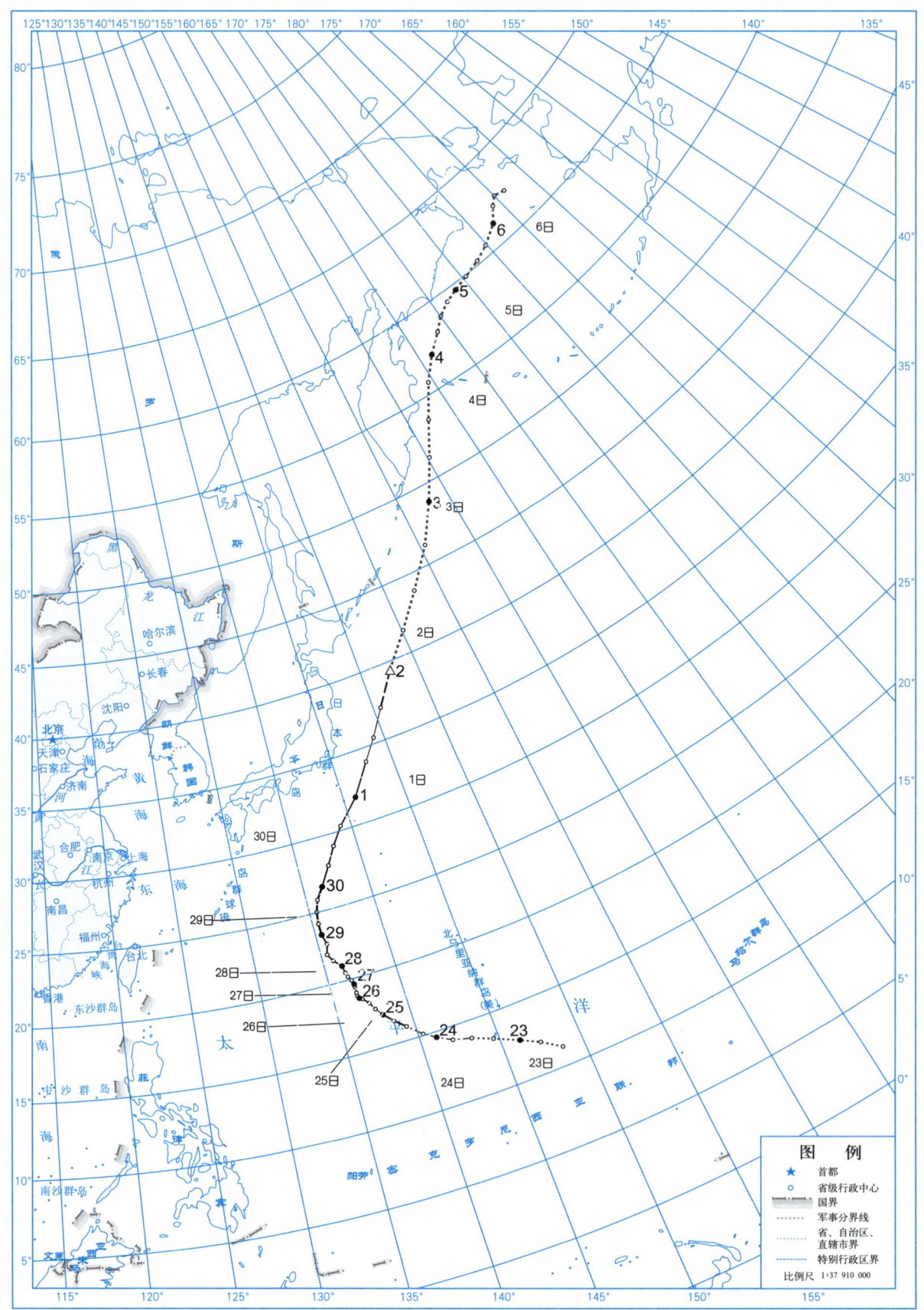

图 2.19.2 2116 号超强台风"蒲公英"(Mindulle)大风区域演变

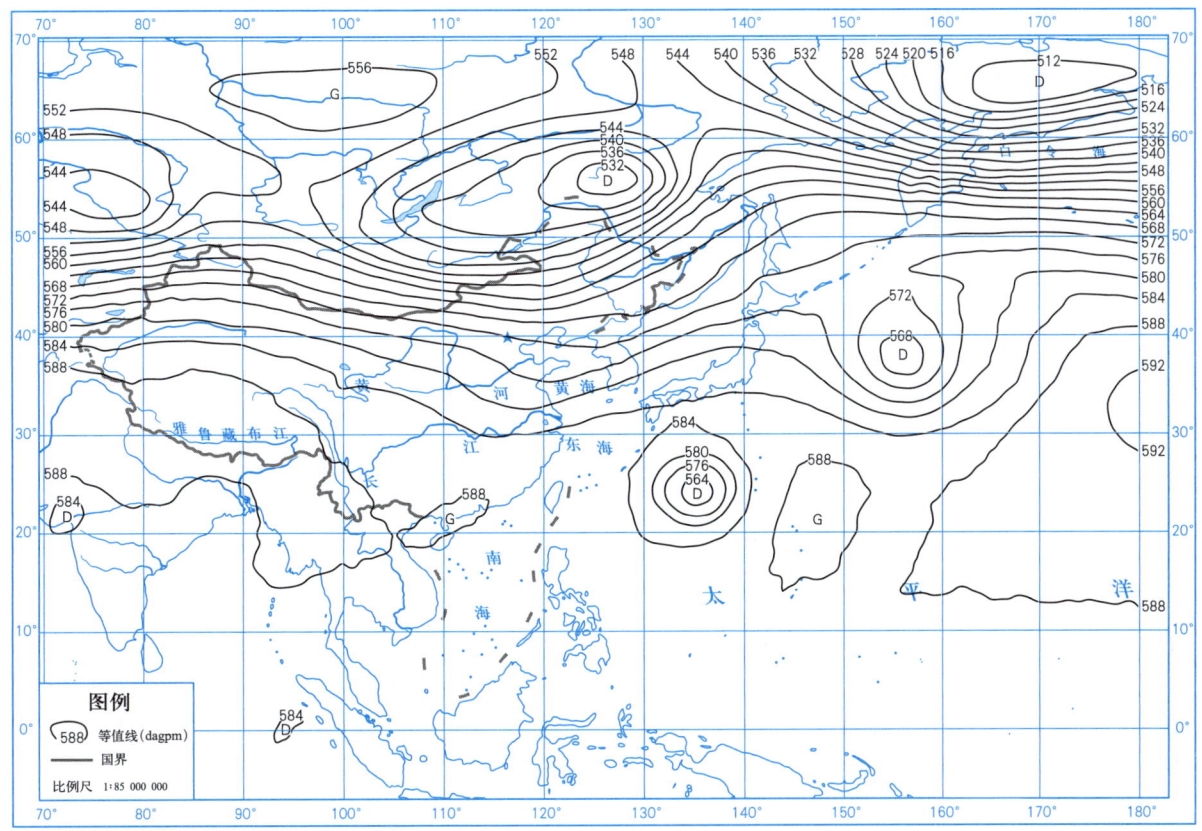

图 2.19.3　2021 年 9 月 29 日 14 时 500 hPa 高度场

2.20 2117号热带风暴"狮子山"（Lionrock）

第2117号热带风暴"狮子山"是由10月6日夜间位于西沙群岛附近的南海海面上一个热带低压发展形成。形成后低压中心向北偏西方向移动，8日凌晨发展为热带风暴，逐渐靠近海南岛东部沿海。随后，热带风暴"狮子山"于当日22时40分登陆海南琼海，登陆时中心附近最大风力20 m/s，中心最低气压990 hPa。登陆后，"狮子山"强度维持，路径曲折，先转向西行，再迅速折向东北，9日下午在海南岛北部折向西偏北，之后进入北部湾海域。入海后，"狮子山"强度减弱为低压，随即登陆越南北部沿海，11日凌晨在越南境内减弱消散。

受热带风暴"狮子山"和冷空气共同影响，10月7—10日，海南局部、广东沿海局部及高要、广西局部、福建沿海部分、湖南南岳出现最大风力6～7级、阵风7～10级；福建九仙山出现最大风力8级（20.7 m/s）、阵风10级（24.5 m/s）。广东上川岛出现最大风力7级（15.8 m/s）、阵风10级（27.3 m/s），为本次热带风暴影响过程风极值。

受其影响，10月7—11日，海南西沙、广东部分、广西部分、福建南部局部、江西南部局部、湖南大部、湖北西南局部、贵州大部、重庆大部、四川东南局部、云南东部局部总雨量为10～50 mm；海南部分、广东中南部部分、广西部分、云南东南部局部、贵州局部、湖南桃江、福建南部沿海局部总雨量为50～150 mm；海南中东部部分、广东南部沿海大部、广西南部沿海局部总雨量为150～300 mm；海南局部、广东珠江口附近部分总雨量为300～481 mm；其中，海南临高总雨量480.1 mm，9日雨量422.6 mm，9日09时雨量74.9 mm，分别为本次热带风暴影响过程总雨量、日雨量和时雨量极值。

受"狮子山"北上在海南东部登陆影响，10月8日，海南东部出现大到暴雨，广东珠江口及其以东沿海出现暴雨到大暴雨；随着"狮子山"广大云系北扩和北方冷空气南下共同影响，10月9—10日，大到暴雨区扩展到广西、湖南和贵州，广东珠江口及其以西地区连续2 d出现暴雨到大暴雨；10月11日，"狮子山"减弱南落，雨势迅速减弱（表2.20.1）。

受其影响，造成广东、广西和海南省（区）出现了一定程度的灾情。总计受灾人数34.8万人，死亡1人，紧急避险转移人数7.4万人，紧急转移安置人口1.1万人，农作物受灾面积2.89万 hm^2，农作物绝收面积0.2万 hm^2，直接经济损失3亿元（表2.20.2）。

图2.20.1～图2.20.10分别是热带风暴"狮子山"的路径图、总降水量图、大风分布图、总降水日数图、2021年10月7—10日的日降水量图、大风区域演变图和2021年10月8日20时500 hPa高度场图。

表 2.20.1 2117 号热带风暴"狮子山"(Lionrock) 10 月 6—11 日中心位置和强度

年	月	日	时	中心位置		中心气压 /hPa	中心风速 /(m/s)
				北纬 /°N	东经 /°E		
2021	10	6	20	15.7	112.2	998	13
	10	7	02	16.0	111.9	998	13
	10	7	08	16.4	111.6	998	13
	10	7	14	16.9	111.4	995	15
	10	7	20	17.1	111.3	995	15
	10	7	23	17.3	111.2	995	15
	10	8	02	17.5	111.1	992	18
	10	8	05	17.7	111.0	992	18
	10	8	08	17.9	110.9	990	20
	10	8	11	18.2	110.9	990	20
	10	8	14	18.6	110.9	990	20
	10	8	17	18.9	110.8	990	20
	10	8	20	19.1	110.7	990	20
	10	8	23	19.3	110.5	990	20
	10	9	02	19.3	110.0	990	20
	10	9	05	19.3	109.8	992	20
	10	9	08	19.6	110.0	992	20
	10	9	11	19.8	110.2	992	20
	10	9	14	20.0	110.2	992	20
	10	9	17	19.9	110.0	992	20
	10	9	20	20.0	109.8	992	20
	10	10	02	20.3	109.0	992	20
	10	10	08	20.7	108.1	995	18
	10	10	14	20.6	107.1	998	15
	10	10	20	20.4	106.3	1000	13
	10	11	02	19.8	105.5	1000	13
				消散			

表 2.20.2　2117 号热带风暴"狮子山"（Lionrock）在广东、广西和海南省（区）引发的灾情

受灾省（区）	受灾人口/万人	死亡人口/人	失踪人口/人	紧急转移人口/万人	农作物 受灾面积/万 hm²	农作物 绝收面积/万 hm²	倒塌房屋/万间	直接经济损失/亿元
广东省	1.3	0	0	0	0.05	0	0	0.2
广西区	18	0	0	0	1.68	0.11	0	0.8
海南省	15.5	1	0	1.1	1.16	0.09	0	2
合计	34.8	1	0	1.1	2.89	0.20	0	3

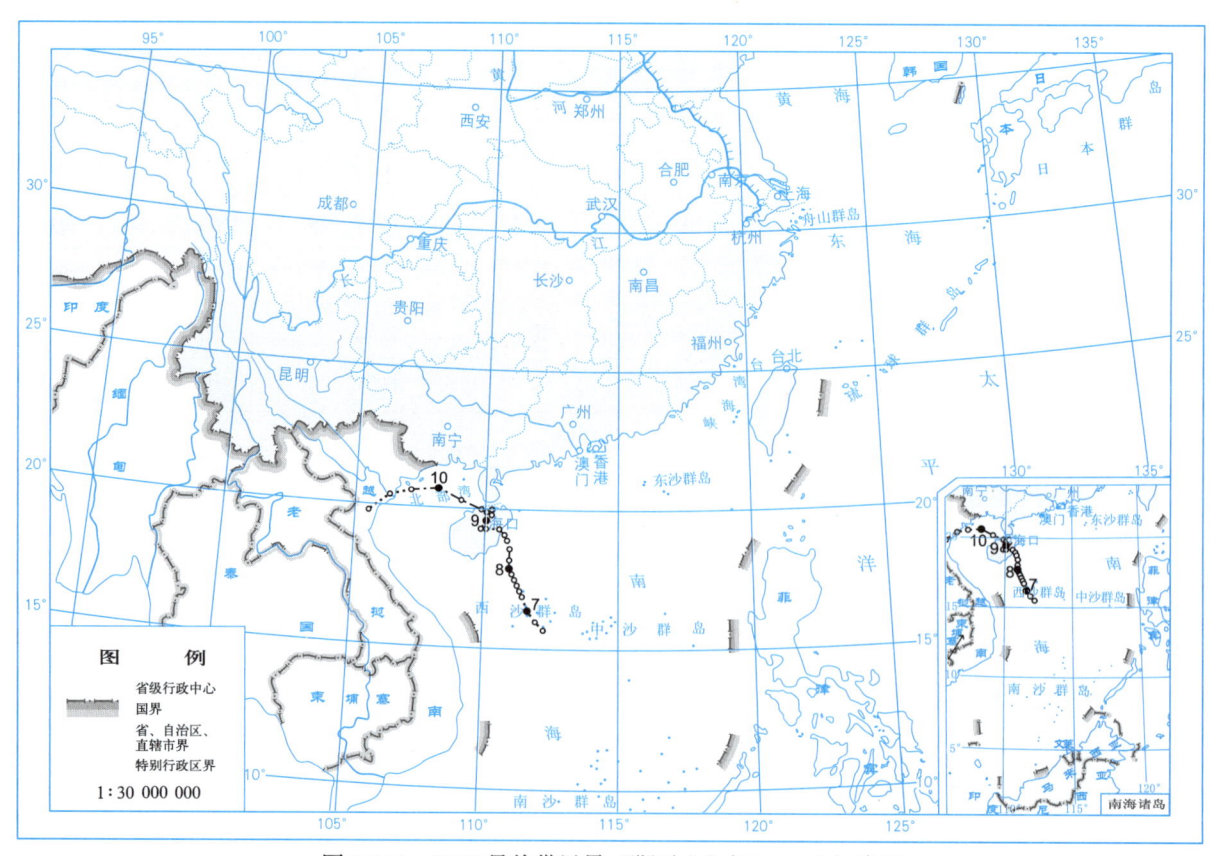

图 2.20.1　2117 号热带风暴"狮子山"（Lionrock）路径

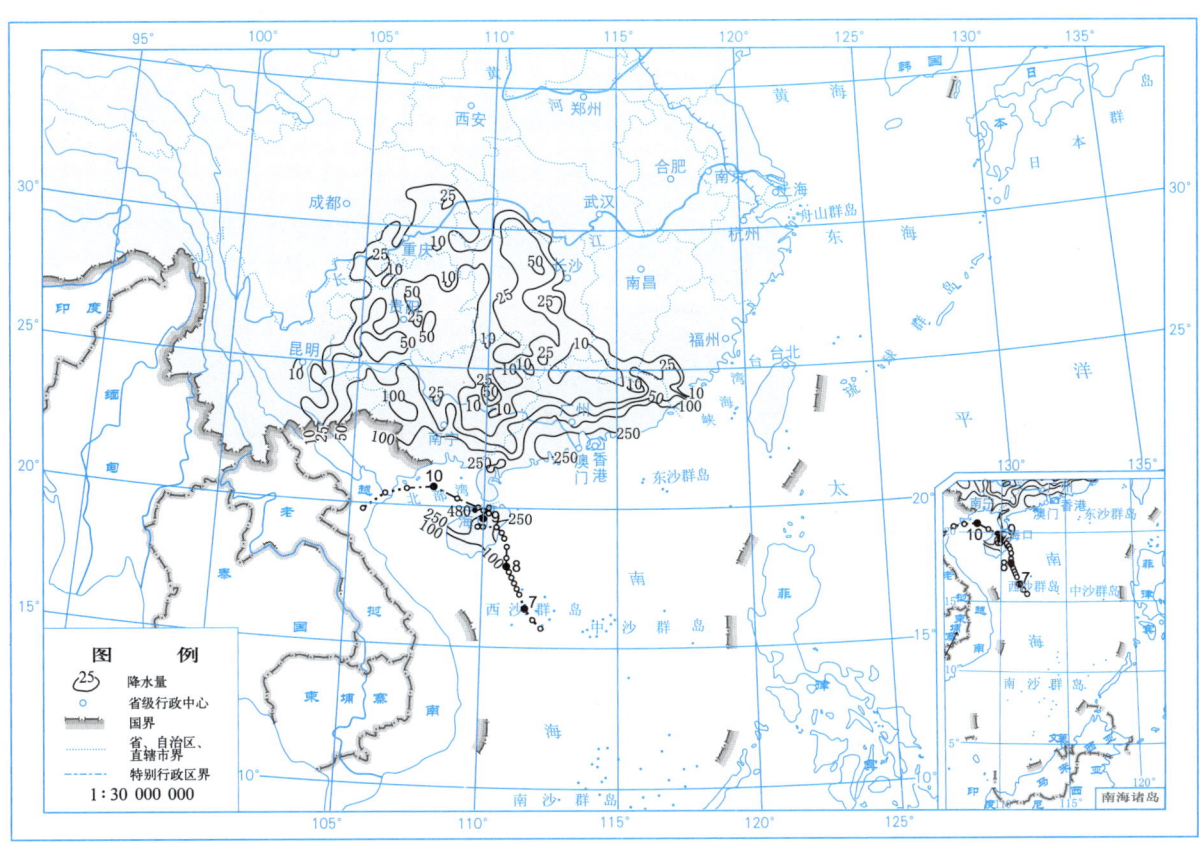

图 2.20.2　2117 号热带风暴"狮子山"(Lionrock)总降水量(mm)(10 月 7—11 日)

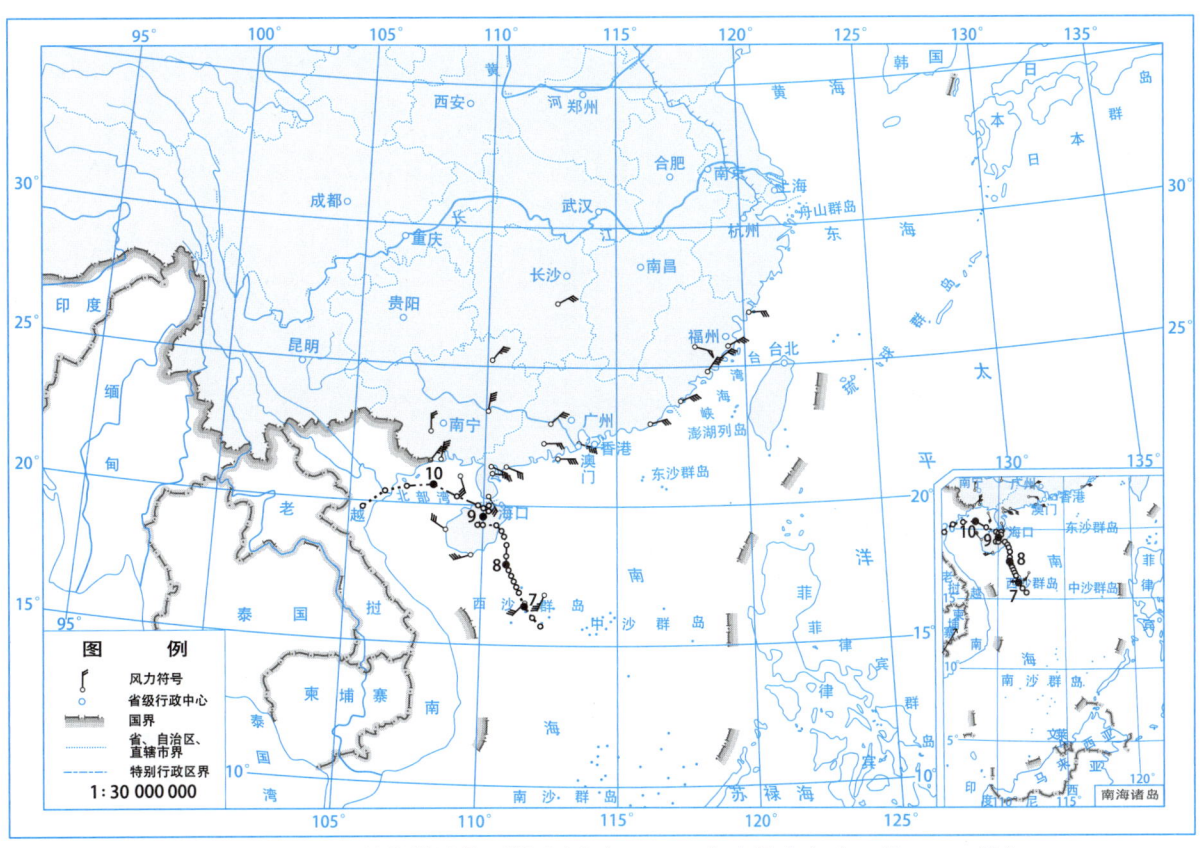

图 2.20.3　2117 号热带风暴"狮子山"(Lionrock)大风分布(10 月 7—10 日)

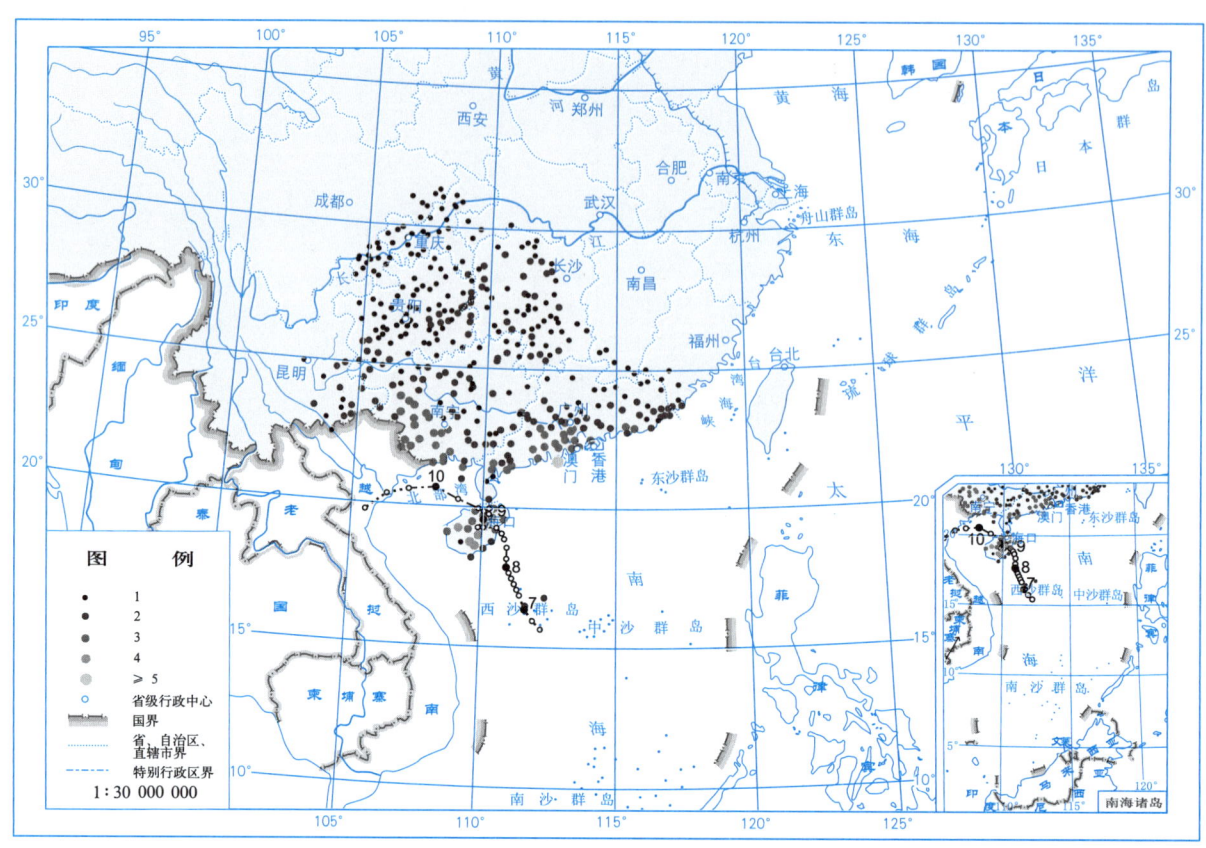

图 2.20.4 2117 号热带风暴"狮子山"(Lionrock)总降水日数(d)

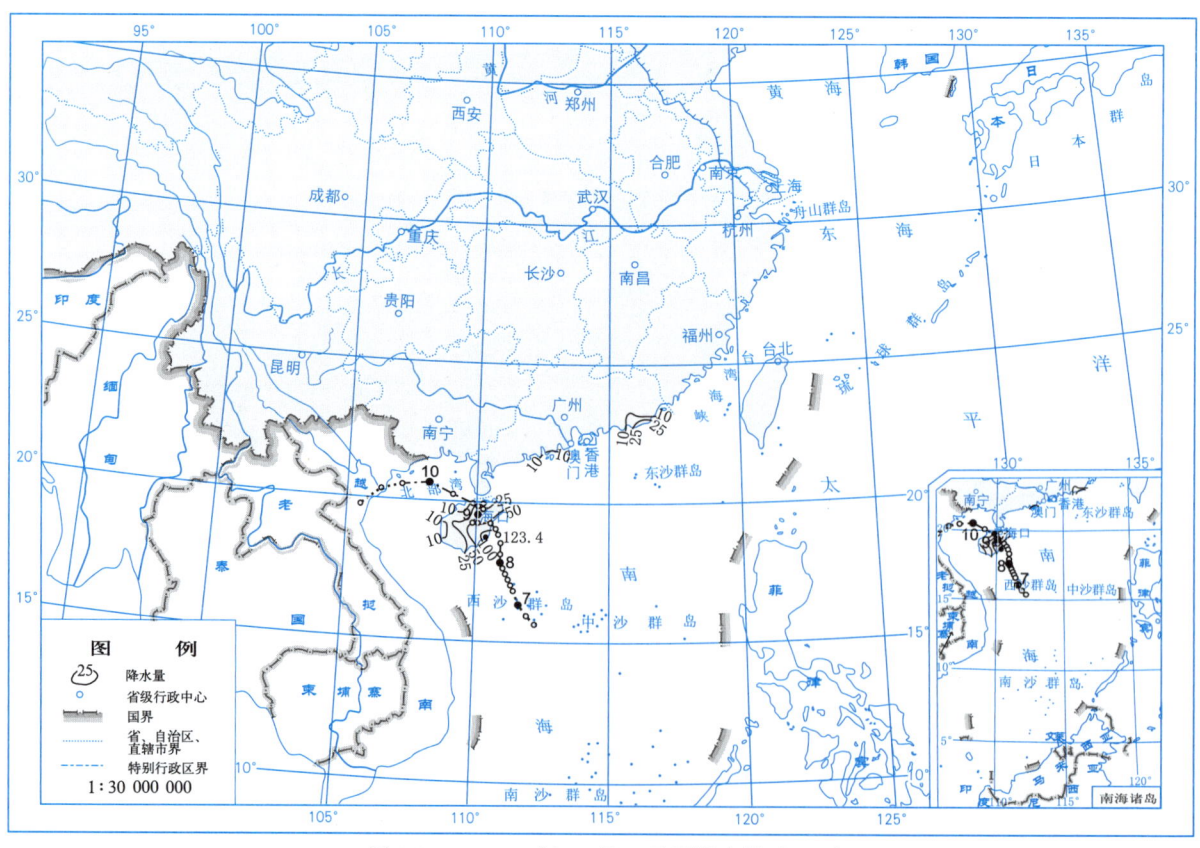

图 2.20.5 2021 年 10 月 7 日日降水量(mm)

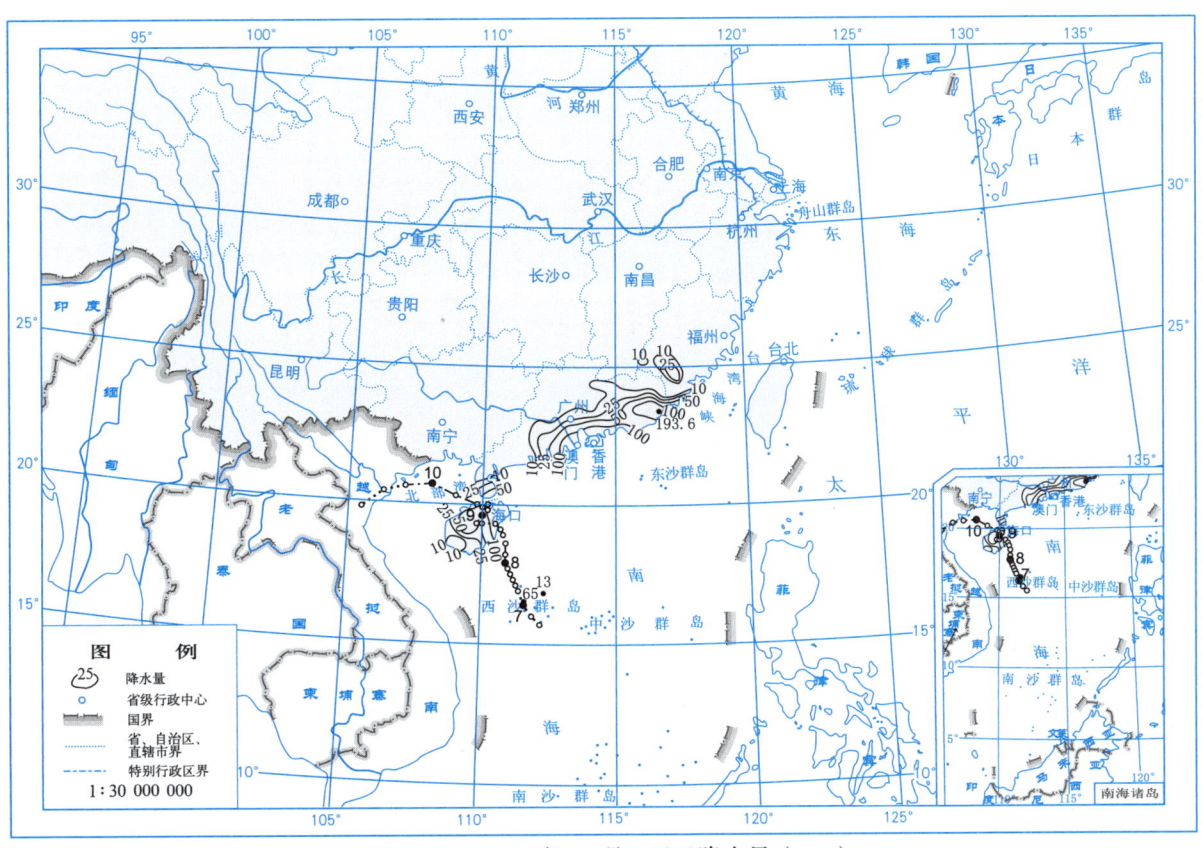

图 2.20.6　2021 年 10 月 8 日日降水量（mm）

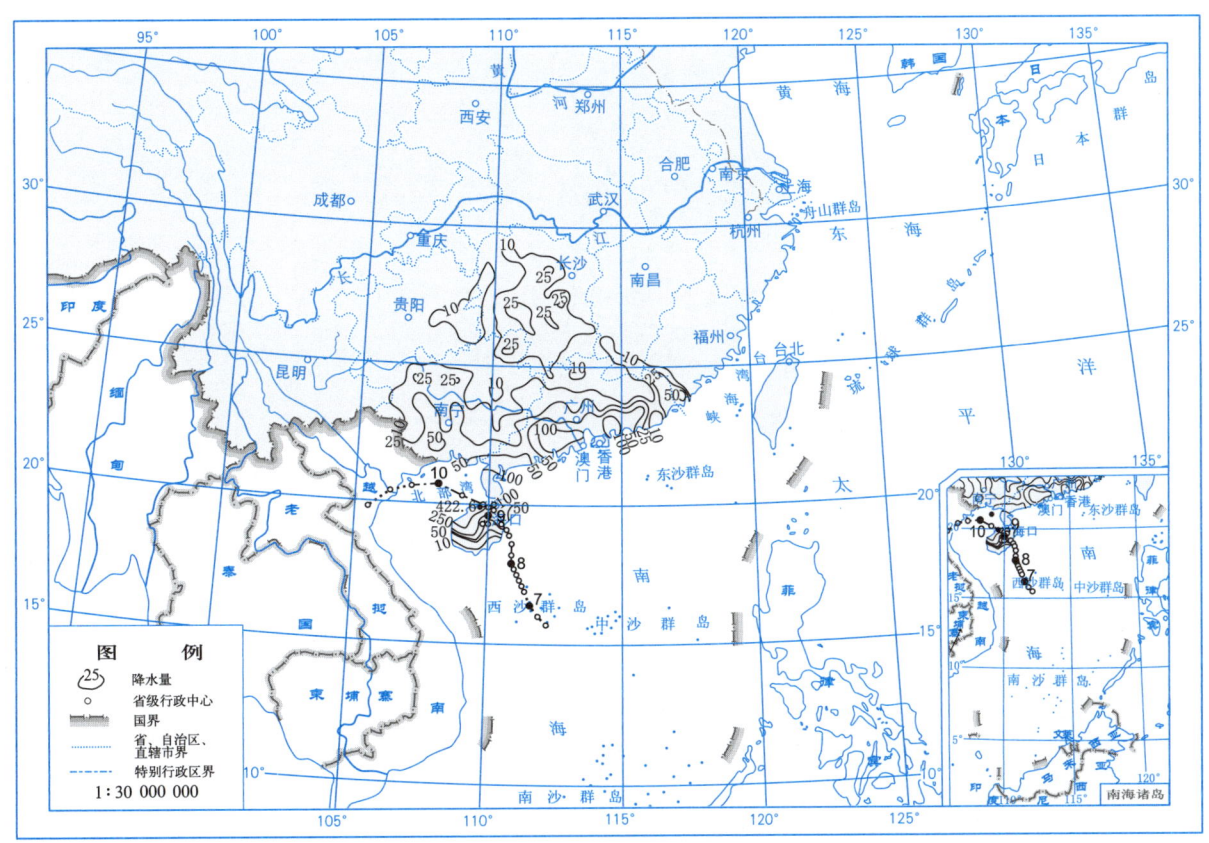

图 2.20.7　2021 年 10 月 9 日日降水量（mm）

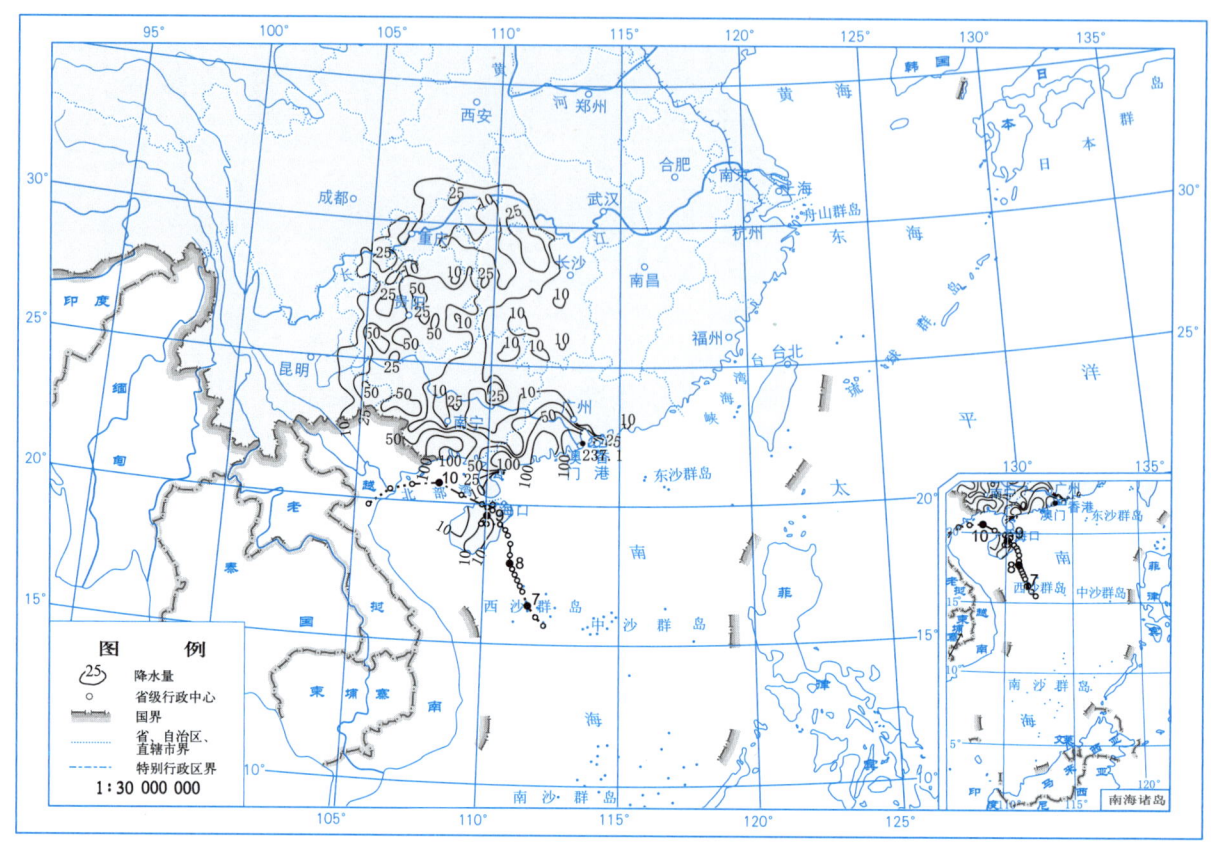

图 2.20.8　2021 年 10 月 10 日日降水量（mm）

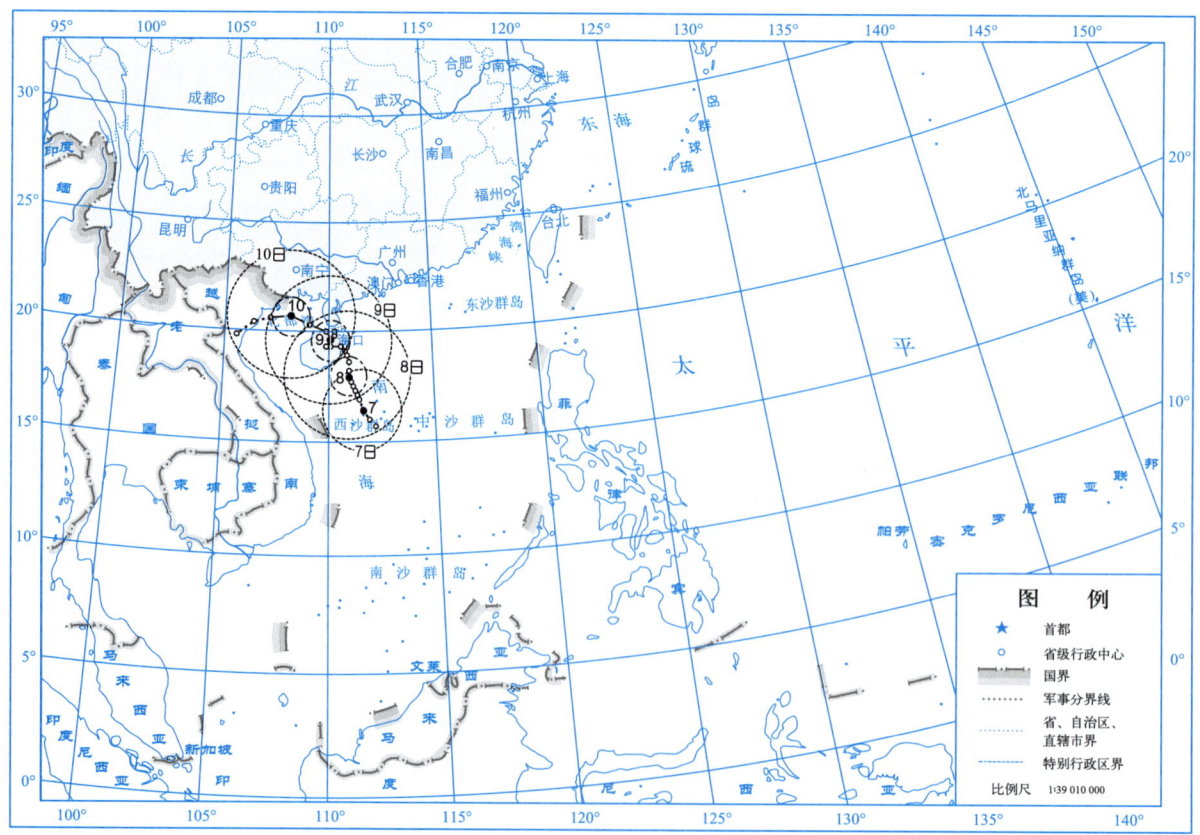

图 2.20.9　2117 号热带风暴"狮子山"（Lionrock）大风区域演变

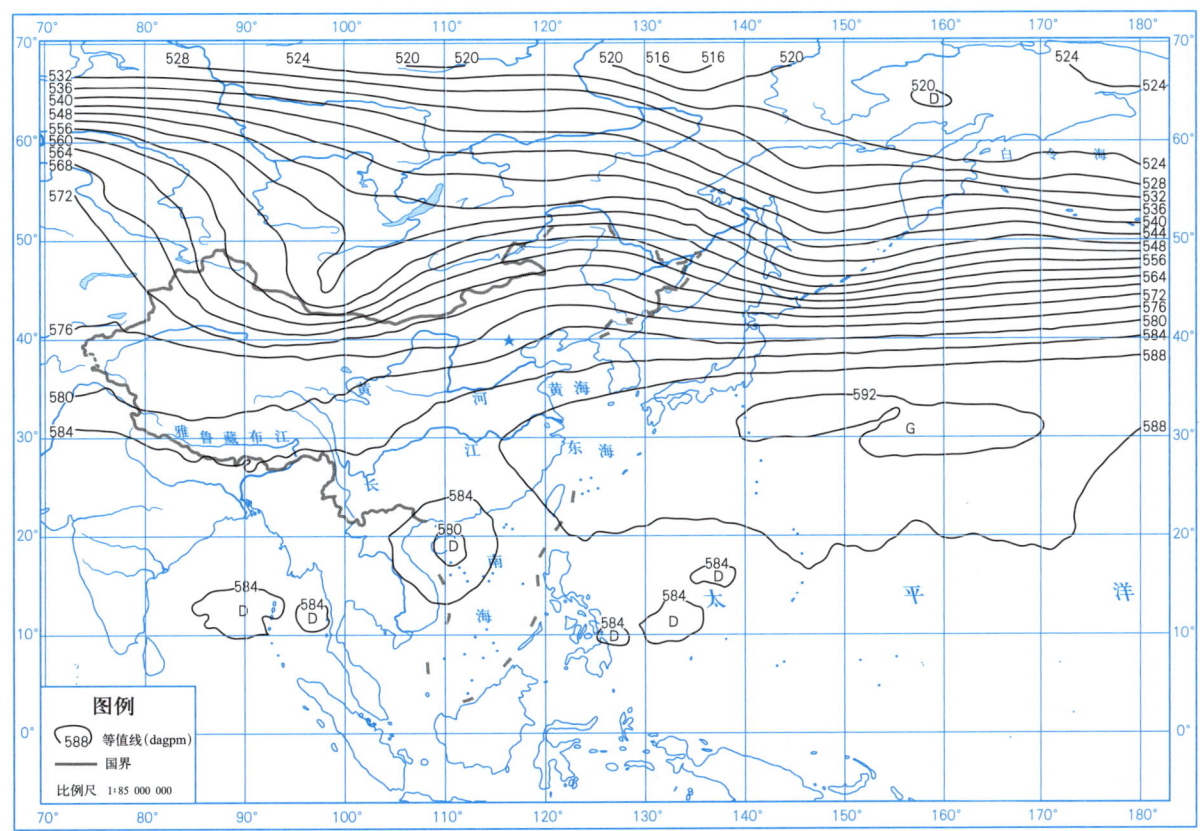

图 2.20.10 2021 年 10 月 8 日 20 时 500 hPa 高度场

2.21　2118号台风"圆规"（Kompasu）

第2118号台风"圆规"是由10月8日早晨位于美国关岛以西约1180 km的西北太平洋洋面上一个热带低压发展形成。形成后低压中心向西北方向移动，次日早晨发展为热带风暴，10日夜间转向偏西方向移动，随后穿过巴林塘海峡，12日加强为强热带风暴，进入南海海域。之后，"圆规"稳定地西行，向海南岛东部沿海靠近，13日凌晨短暂加强为台风后，于当日15时20分登陆海南琼海，登陆时近中心最大风力30 m/s，中心最低气压972 hPa。登陆后，"圆规"强度减弱，13日夜间减弱为热带风暴，随即进入北部湾海域，次日下午强度进一步减弱为低压，夜间登陆越南北部沿海，快速在越南境内消散。

受台风"圆规"和冷空气共同影响，10月11—14日，海南部分、广东部分、广西中东部部分、湖南临澧和南岳、江西局部、福建沿海大部及永定、浙江沿海局部、安徽天柱山和望江、湖北金沙出现最大风力6～7级、阵风7～10级；广东上川岛、福建南部局部、浙江大陈、安徽黄山出现最大风力8～9级、阵风10～11级；福建东山出现最大风力9级（22.5 m/s）、阵风11级（28.7 m/s），广东上川岛出现最大风力8级（20.3 m/s）、阵风11级（32.0 m/s）为本次台风影响过程风极值。

受其影响，10月11—14日，海南局部、广东南部部分、广西西部南部部分及金秀、云南东南部局部、贵州西南部局部、湖南南部局部、江西井冈山、福建南部和东部部分、浙江部分、上海部分、江苏南部局部、安徽南部局部总雨量为10～50 mm；海南大部、广东南部沿海部分、广西上思、福建局部、浙江沿海部分、上海松江总雨量为50～150 mm；海南昌江、福建柘荣、浙江中南部沿海部分总雨量为150～207 mm；其中浙江大陈总雨量206.1 mm、海南昌江13日雨量193.9 mm，浙江象山13日04时雨量46.1 mm，分别为本次台风影响过程总雨量、日雨量及小时雨量极值。

受"圆规"外围云系影响，10月12日，福建北部沿海和浙江沿海出现大到暴雨；13日，"圆规"快速西行并在海南登陆，海南出现暴雨到大暴雨，广东沿海出现局部暴雨，浙江沿海出现暴雨到大暴雨；14日，雨区继续西移，华南三省局部出现大到暴雨（表2.21.1）。

受其影响，在广东、广西、海南和云南省（区）出现了一定程度的灾情。总计受灾人数28.5万人，死亡2人，紧急避险转移人数9.9万人，紧急转移安置人数6.7万人，农作物受灾面积2.41万 hm^2，农作物绝收面积0.41万 hm^2，直接经济损失7.84亿元（表2.21.2）。

图2.21.1～图2.21.9分别是台风"圆规"的路径图、总降水量图、大风分布图、总降水日数图、2021年10月12—14日的日降水量图、大风区域演变图和2021年10月13日14时500 hPa高度场图。

表 2.21.1 2118 号台风"圆规"(Kompasu)10 月 8—14 日中心位置和强度

年	月	日	时	中心位置		中心气压 /hPa	中心风速 /(m/s)
				北纬 /°N	东经 /°E		
2021	10	8	08	13.9	133.8	1000	15
	10	8	14	14.1	133.0	1000	15
	10	8	20	14.5	132.3	1000	15
	10	9	02	15.1	131.8	1000	15
	10	9	08	15.6	131.2	998	18
	10	9	14	16.0	130.4	998	18
	10	9	20	16.3	129.9	998	18
	10	10	02	16.6	129.5	998	18
	10	10	08	17.0	128.9	995	20
	10	10	14	17.6	128.0	995	20
	10	10	20	18.3	126.9	995	20
	10	11	02	18.6	125.8	995	20
	10	11	08	18.7	124.6	990	23
	10	11	14	18.7	123.0	990	23
	10	11	20	18.8	121.8	990	23
	10	12	02	19.0	120.5	985	25
	10	12	08	18.9	119.2	985	25
	10	12	14	18.9	117.5	980	28
	10	12	17	18.8	116.9	980	28
	10	12	20	18.8	116.3	980	28
	10	12	23	18.9	115.5	975	30
	10	13	02	19.1	114.6	975	30
	10	13	05	19.1	113.7	970	33
	10	13	08	19.1	112.8	970	33
	10	13	11	19.1	111.8	972	30
	10	13	14	19.1	111.0	972	30
	10	13	17	19.0	110.0	982	25
	10	13	20	18.8	109.3	985	25

(续表)

年	月	日	时	中心位置		中心气压 /hPa	中心风速 /(m/s)
				北纬/°N	东经/°E		
2021	10	13	23	18.7	108.7	988	23
	10	14	02	18.8	108.2	990	20
	10	14	08	19.1	107.5	995	18
	10	14	14	19.3	106.8	1000	15
	10	14	20	19.4	105.7	1002	13
消散							

表 2.21.2　2118 号台风"圆规"（Kompasu）在广东、广西、海南和云南省（区）引发的灾情

受灾省（区）	受灾人口 /万人	死亡人口 /人	失踪人口 /人	紧急转移人口 /万人	农作物		倒塌房屋 /万间	直接经济损失 /亿元
					受灾面积 /万 hm²	绝收面积 /万 hm²		
广东省	7.7	0	0	0.1	0.48	0.21	0	0.3
广西区	1.3	0	0	0	0.05	0	0	0.04
海南省	19	2	0	6.6	1.87	0.19	0	7.4
云南省	0.5	0	0	0	0.01	0.01	0	0.1
合计	28.5	2	0	6.7	2.41	0.41	0	7.84

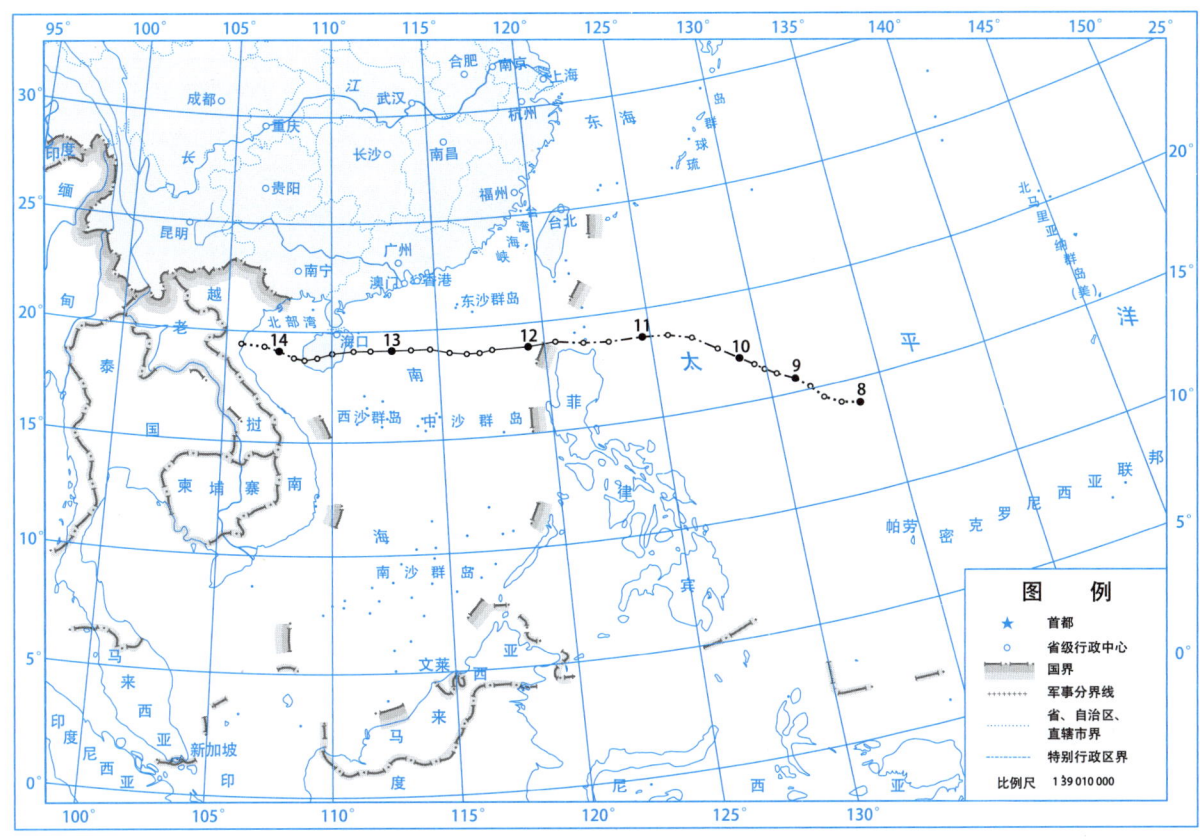

图 2.21.1　2118 号台风"圆规"(Kompasu)路径

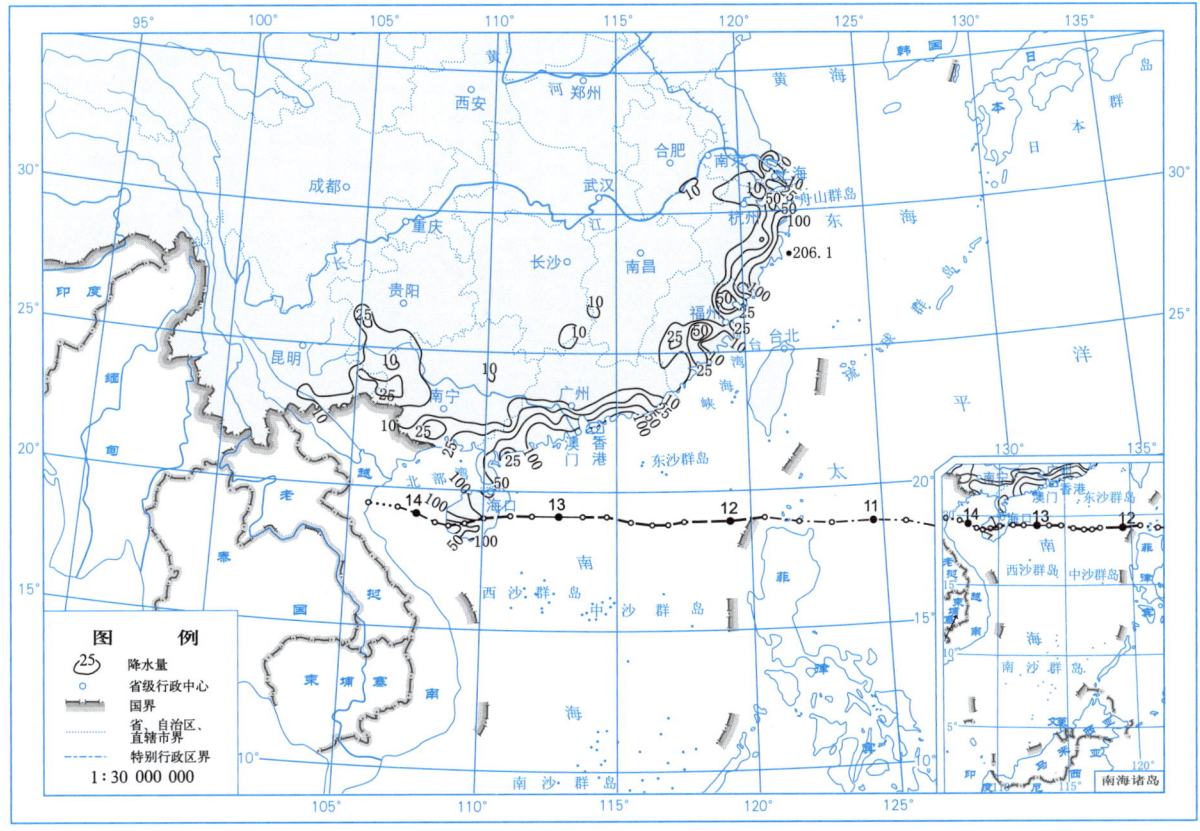

图 2.21.2　2118 号台风"圆规"(Kompasu)总降水量(mm)(10月11—14日)

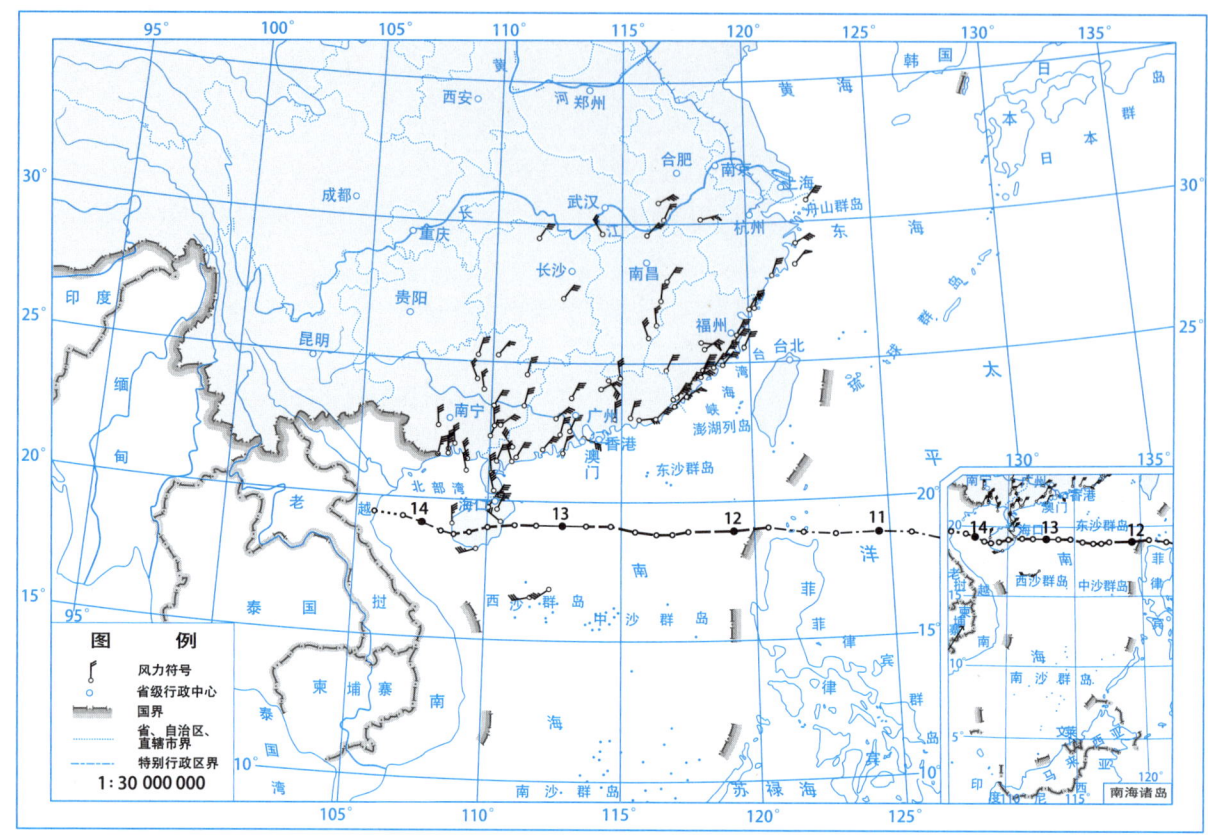

图 2.21.3 2118 号台风"圆规"(Kompasu)大风分布(10月11—14日)

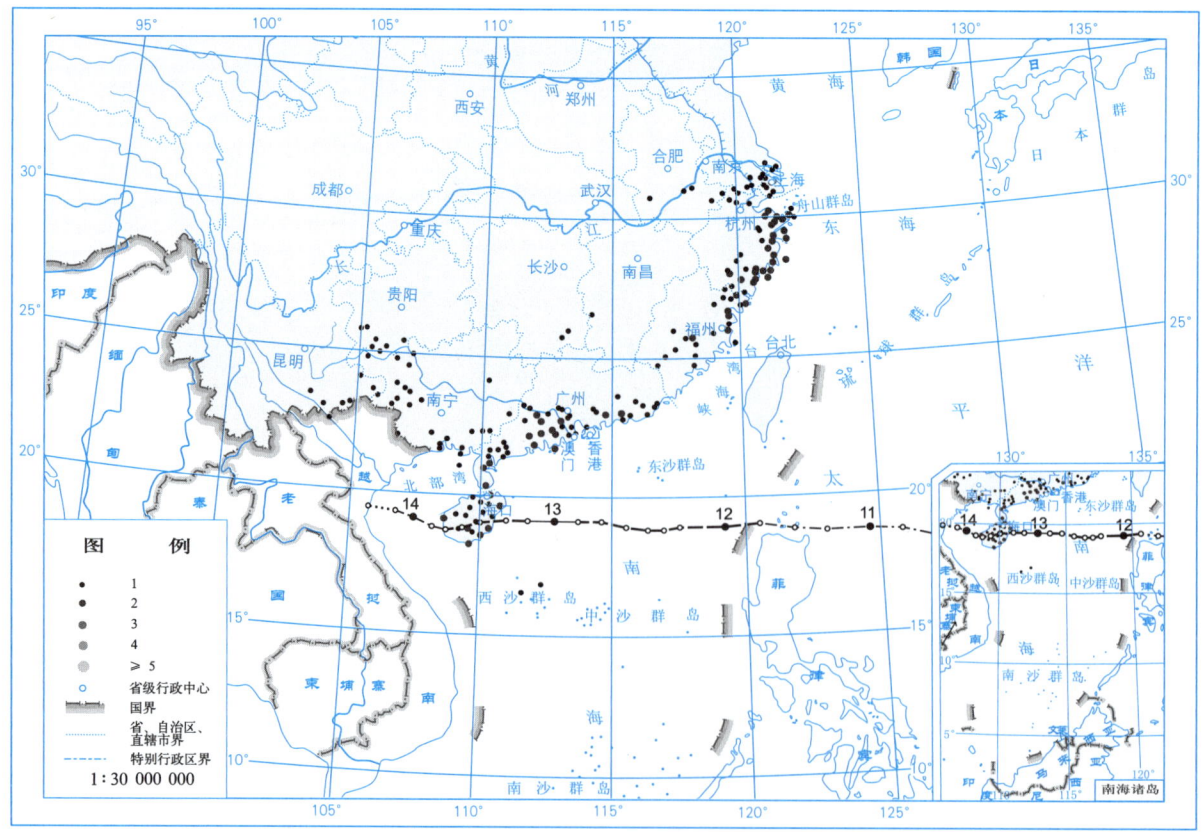

图 2.21.4 2118 号台风"圆规"(Kompasu)总降水日数(d)

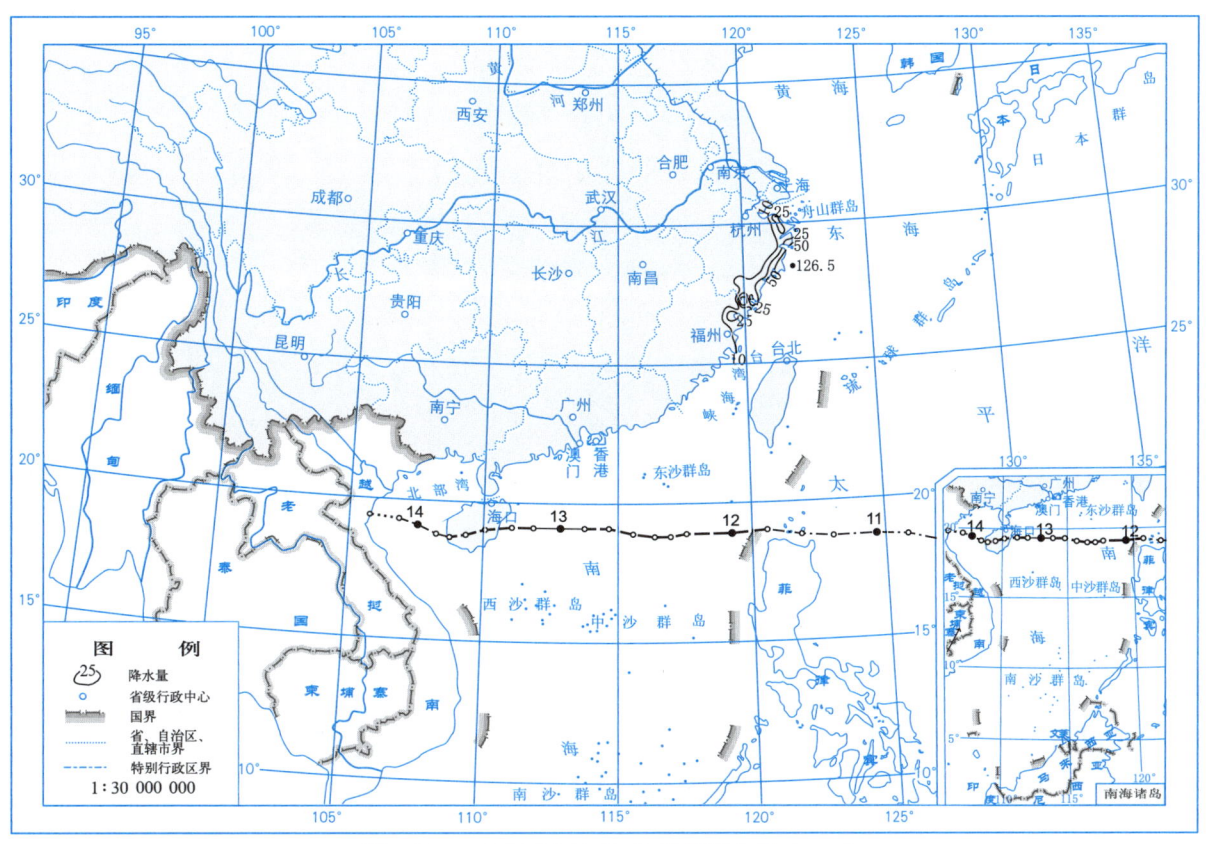

图 2.21.5　2021 年 10 月 12 日日降水量（mm）

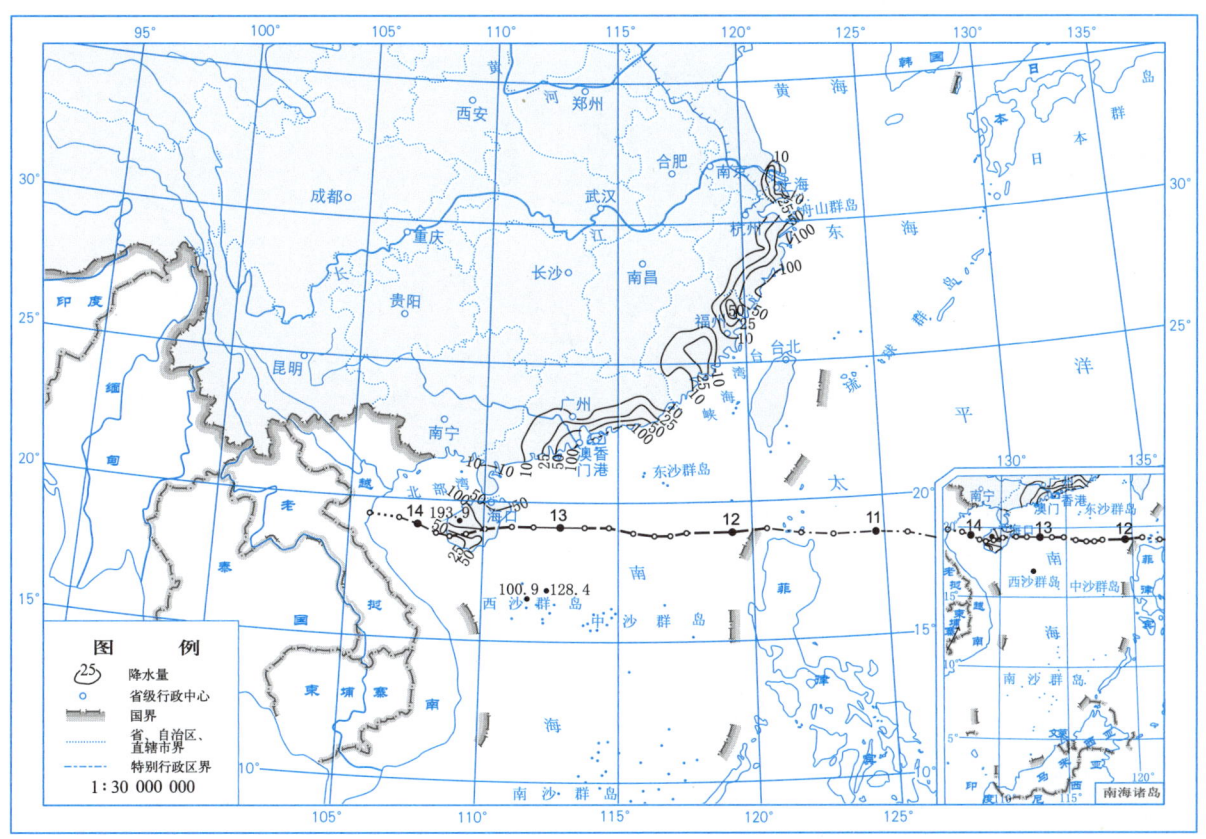

图 2.21.6　2021 年 10 月 13 日日降水量（mm）

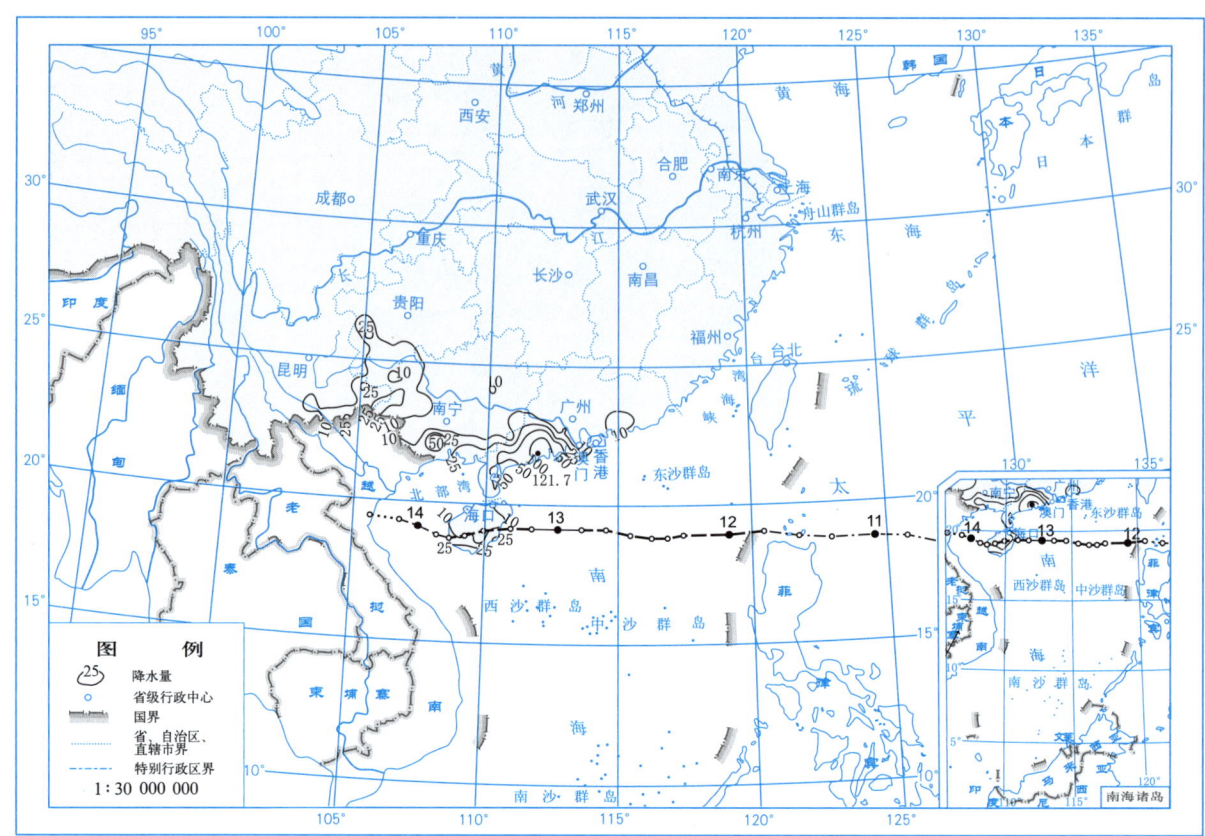

图 2.21.7　2021 年 10 月 14 日日降水量（mm）

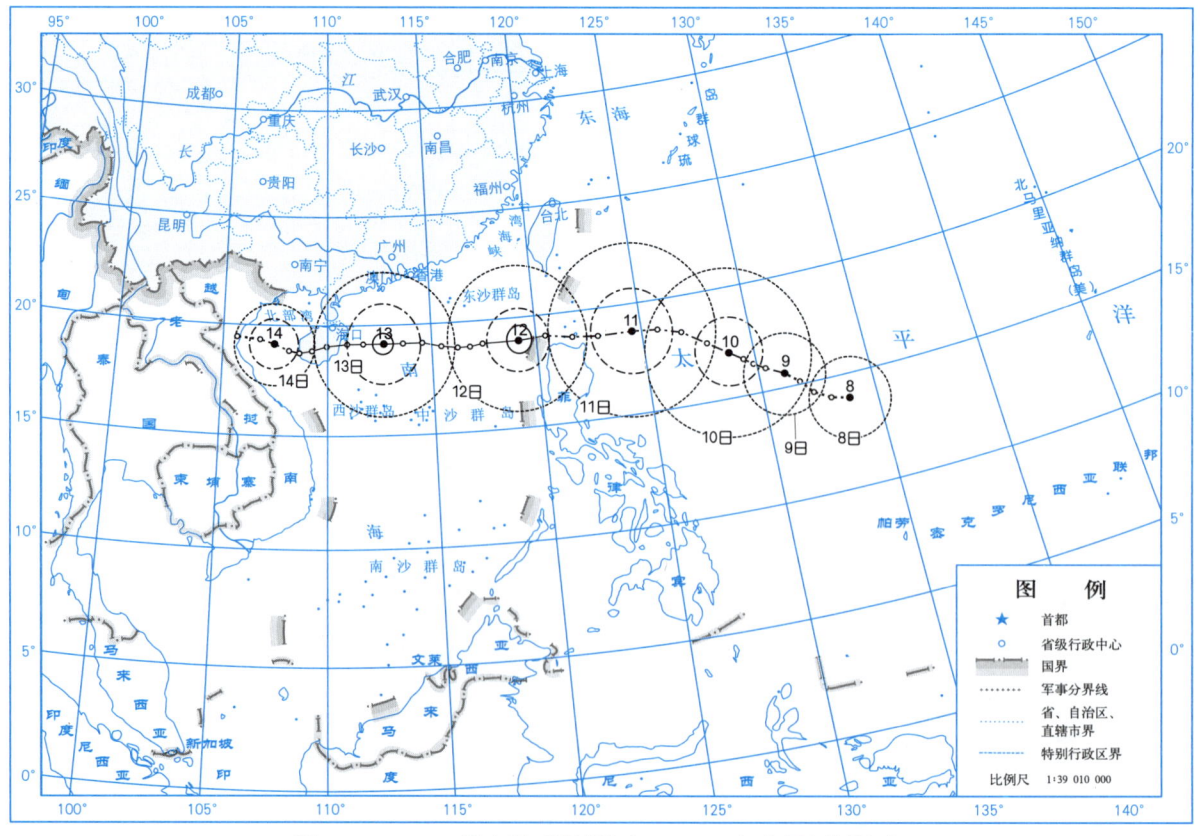

图 2.21.8　2118 号台风"圆规"（Kompasu）大风区域演变

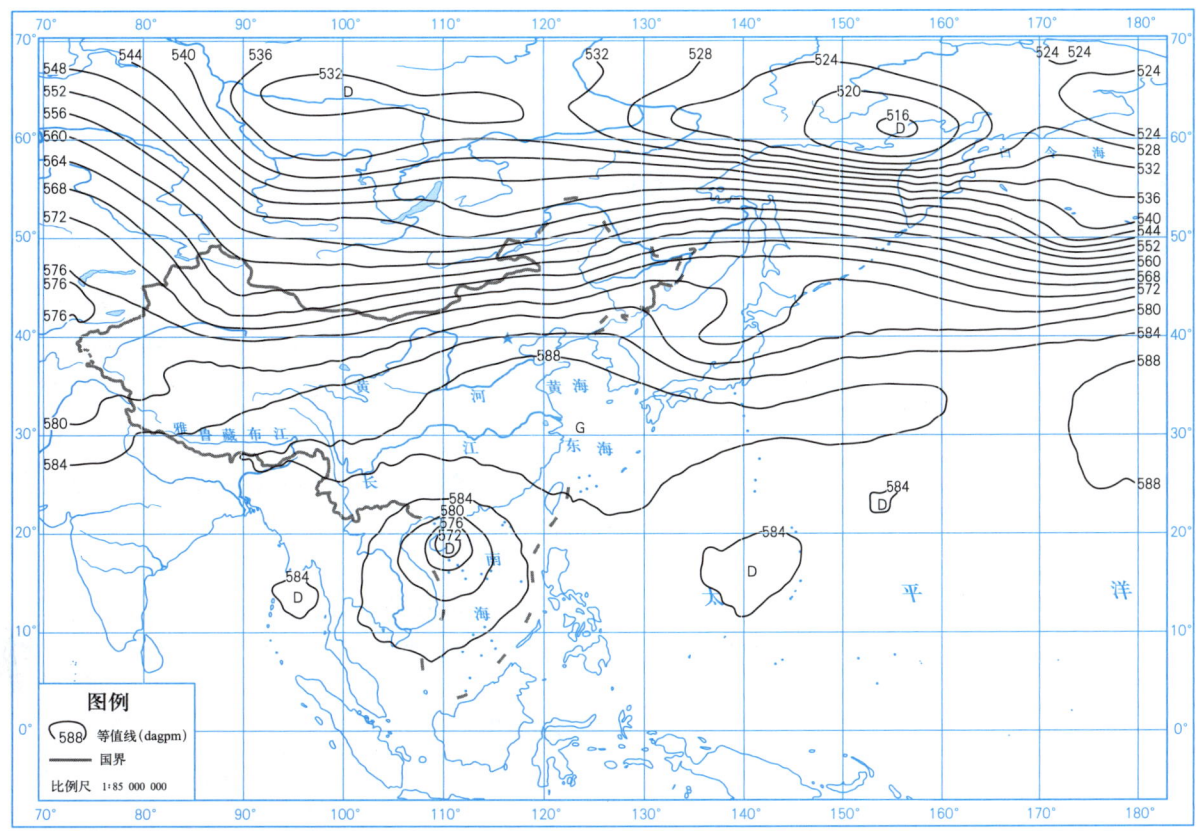

图 2.21.9　2021 年 10 月 13 日 14 时 500 hPa 高度场

2.22 2119号台风"南川"（Namtheun）

第2119号台风"南川"是由10月9日早晨位于马绍尔群岛北偏西约1280 km的西北太平洋洋面上一个热带低压发展形成。形成后低压中心向偏西方向移动，10日早晨发展为热带风暴，其后强度维持，12日起逐渐转向东偏北，次日短暂减弱为热带低压后，14日下午又再次加强为热带风暴。之后，"南川"加大向北移动的分量，强度逐渐增强，16日凌晨增强为强热带风暴，下午进一步增强为台风，尔后其强度快速减弱，17日下午减弱至热带低压，并逐渐转向偏东方向移动。18日，"南川"变性为温带气旋，强度略有增强，移速加快，次日强度减弱，于20日早晨在阿留申群岛东南方向约1420 km的太平洋洋面上减弱消散。

表2.22.1是台风"南川"的中心位置和强度。图2.22.1～图2.22.3分别是台风"南川"的路径图、大风区域演变图和2021年10月16日14时500 hPa高度场图。

表2.22.1 2119号台风"南川"（Namtheun）10月9—20日中心位置和强度

年	月	日	时	中心位置		中心气压/hPa	中心风速/(m/s)
				北纬/°N	东经/°E		
2021	10	9	08	16.6	163.9	1005	13
	10	9	14	16.8	162.9	1005	13
	10	9	20	16.9	162.2	1002	15
	10	10	02	17.0	161.3	1002	15
	10	10	08	17.0	160.3	1000	18
	10	10	14	16.9	159.3	1000	18
	10	10	20	17.2	159.1	998	20
	10	11	02	17.9	158.5	995	23
	10	11	08	18.3	157.5	995	23
	10	11	14	18.6	156.1	995	23
	10	11	20	18.8	155.0	995	23
	10	12	02	19.2	154.0	995	23
	10	12	08	19.5	152.7	995	23
	10	12	14	19.6	152.0	995	23
	10	12	20	20.2	151.6	1000	18
	10	13	02	21.0	151.4	1000	18
	10	13	08	22.1	151.9	1002	15
	10	13	14	22.7	152.6	1002	15

(续表)

年	月	日	时	中心位置		中心气压 /hPa	中心风速 /(m/s)
				北纬 /°N	东经 /°E		
2021	10	13	20	23.0	153.8	1002	15
	10	14	02	23.7	154.7	1002	15
	10	14	08	24.0	155.7	1002	15
	10	14	14	24.2	157.1	1000	18
	10	14	20	24.4	158.1	1000	18
	10	15	02	25.2	159.1	1000	18
	10	15	08	25.8	160.0	998	20
	10	15	14	26.3	161.0	998	20
	10	15	20	27.0	162.0	995	23
	10	16	02	28.1	163.1	992	25
	10	16	08	29.2	164.0	985	28
	10	16	14	30.5	165.0	975	33
	10	16	20	31.6	165.7	985	28
	10	17	02	32.8	166.4	995	23
	10	17	08	33.9	167.0	1002	18
	10	17	14	35.0	167.4	1004	15
	10	17	20	36.1	166.9	1004	15
	10	18	02	37.6	167.0	1004	15
	10	18	08	39.6	168.2	1004	15
△	10	18	14	41.7	170.7	1002	18
	10	18	20	43.5	173.7	1002	18
	10	19	02	44.8	178.2	1002	18
	10	19	08	45.8	183.4	1004	15
	10	19	14	45.5	188.1	1004	15
	10	19	20	44.5	192.7	1004	15
	10	20	02	43.1	197.7	1006	13
	10	20	08	41.8	202.2	1006	13
				消散			

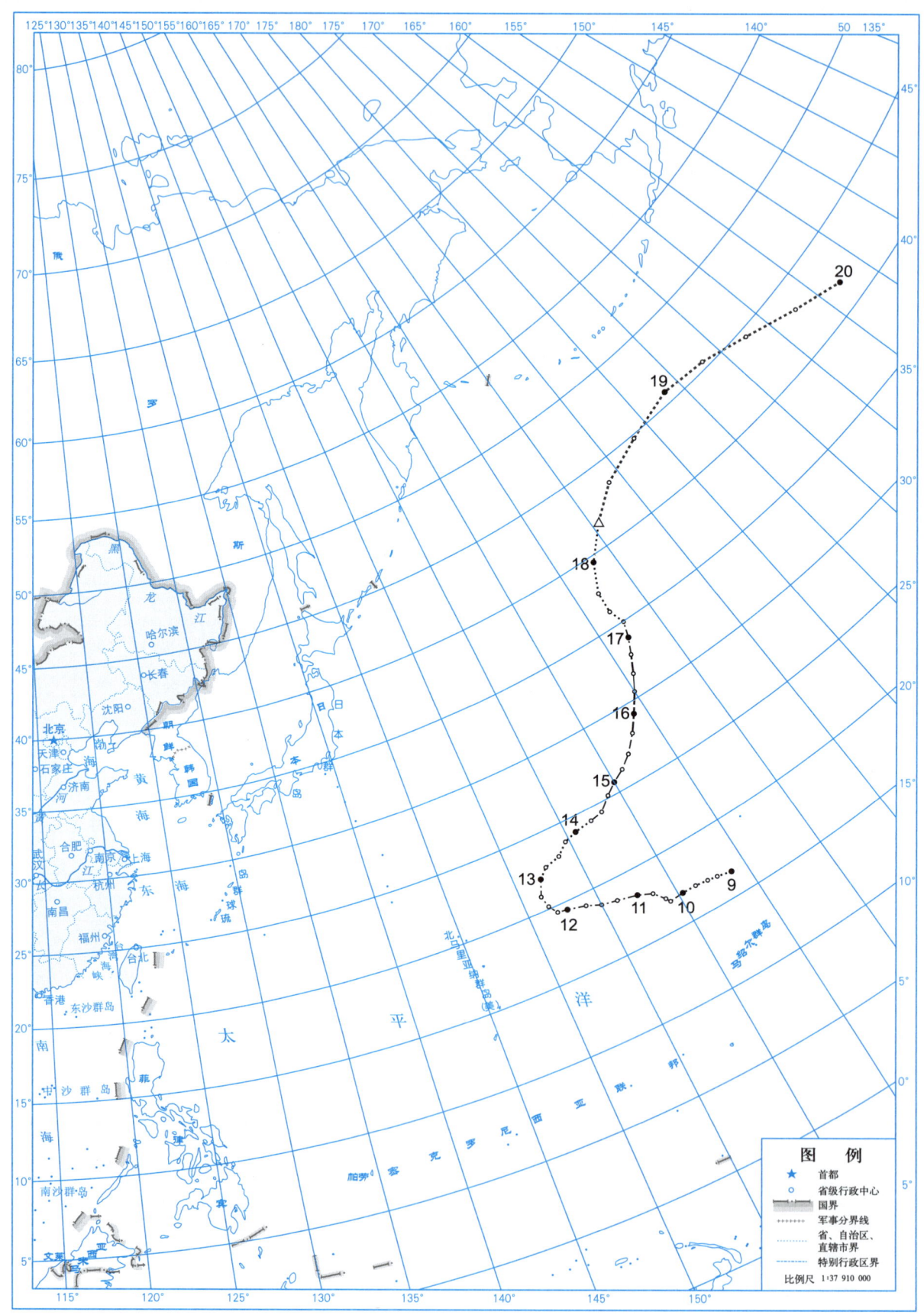

图 2.22.1 2119 号台风"南川"(Namtheun)路径

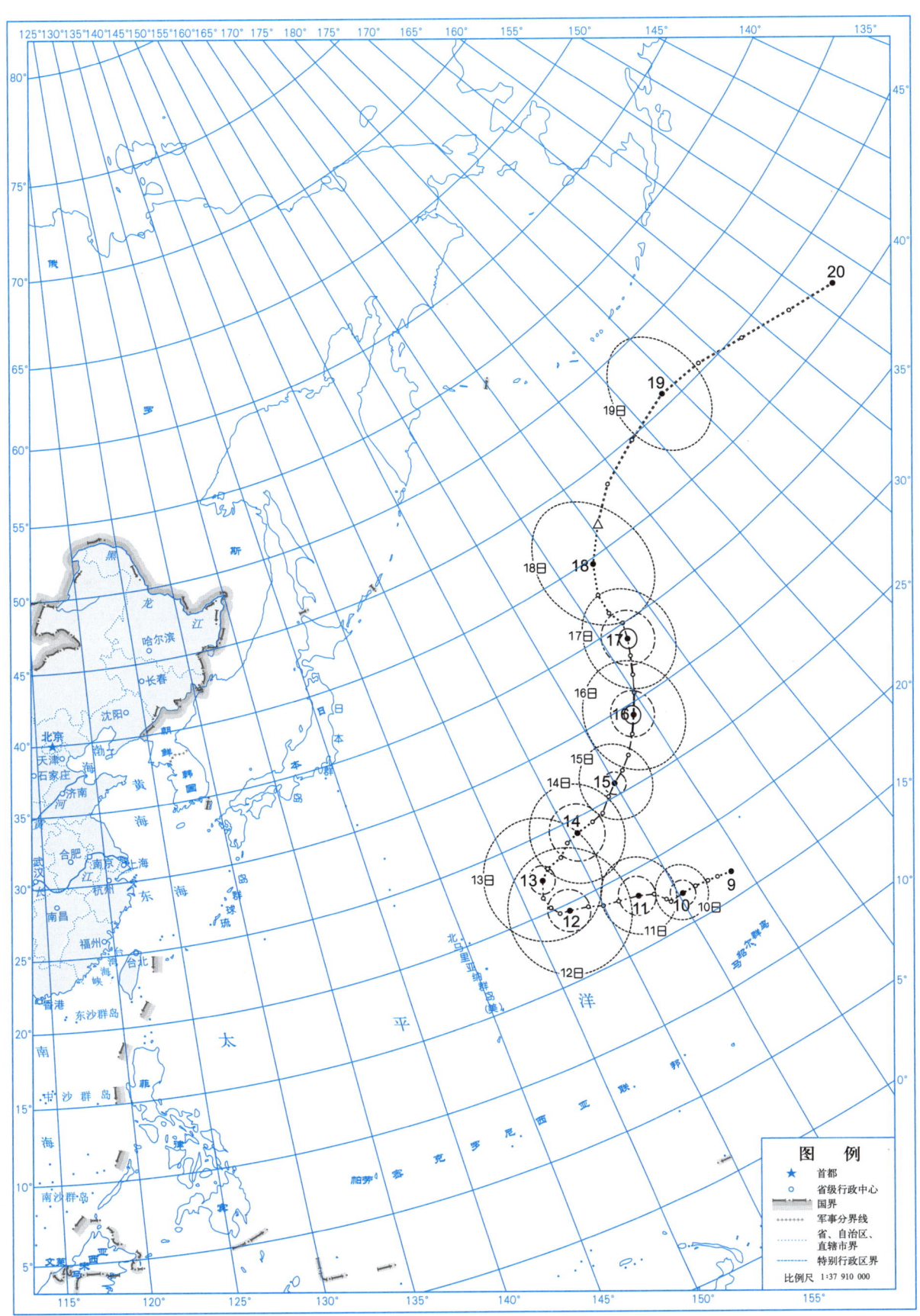

图 2.22.2　2119 号台风"南川"（Namtheun）大风区域演变

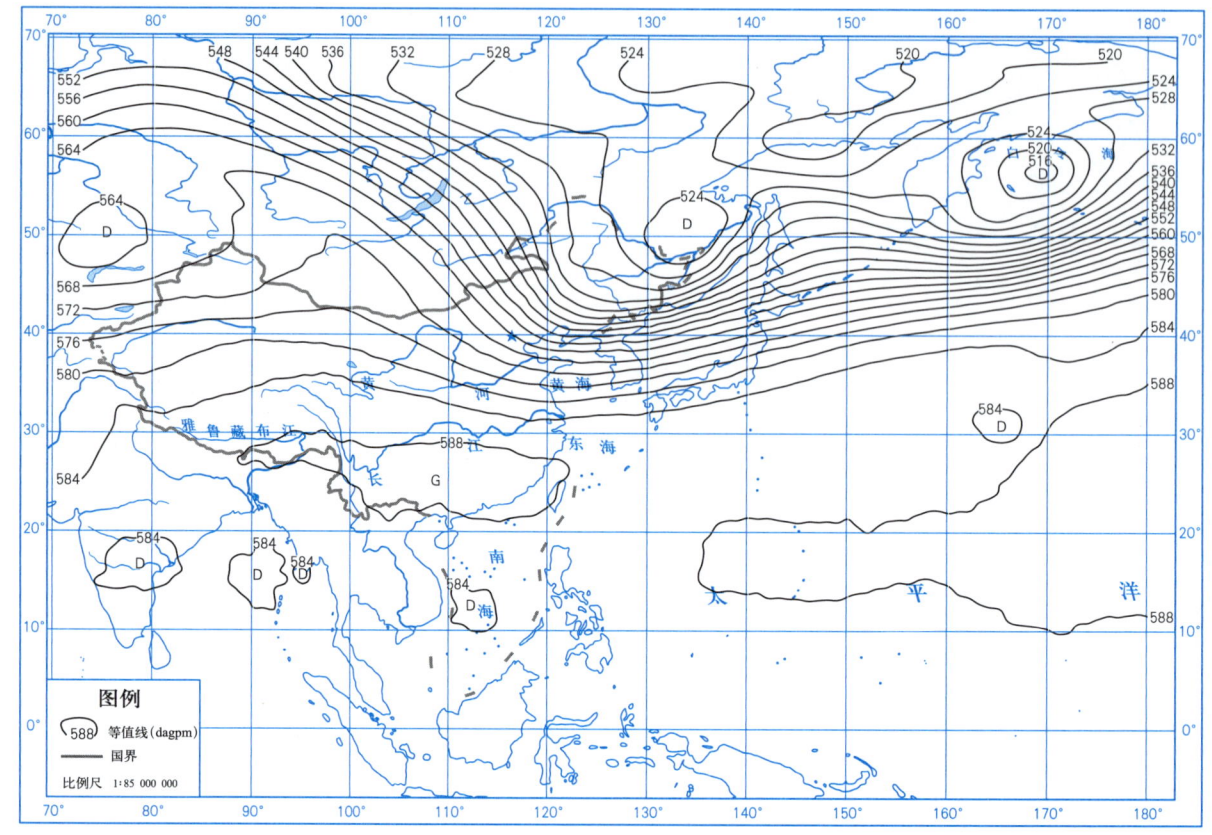

图 2.22.3　2021 年 10 月 16 日 14 时 500 hPa 高度场

2.23 2120号台风"玛瑙"(Malou)

第2120号台风"玛瑙"由10月23日上午位于美国关岛南偏西约450 km的西北太平洋洋面上一个热带低压发展形成。形成后低压中心向西北方向移动,次日转向偏北,强度逐渐增强,25日发展为热带风暴,移速减慢,次日继续加强为强热带风暴,27日进一步加强至台风。之后,台风"玛瑙"加速向北偏东方向移动,29日起强度快速减弱,下午减弱为强热带风暴,夜间继续减弱为热带风暴,尔后加大向东移动的分量,30日凌晨发生变性。变性后,"玛瑙"强度维持,转向偏东方向移动,于31日夜间在阿留申群岛以南约690 km的太平洋洋面减弱消散。

表2.23.1是台风"玛瑙"的中心位置和强度。图2.23.1~图2.23.3分别是台风"玛瑙"的路径图、大风区域演变图和2021年10月28日14时500 hPa高度场图。

表2.23.1 2120号台风"玛瑙"(Malou)10月23—31日中心位置和强度

年	月	日	时	中心位置		中心气压 /hPa	中心风速 /(m/s)
				北纬/°N	东经/°E		
2021	10	23	08	10.4	142.3	1008	13
	10	23	14	11.0	141.6	1008	13
	10	23	20	11.4	140.5	1008	13
	10	24	02	12.1	139.9	1008	13
	10	24	08	12.4	139.5	1005	15
	10	24	14	12.6	139.1	1005	15
	10	24	20	13.9	139.3	1005	15
	10	25	02	15.2	139.1	1005	15
	10	25	08	16.3	138.7	1002	18
	10	25	14	17.8	138.3	1002	18
	10	25	20	18.2	138.2	1002	18
	10	26	02	18.7	138.2	1000	20
	10	26	08	19.2	138.3	998	23
	10	26	14	19.3	138.9	995	25
	10	26	20	19.9	138.9	995	25
	10	27	02	20.5	139.1	995	25
	10	27	08	20.8	139.4	990	28
	10	27	14	21.3	139.6	990	28

(续表)

年	月	日	时	中心位置		中心气压/hPa	中心风速/(m/s)
				北纬/°N	东经/°E		
2021	10	27	20	21.8	139.7	980	33
	10	28	02	22.5	140.0	975	35
	10	28	08	23.6	140.6	972	38
	10	28	14	24.8	141.5	970	40
	10	28	20	26.3	142.5	970	40
	10	29	02	28.0	143.5	972	38
	10	29	08	30.1	144.6	980	33
	10	29	14	32.0	146.6	990	28
	10	29	20	34.2	150.0	1000	20
△	10	30	02	36.4	153.8	1002	18
	10	30	08	39.2	158.8	1000	18
	10	30	14	42.5	163.9	992	18
	10	30	20	44.1	169.0	985	18
	10	31	02	44.2	173.2	980	18
	10	31	08	44.5	175.9	980	18
	10	31	14	44.7	178.7	984	15
	10	31	20	45.2	181.5	984	15
消散							

2 2021年逐个热带气旋概述

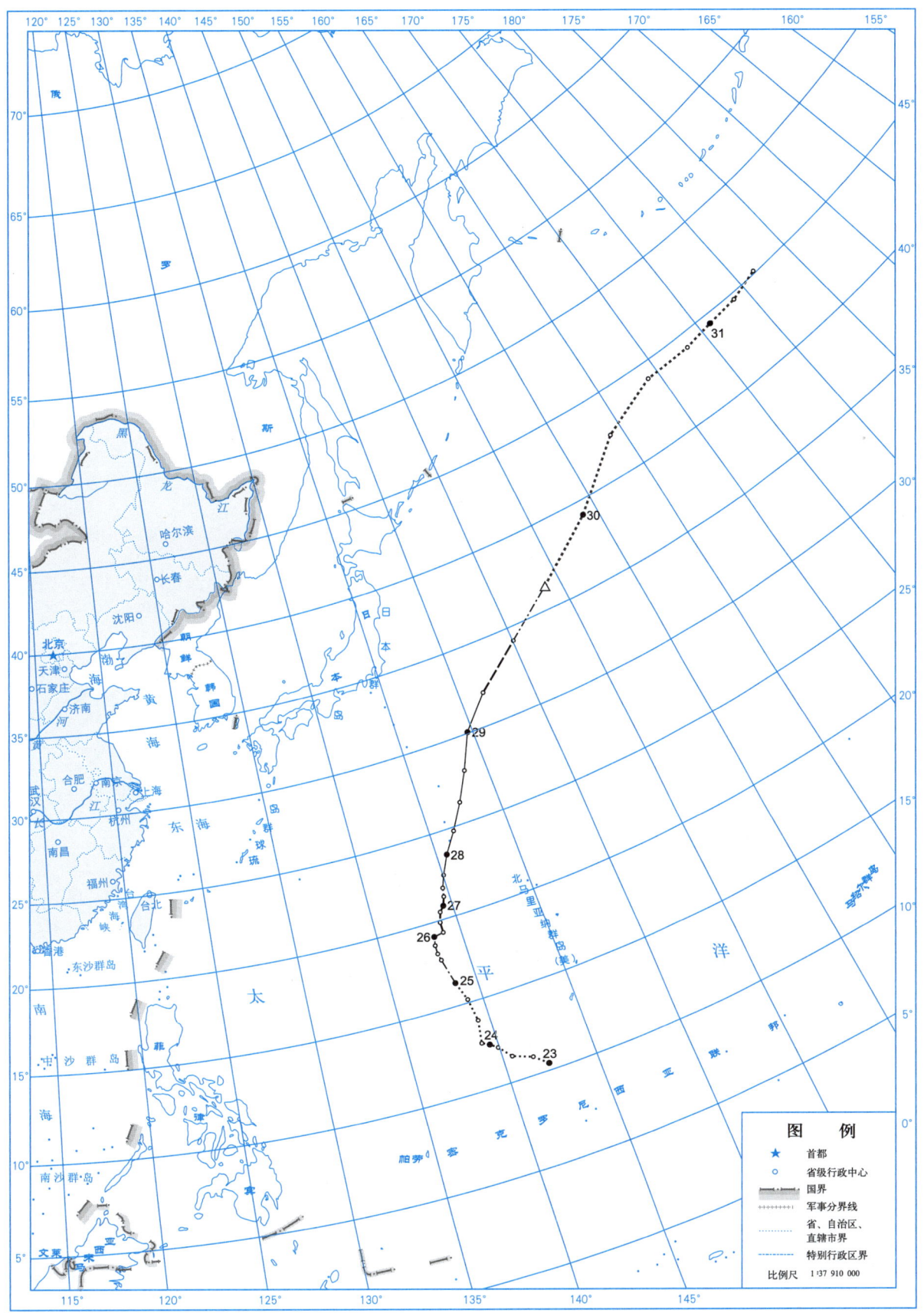

图 2.23.1　2120号台风"玛瑙"（Malou）路径

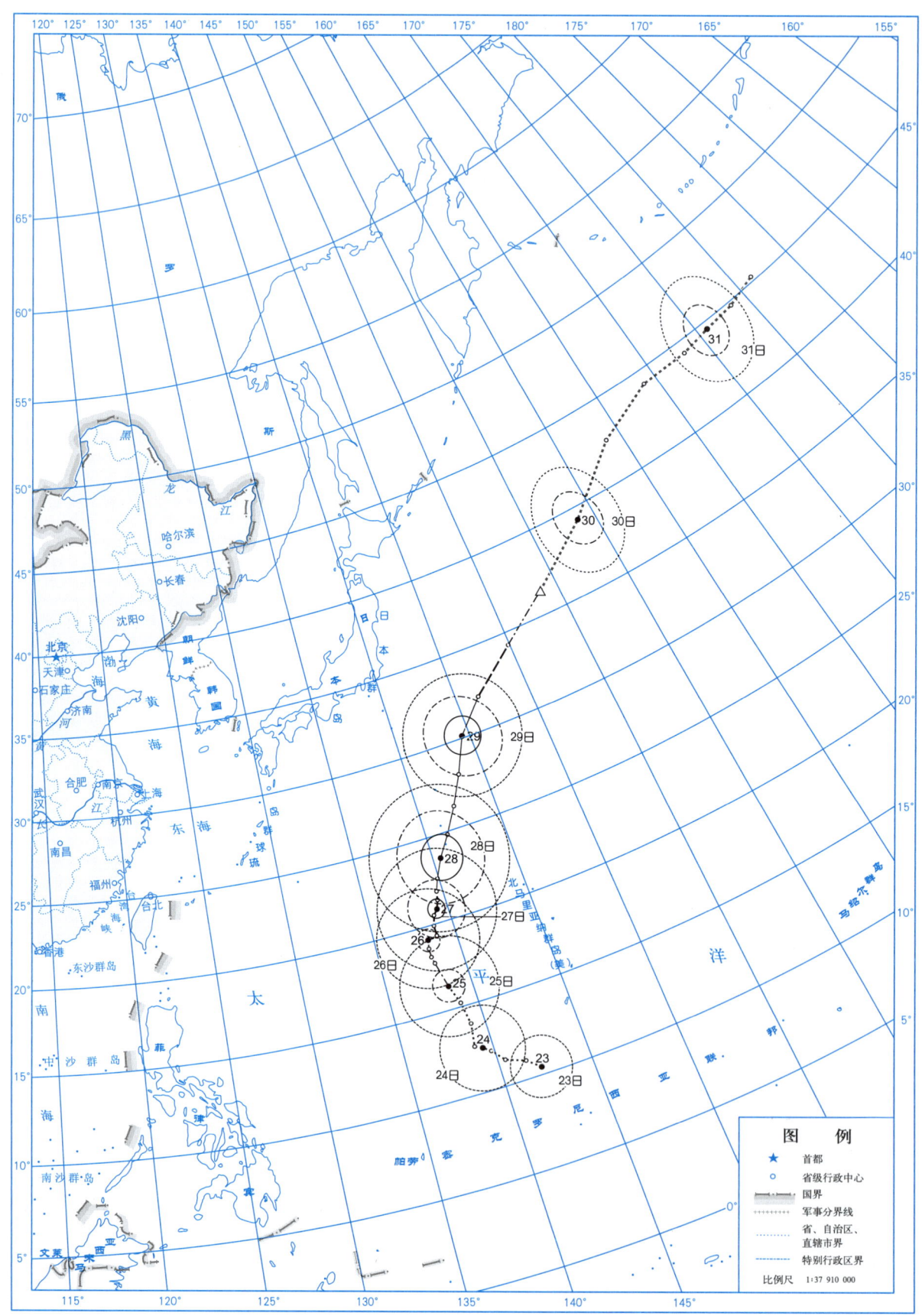

图 2.23.2 2120 号台风"玛瑙"(Malou)大风区域演变

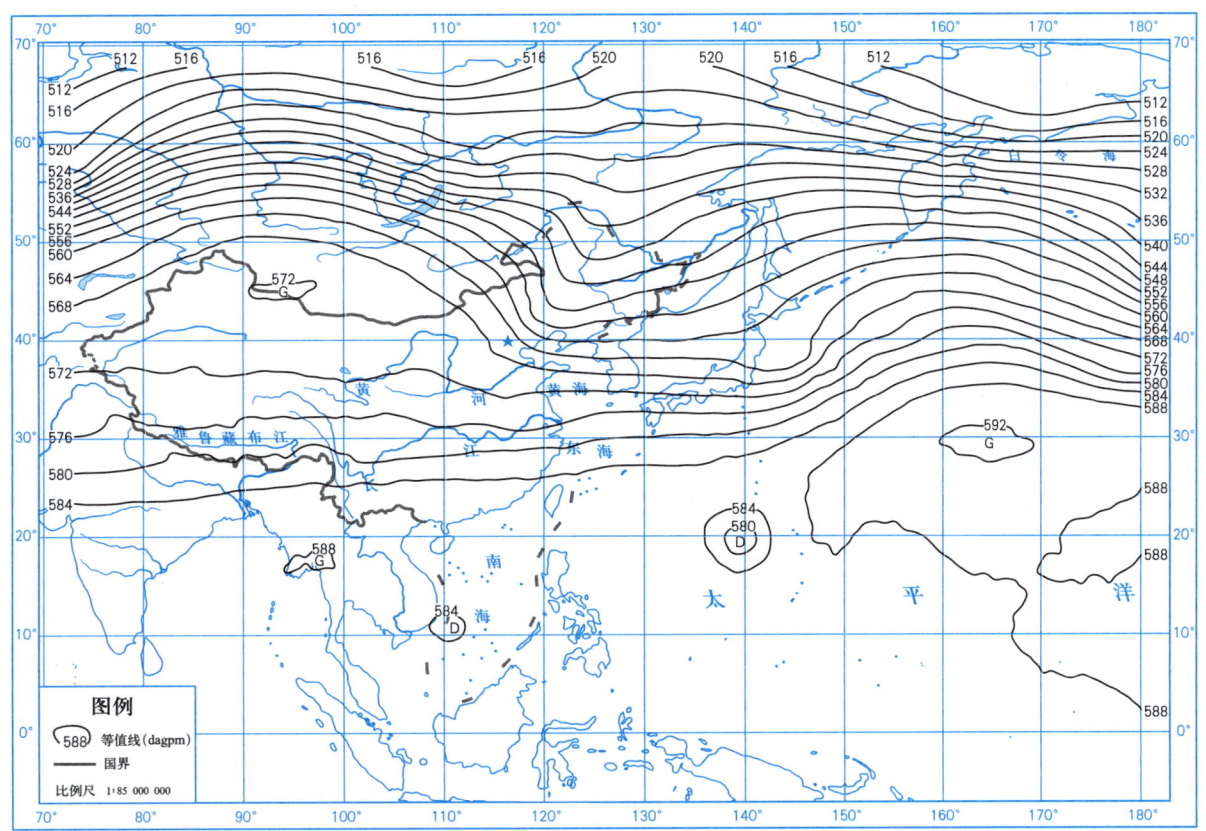

图 2.23.3　2021 年 10 月 28 日 14 时 500 hPa 高度场

2.24 热带低压（TD2104）

热带低压（TD2104）由 10 月 24 日下午在菲律宾巴拉望岛以西约 230 km 的南海海面上形成。形成后低压中心向西偏南方向移动，随后转向西偏北，穿过南沙群岛，向越南沿海靠近。27 日上午，热带低压（TD2104）登陆越南东南部沿海，随后快速在柬埔寨境内减弱消散。

表 2.24.1 是热带低压（TD2104）的中心位置和强度。图 2.24.1～图 2.24.3 分别是热带低压（TD2104）的路径图、大风区域演变图和 2021 年 10 月 26 日 14 时 500 hPa 高度场图。

表 2.24.1 热带低压（TD2104）10 月 24—27 日中心位置和强度

年	月	日	时	中心位置		中心气压 /hPa	中心风速 /（m/s）
				北纬 /°N	东经 /°E		
2021	10	24	14	10.6	116.8	1005	13
	10	24	20	10.3	115.9	1005	13
	10	25	02	10.1	114.9	1005	13
	10	25	08	10.5	113.8	1005	13
	10	25	14	10.7	113.1	1005	13
	10	25	20	10.8	112.5	1005	13
	10	26	02	11.0	112.1	1005	13
	10	26	08	11.2	111.6	1002	15
	10	26	14	11.5	111.1	1002	15
	10	26	20	11.7	110.4	1002	15
	10	27	02	12.0	109.7	1002	15
	10	27	08	12.3	109.1	1005	13
	10	27	14	12.7	108.2	1005	13
	10	27	20	13.3	107.3	1005	13
消散							

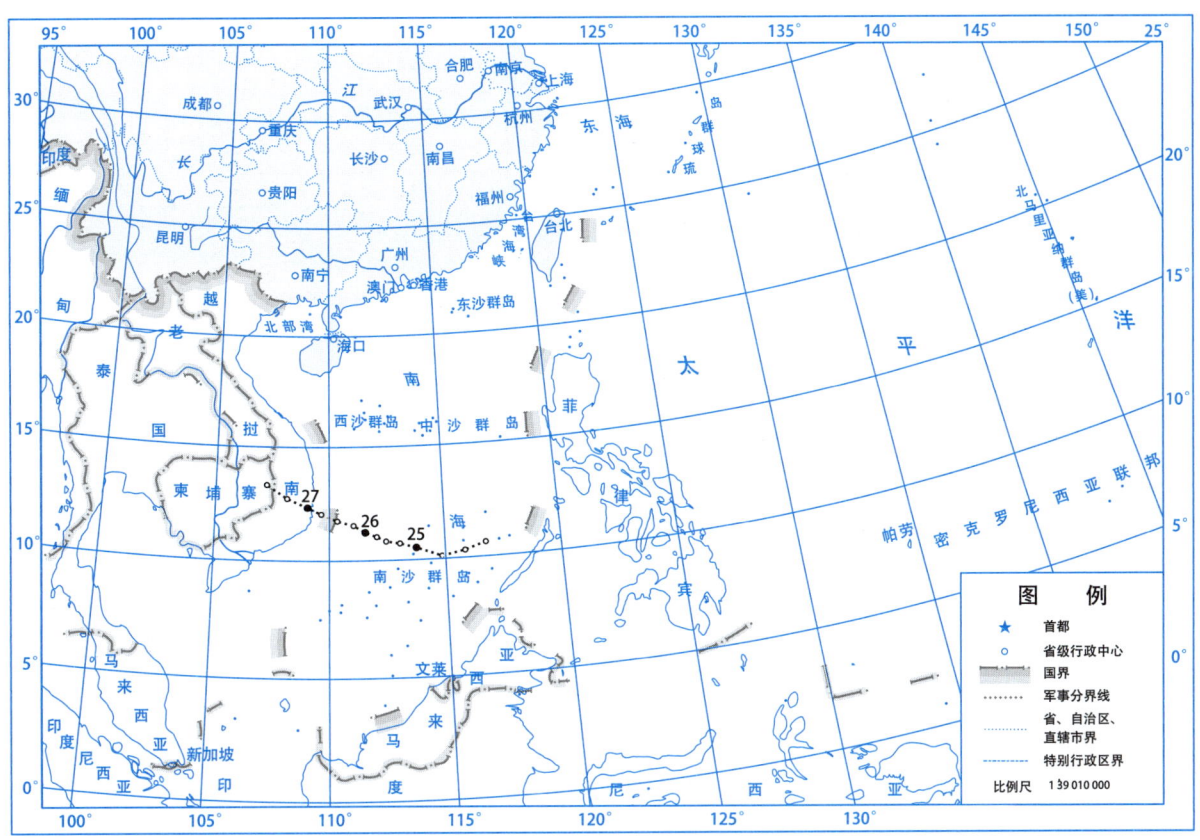

图 2.24.1 热带低压（TD2104）路径

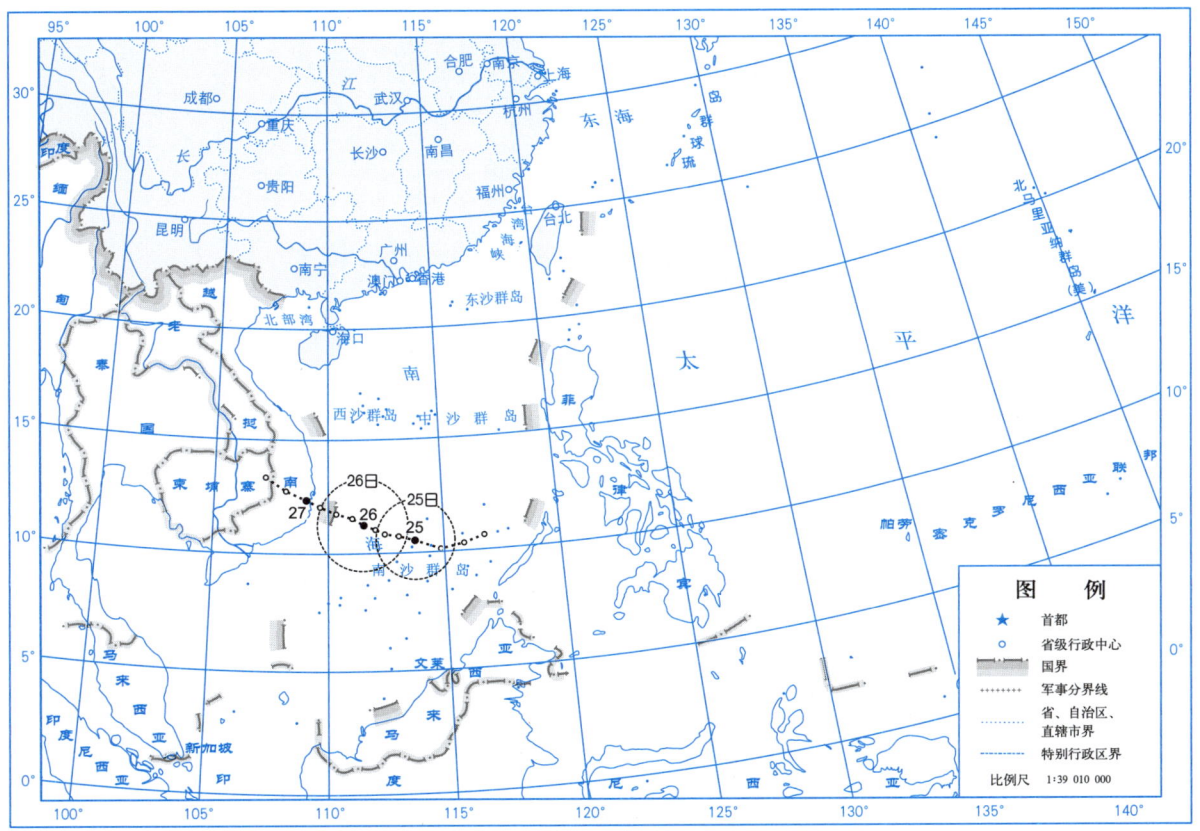

图 2.24.2 热带低压（TD2104）大风区域演变

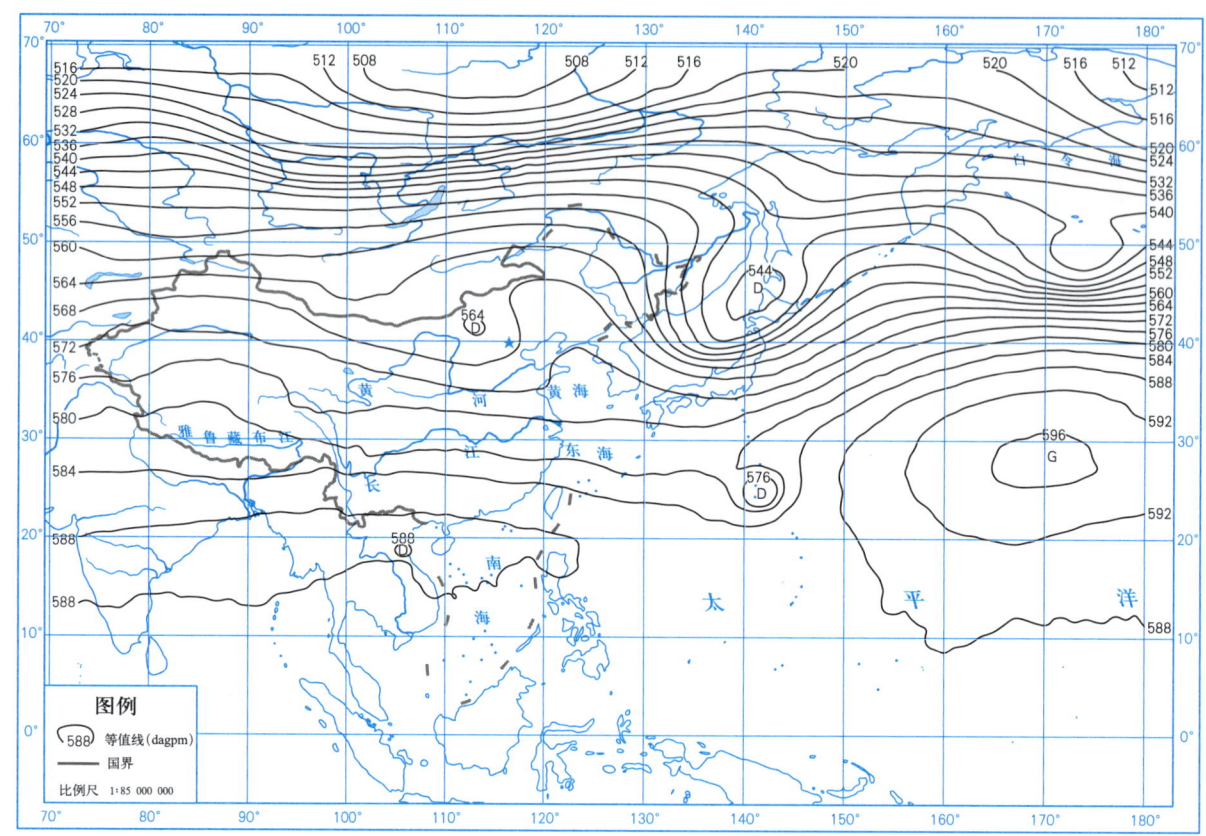

图 2.24.3　2021 年 10 月 26 日 14 时 500 hPa 高度场

2.25　2121号超强台风"妮亚图"（Nyatoh）

第2121号超强台风"妮亚图"是由11月29日早晨位于美国关岛西南约300 km的西北太平洋洋面上一个热带低压发展形成。形成后低压中心缓慢向偏西方向移动，30日凌晨发展为热带风暴，并逐渐转向东北，进入快速增强阶段，1日增强为强热带风暴，2日继续增强为强台风，3日凌晨进一步增强至超强台风。之后，超强台风"妮亚图"加速东北行，强度快速减弱，3日下午减弱为强台风，4日凌晨减弱为台风，随即变性为温带气旋，强度明显减弱，于5日凌晨在西北太平洋洋面减弱消散。

表2.25.1是超强台风"妮亚图"的中心位置和强度。图2.25.1～图2.25.3分别是超强台风"妮亚图"的路径图、大风区域演变图和2021年12月3日08时500 hPa高度场图。

表2.25.1　2121号超强台风"妮亚图"（Nyatoh）11月29日—12月5日中心位置和强度

年	月	日	时	中心位置		中心气压 /hPa	中心风速 /（m/s）
				北纬/°N	东经/°E		
2021	11	29	08	11.7	143.1	1005	13
	11	29	14	12.0	142.4	1005	13
	11	29	20	11.8	141.1	1002	15
	11	30	02	12.4	140.2	1000	18
	11	30	08	12.7	139.2	1000	18
	11	30	14	12.9	138.2	990	23
	11	30	20	13.1	137.5	990	23
	12	1	02	13.5	136.9	988	25
	12	1	08	14.0	136.5	985	28
	12	1	14	14.4	135.9	985	28
	12	1	20	15.1	135.7	980	30
	12	2	02	15.8	135.6	975	33
	12	2	08	16.5	135.6	970	38
	12	2	14	17.3	135.8	960	42
	12	2	20	18.3	136.7	955	45
	12	3	02	19.5	137.7	945	52
	12	3	08	20.8	138.6	940	55
	12	3	14	22.5	140.4	940	55
	12	3	20	24.0	142.4	950	48

(续表)

年	月	日	时	中心位置		中心气压 /hPa	中心风速 /(m/s)
				北纬 /°N	东经 /°E		
2021	12	4	02	26.0	144.6	970	35
	12	4	08	28.0	146.4	990	23
△	12	4	14	29.7	148.4	998	18
	12	4	20	30.9	150.0	1005	15
	12	5	02	32.0	152.3	1005	15
消散							

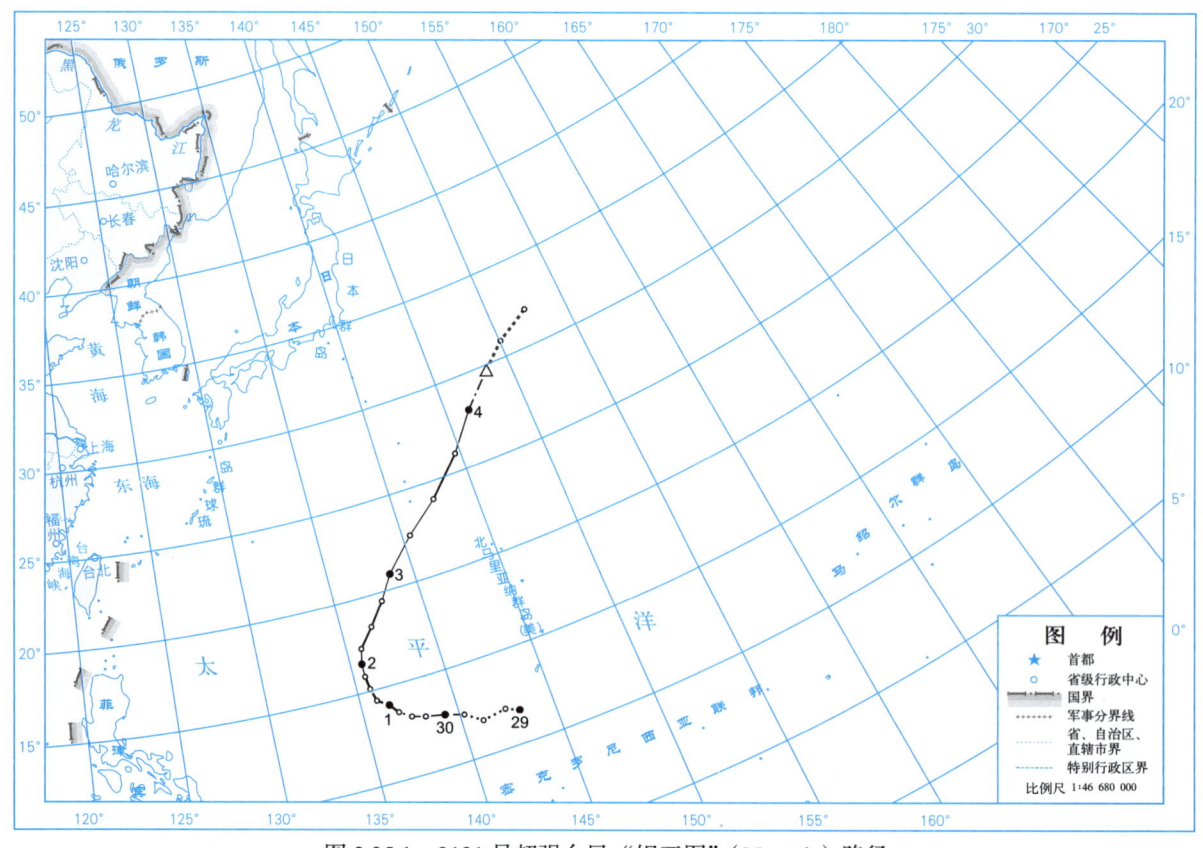

图 2.25.1　2121 号超强台风"妮亚图"（Nyatoh）路径

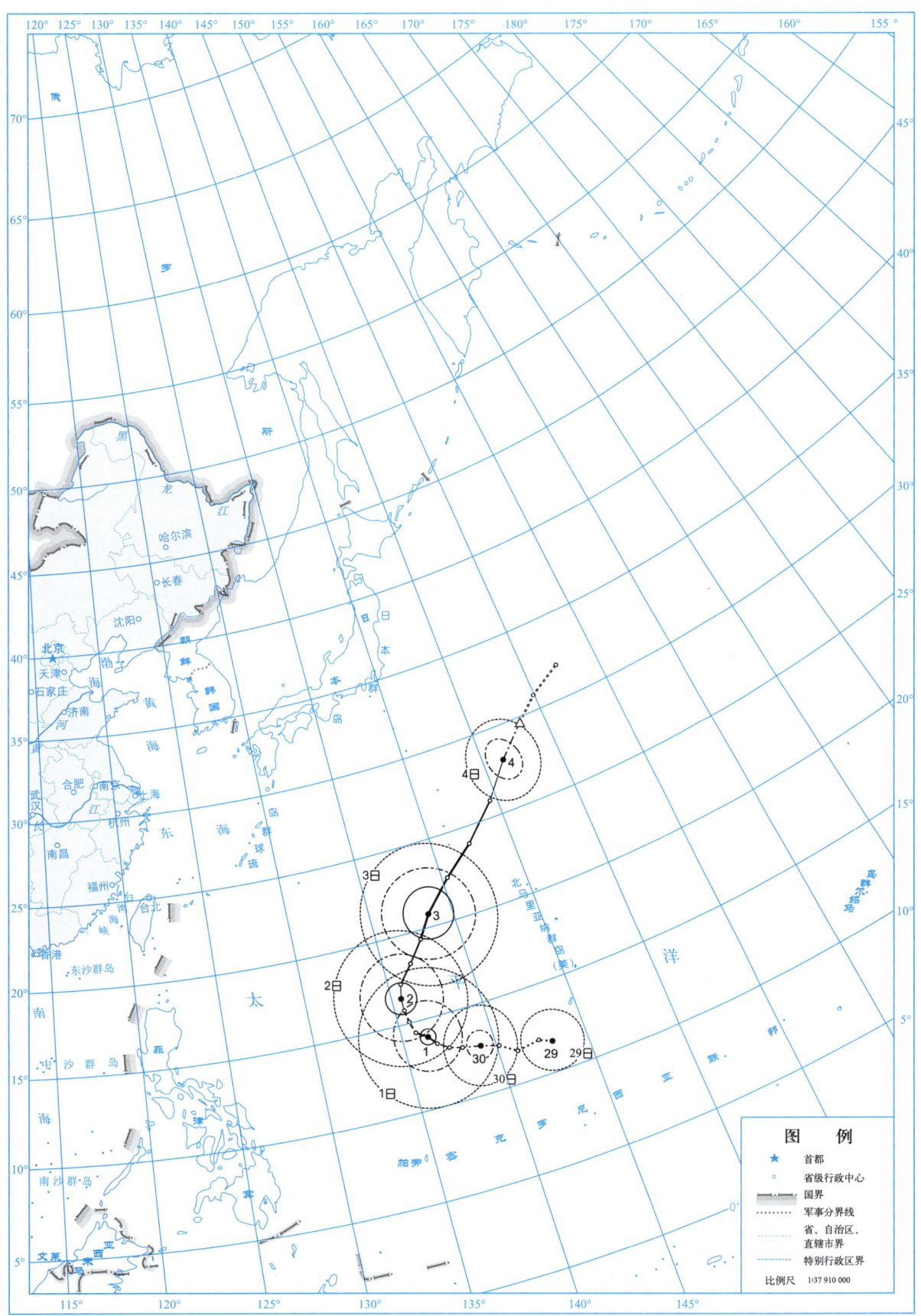

图 2.25.2　2121 号超强台风"妮亚图"（Nyatoh）大风区域演变

热带气旋年鉴 2021

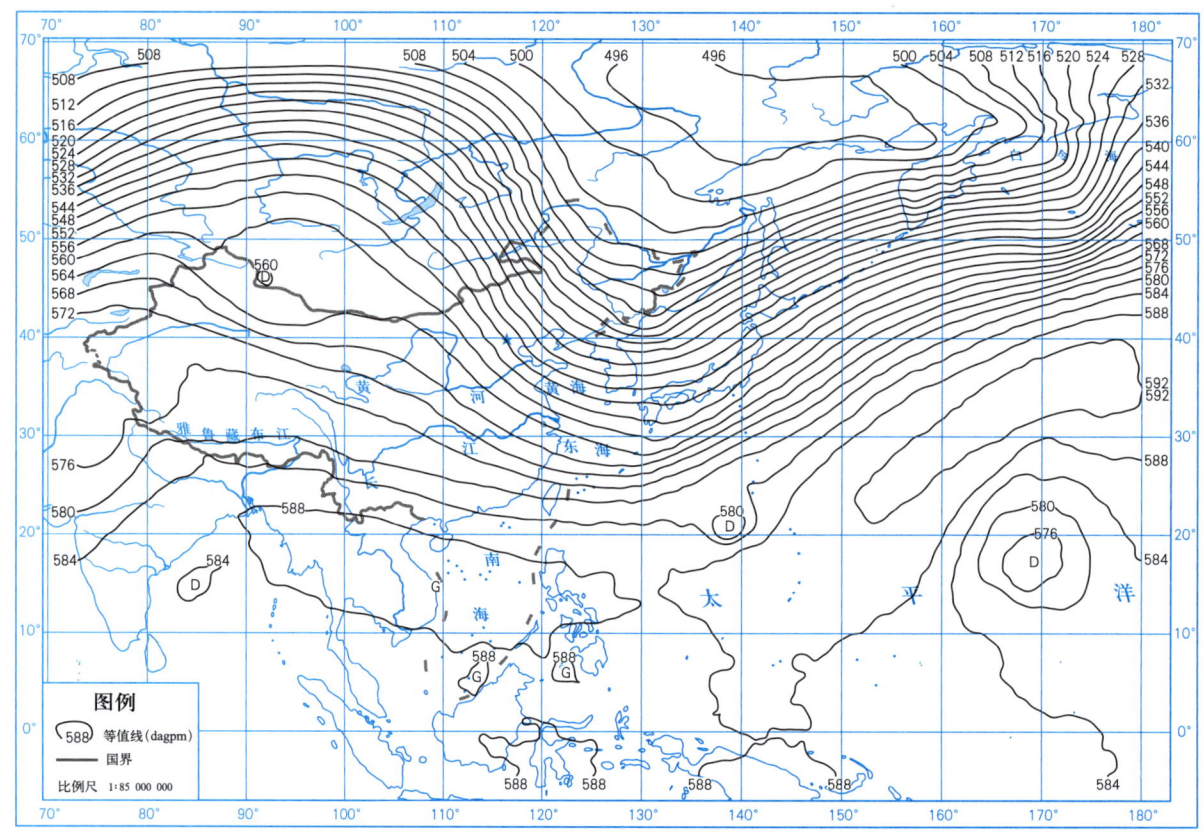

图 2.25.3　2021 年 12 月 3 日 08 时 500 hPa 高度场

2.26 2122号超强台风"雷伊"(Rai)

第2122号超强台风"雷伊"由12月12日上午位于霍尔群岛西南约900 km的西北太平洋洋面上一个热带低压发展形成。形成后低压中心稳定地向西偏北方向移动,强度逐渐增强,13日下午发展为热带风暴,次日早晨增强为强热带风暴,15日夜间快速增强为强台风,16日凌晨进一步增强至超强台风。之后,超强台风"雷伊"穿过菲律宾群岛、苏禄海,18日凌晨进入南海海域,期间强度减弱为强台风。进入南海后,"雷伊"再次增强为超强台风,并逐渐转向偏北方向移动,次日开始强度减弱,19日夜间减弱为强台风,20日快速减弱为热带风暴,随即在海南岛以东约150 km的洋面转向东北,于21日下午在广东近海海面上减弱消散。

受超强台风"雷伊"和冷空气共同影响,12月18—21日,海南局部、广东上川岛和福建东山出现最大风力6~7级、阵风8~9级;其中,广东上川岛出现最大风力7级(14.6 m/s)、阵风8级(20.2 m/s),海南珊瑚出现最大风力7级(13.4 m/s)、阵风9级(21.6 m/s),为本次超强台风影响过程风极值。

受其影响,12月18—21日,海南部分、广东部分、广西南部局部、湖南南部局部、江西南部局部、福建大部、浙江南部部分总雨量为10~50 mm;海南保亭和文昌、广东珠江口附近及东部部分、江西南康、福建中南部部分总雨量为50~103 mm;其中广东台山总雨量102.2 mm,21日雨量95.1 mm;广东新会21日03时雨量21.9 mm,为本次超强台风影响过程总雨量、日雨量和时雨量极值。

受"雷伊"近海东北行外围云系影响,12月20—21日,海南、广东、福建和浙江先后出现中到大雨,局部暴雨。

表2.26.1是超强台风"雷伊"的中心位置和强度。图2.26.1~图2.26.8分别是超强台风"雷伊"的路径图、总降水量图、大风分布图、总降水日数图、2021年12月20—21日的日降水量图、大风区域演变图和2021年12月19日14时500 hPa高度场图。

表2.26.1 2122号超强台风"雷伊"(Rai)12月12—21日中心位置和强度

年	月	日	时	中心位置		中心气压 /hPa	中心风速 /(m/s)
				北纬/°N	东经/°E		
2021	12	12	08	4.7	144.9	1002	13
	12	12	14	4.9	144.1	1002	13
	12	12	20	5.1	143.2	1000	15
	12	13	02	5.1	142.4	1000	15
	12	13	08	5.1	141.5	1000	15
	12	13	14	5.4	140.7	998	18

(续表)

年	月	日	时	中心位置		中心气压 /hPa	中心风速 /（m/s）
				北纬 /°N	东经 /°E		
2021	12	13	20	6.0	139.8	995	20
	12	14	02	6.6	138.7	990	23
	12	14	08	7.2	137.1	985	25
	12	14	14	7.5	136.0	985	25
	12	14	20	8.0	134.9	980	30
	12	15	02	8.6	133.5	975	33
	12	15	08	8.8	132.3	965	38
	12	15	14	8.9	131.3	965	38
	12	15	20	9.0	130.1	955	42
	12	16	02	9.4	129.0	935	52
	12	16	08	9.6	127.7	915	62
	12	16	14	10.0	126.0	915	62
	12	16	20	10.1	124.1	935	52
	12	17	02	10.2	122.5	945	48
	12	17	08	10.2	121.1	950	45
	12	17	14	10.3	119.9	955	42
	12	17	20	10.4	118.8	950	45
	12	18	02	10.8	117.5	950	45
	12	18	08	11.0	116.1	945	48
	12	18	14	11.2	114.8	935	52
	12	18	20	11.8	113.5	925	58
	12	19	02	12.5	112.3	915	62
	12	19	08	13.0	111.4	915	62
	12	19	14	14.0	110.8	925	58
	12	19	20	15.0	110.6	945	48
	12	20	02	15.8	110.6	955	42
	12	20	08	16.9	110.7	970	35

（续表）

年	月	日	时	中心位置		中心气压 /hPa	中心风速 /（m/s）
				北纬 /°N	东经 /°E		
2021	12	20	14	18.1	111.1	985	28
	12	20	20	19.1	111.9	992	23
	12	21	02	19.8	112.7	1004	18
	12	21	08	20.6	113.8	1006	15
	12	21	14	21.5	115.2	1008	13
消散							

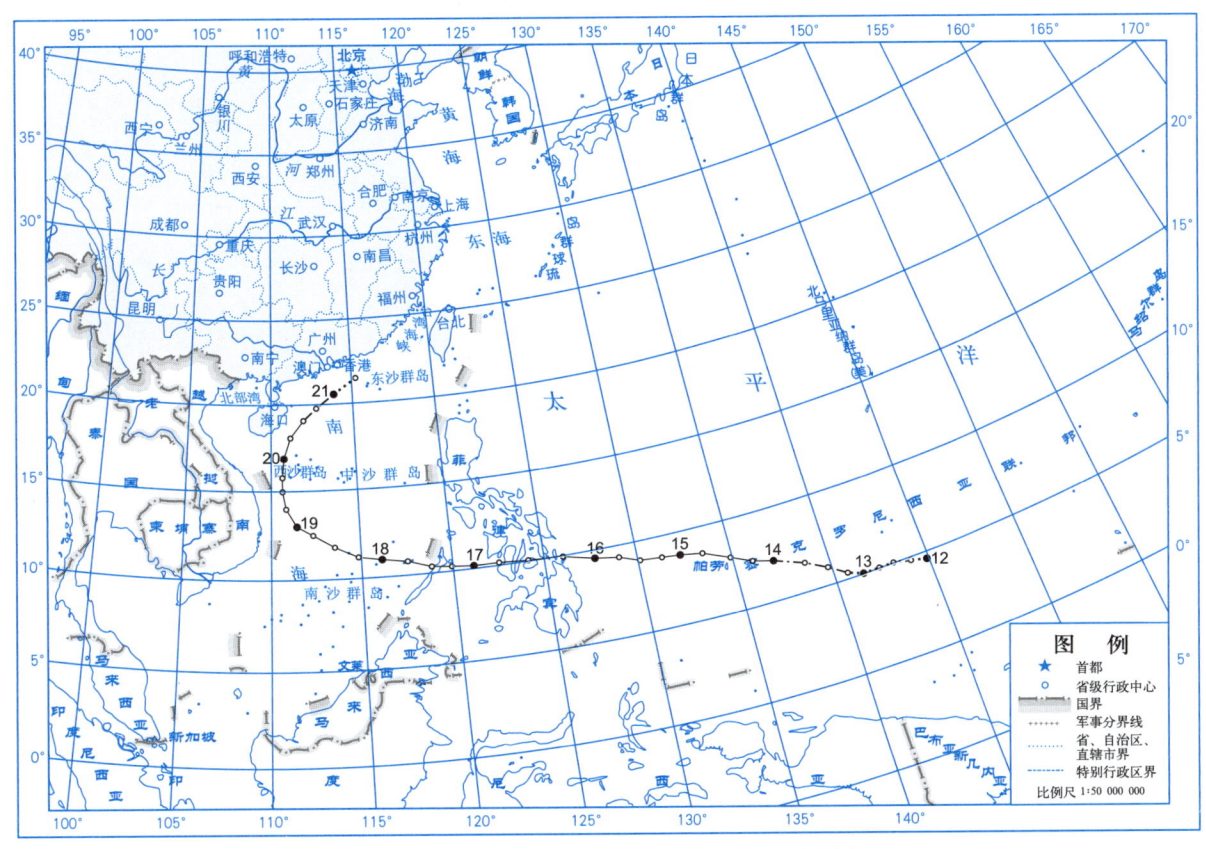

图 2.26.1　2122 号超强台风"雷伊"（Rai）路径

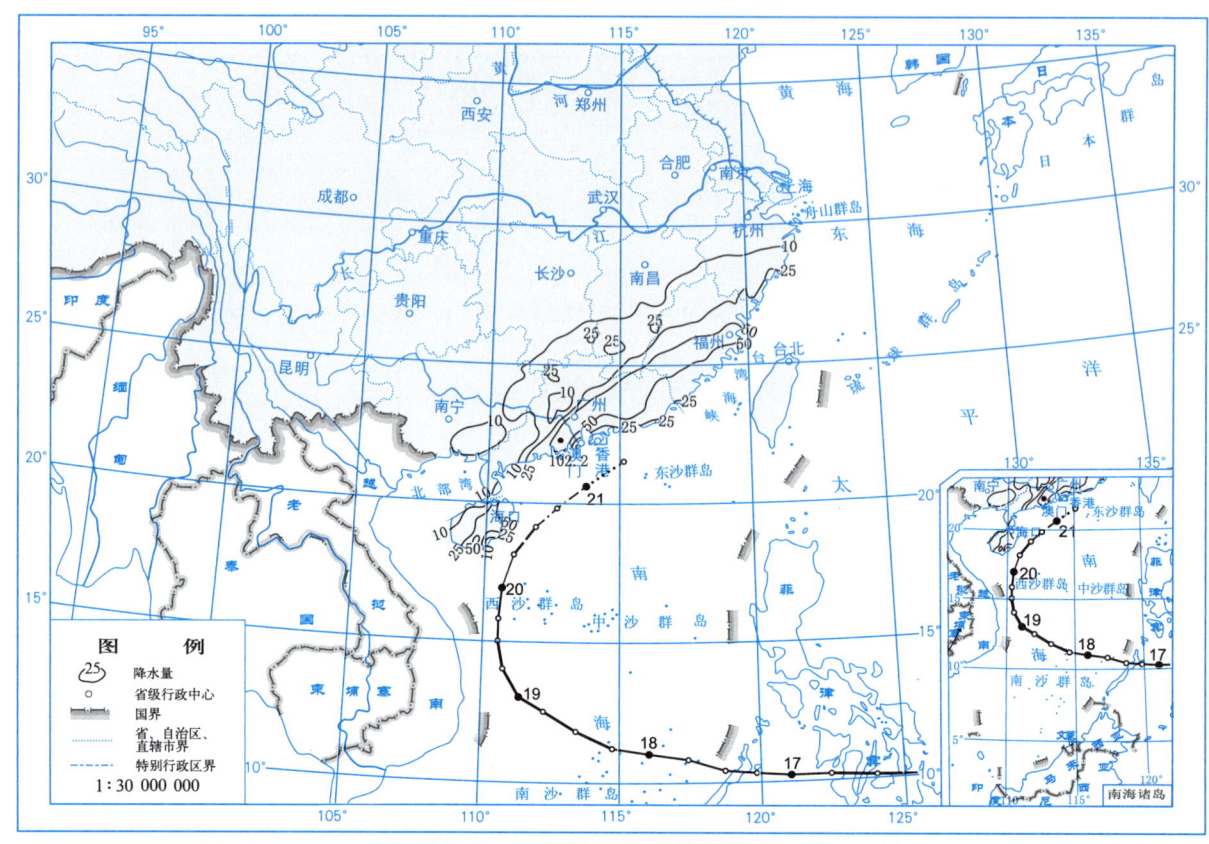

图 2.26.2　2122 号超强台风"雷伊"(Rai)总降水量(mm)(12 月 18—21 日)

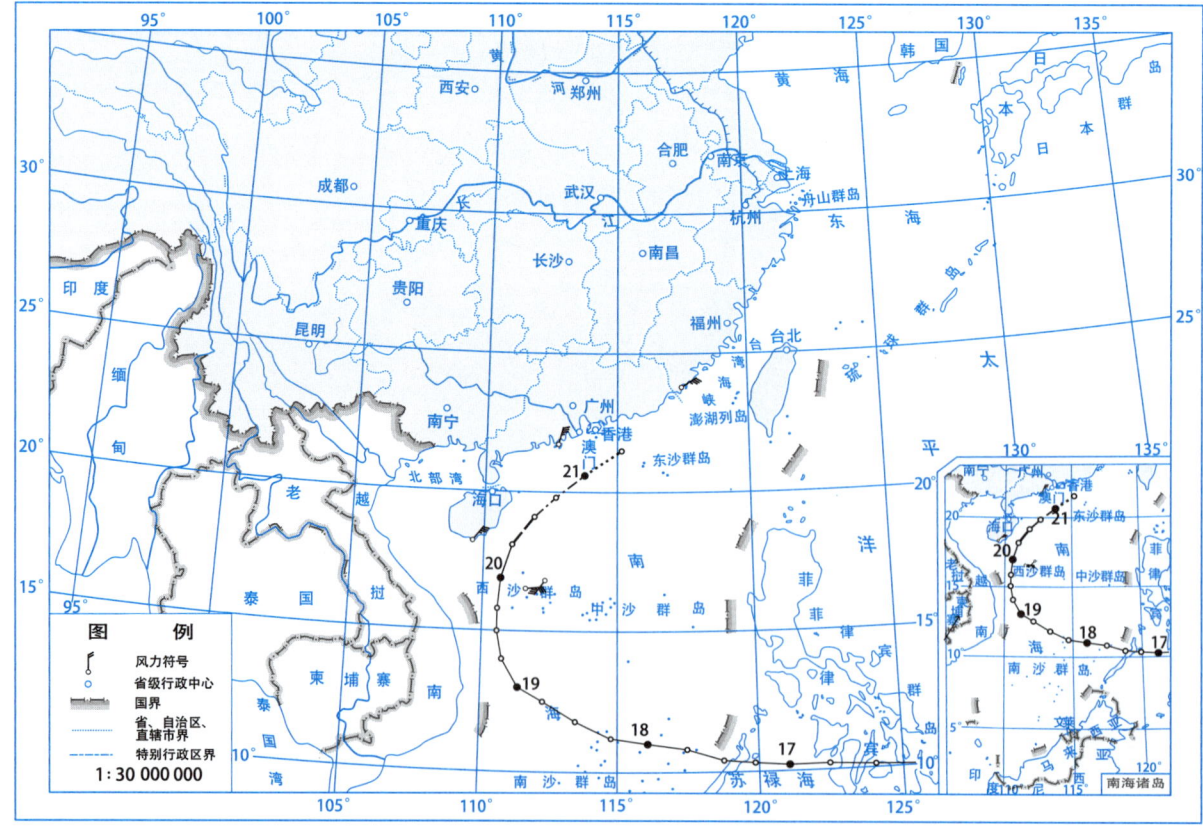

图 2.26.3　2122 号超强台风"雷伊"(Rai)大风分布(12 月 18—21 日)

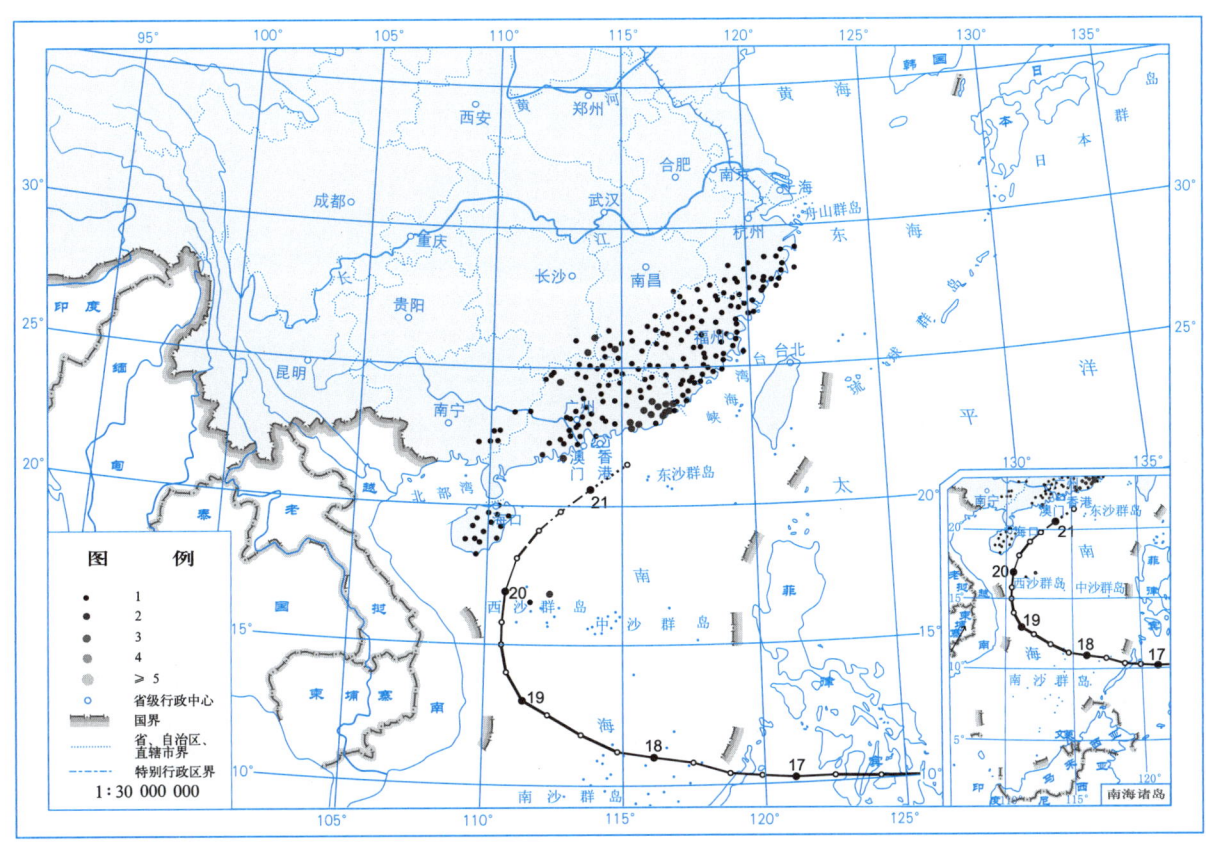

图 2.26.4　2122 号超强台风"雷伊"(Rai) 总降水日数 (d)

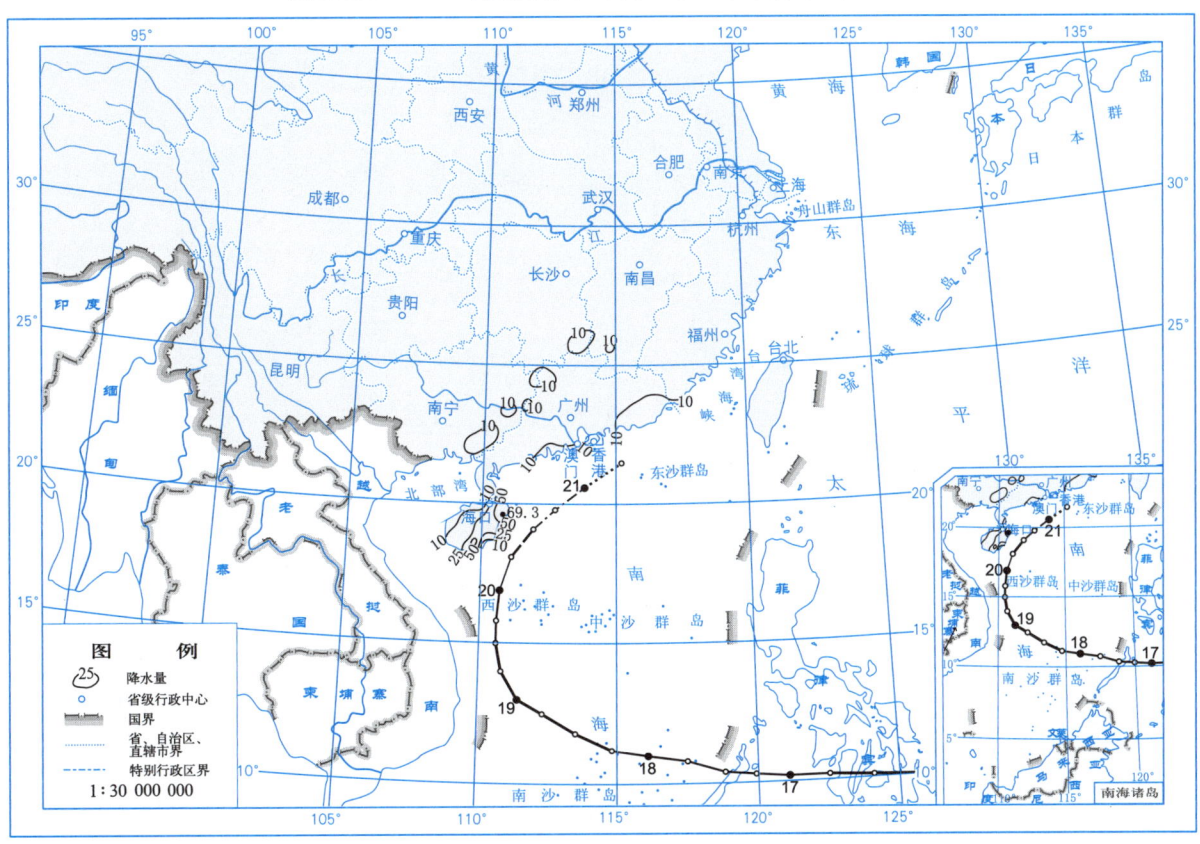

图 2.26.5　2021 年 12 月 20 日日降水量 (mm)

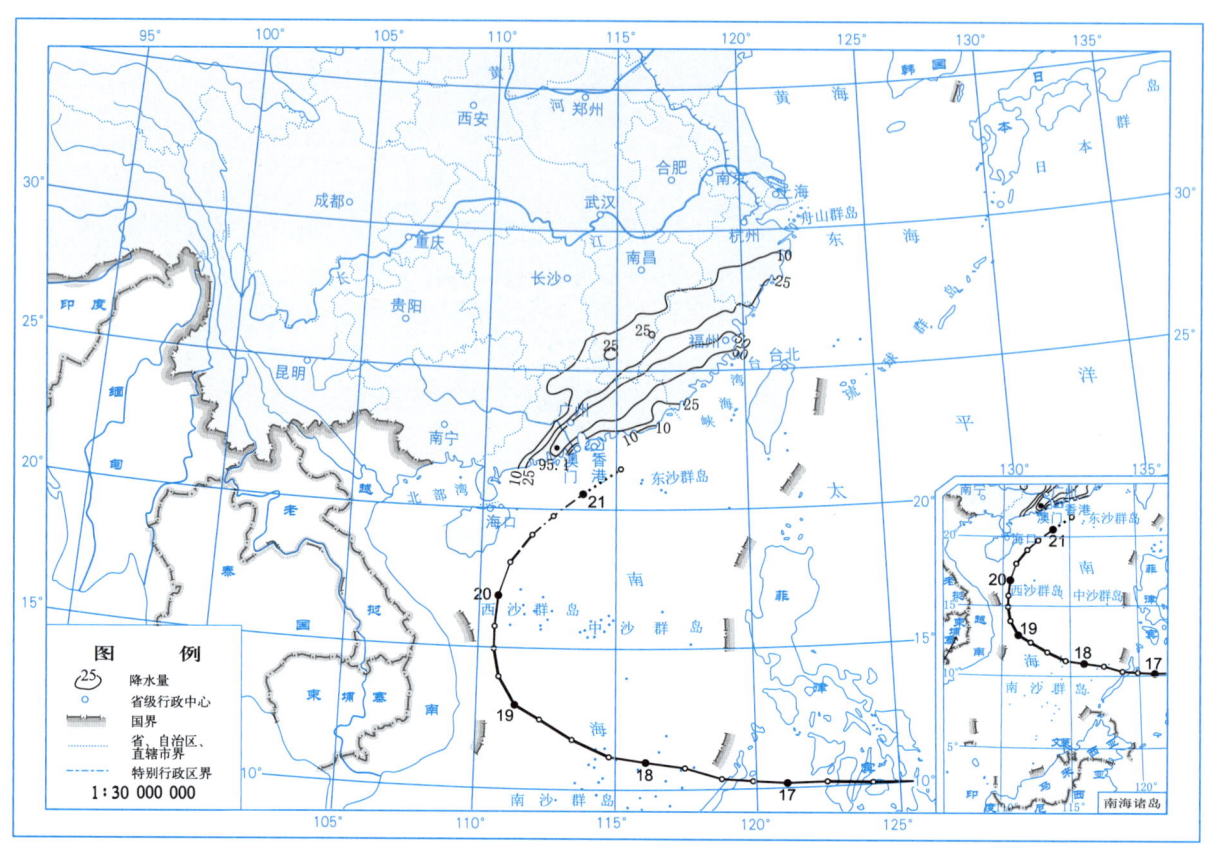

图 2.26.6 2021 年 12 月 21 日日降水量（mm）

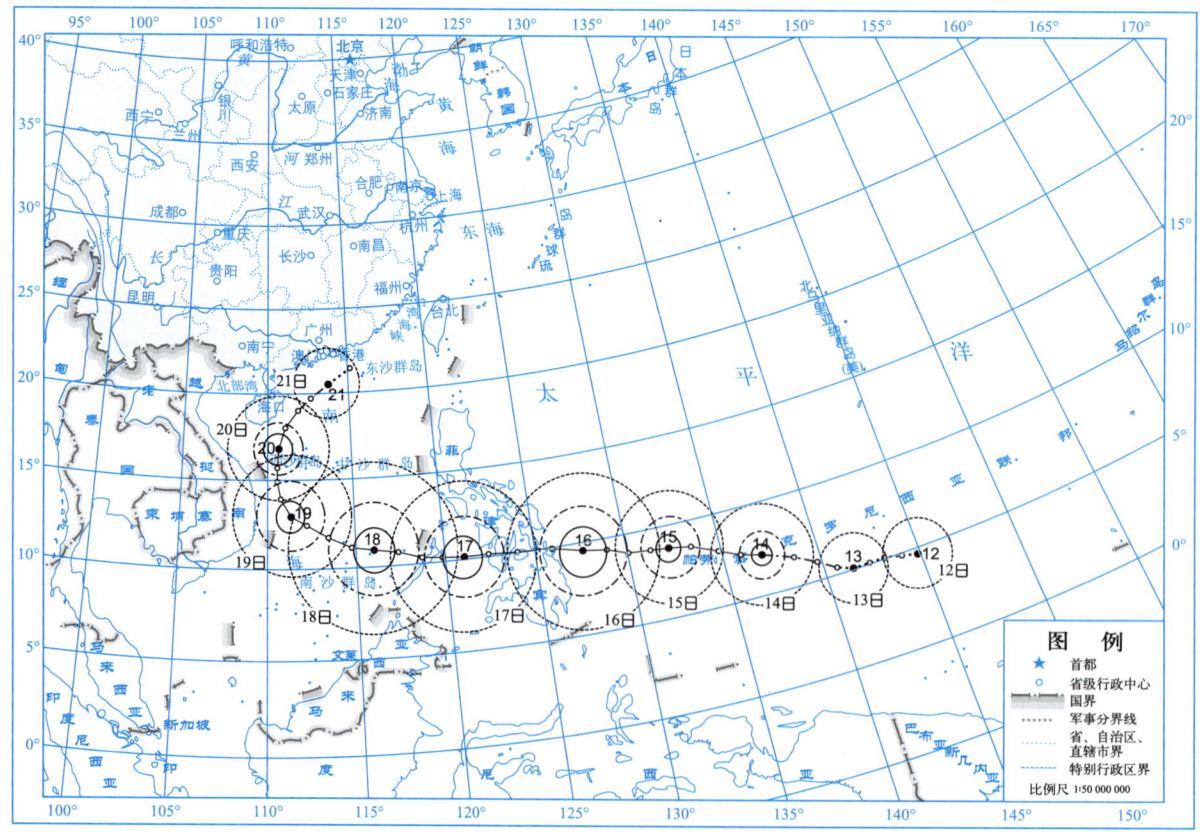

图 2.26.7 2122 号超强台风"雷伊"（Rai）大风区域演变

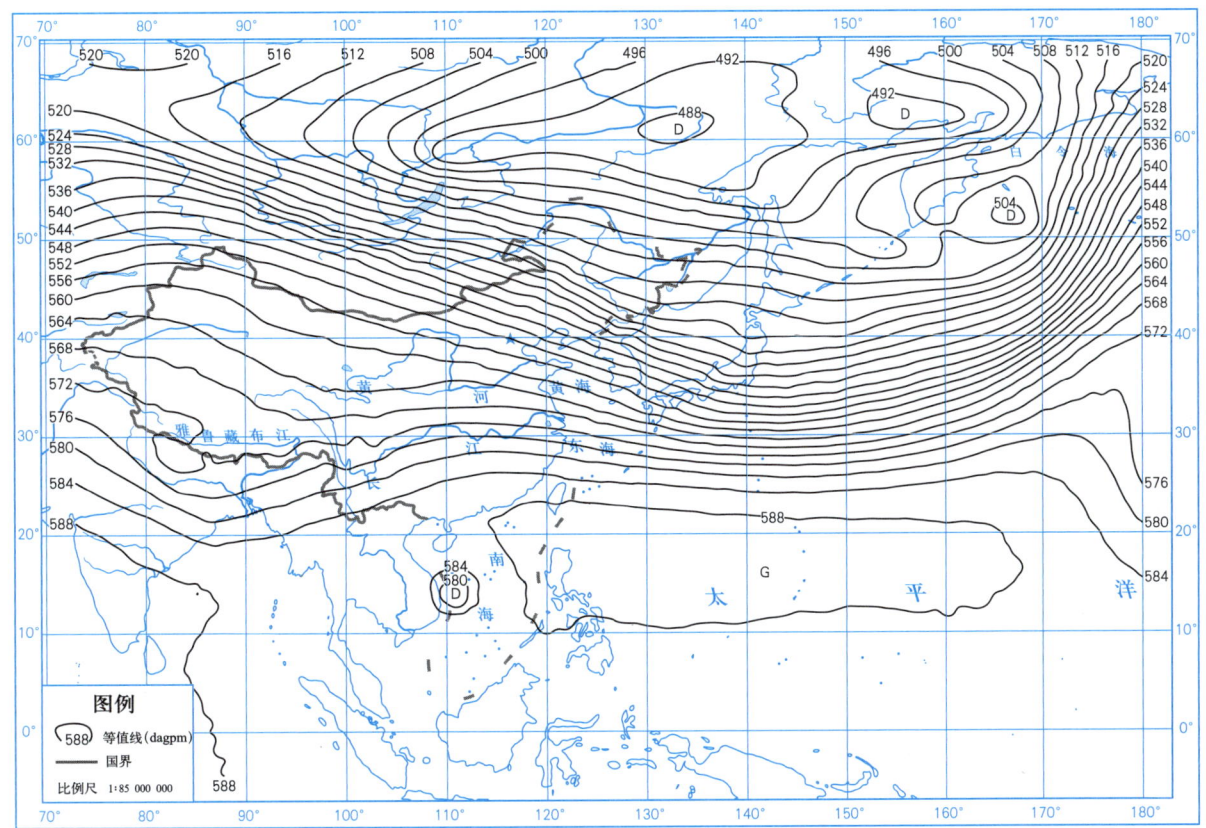

图 2.26.8　2021 年 12 月 19 日 14 时 500 hPa 高度场

附录A 台风委员会西北太平洋和南海热带气旋命名方案（2021年启用）

表A.1 台风委员会西北太平洋和南海热带气旋命名表

（2021年6月起执行）

第1列		第2列		第3列		第4列		第5列		备注
英文名	中文名	英文名	中文名	英文名	中文名	英文名	中文名	英文名	中文名	名字来源
Damrey	达维	Kong-rey	康妮	Nakri	娜基莉	Krovanh	科罗旺	Trases	翠丝	柬埔寨
Haikui	海葵	Yinxing*	银杏	Fengshen	风神	Dujuan	杜鹃	Mulan	木兰	中国
Kirogi	鸿雁	Toraji	桃芝	Kalmaegi	海鸥	Surigae	舒力基	Meari	米雷	朝鲜
Yun-Yeung	鸳鸯	Man-yi	万宜	Fung-wong	凤凰	Choi-wan	彩云	Ma-on	马鞍	中国香港
Koinu	小犬	Usagi	天兔	Koto*	天琴	Koguma	小熊	Tokage	蝎虎	日本
Bolaven	布拉万	Pabuk	帕布	Nokaen*	洛鞍	Champi	蔷琵	Hinnamnor	轩岚诺	老挝
Sanba	三巴	Wutip	蝴蝶	Vongfong**	黄蜂	In-fa	烟花	Muifa	梅花	中国澳门
Jelawat	杰拉华	Sepat	圣帕	Nuri	鹦鹉	Cempaka	查帕卡	Merbok	苗柏	马来西亚
Ewiniar	艾云尼	Mun	木恩	Sinlaku	森拉克	Nepartak	尼伯特	Nanmadol	南玛都	密克罗尼西亚
Maliksi	马力斯	Danas	丹娜丝	Hagupit	黑格比	Lupit	卢碧	Talas	塔拉斯	菲律宾
Gaemi	格美	Nari	百合	Jangmi	蔷薇	Mirinae	银河	Noru	奥鹿	韩国
Prapiroon	派比安	Wipha	韦帕	Mekkhala	米克拉	Nida	妮妲	Kulap	玫瑰	泰国
Maria	玛莉亚	Francisco	范斯高	Higos	海高斯	Omais	奥麦斯	Roke	洛克	美国
Son-Tinh	山神	Co-May*	竹节草	Bavi	巴威	Conson	康森	Sonca	桑卡	越南
Ampil	安比	Krosa	罗莎	Maysak	美莎克	Chanthu	灿都	Nesat	纳沙	柬埔寨
Wukong	悟空	Bailu	白鹿	Haishen	海神	Dianmu	电母	Haitang	海棠	中国
Jongdari	云雀	Podul	杨柳	Noul	红霞	Mindulle	蒲公英	Nalgae	尼格	朝鲜
Shanshan	珊珊	Lingling	玲玲	Dolphin	白海豚	Lionrock	狮子山	Banyan	榕树	中国香港
Yagi	摩羯	Kajiki	剑鱼	Kujira	鲸鱼	Kompasu	圆规	Yamaneko	山猫	日本
Leepi	丽琵	Nongfa*	蓝湖	Chan-hom	灿鸿	Namtheun	南川	Pakhar	帕卡	老挝
Bebinca	贝碧嘉	Peipah	琵琶	Linfa**	莲花	Malou	玛瑙	Sanvu	珊瑚	中国澳门
Pulasan	普拉桑	Tapah	塔巴	Nangka	浪卡	Nyatoh	妮亚图	Mawar	玛娃	马来西亚
Soulik	苏力	Mitag	米娜	Saudel	沙德尔	Rai	雷伊	Guchol	古超	密克罗尼西亚
Cimaron	西马仑	Ragasa*	桦加沙	Molave**	莫拉菲	Malakas	马勒卡	Talim	泰利	菲律宾
Jebi	飞燕	Neoguri	浣熊	Goni**	天鹅	Megi	鲇鱼	Doksuri	杜苏芮	韩国
Krathon	山陀儿	Bualoi	芭洛	Atsani	艾莎尼	Chaba	暹芭	Khanun	卡努	泰国
Barijat	百里嘉	Matmo	麦德姆	Etau	艾涛	Aere	艾利	Lan	兰恩	美国
Trami	潭美	Halong	夏浪	Vamco**	环高	Songda	桑达	Saola	苏拉	越南

* 根据2021年4月亚太经社理事会/世界气象组织（ESCAP/WMO）台风委员会第53届会议的决定，由"银杏"（Yinxing）取代"玉兔"（Yutu）、"竹节草"（Co-May）取代"利奇马"（Lekima）、"蓝湖"（Nongfa）取代"法茜"（Faxai）、"桦加沙"（Ragasa）取代"海贝思"（Hagibis）、"天琴"（Koto）取代"北冕"（Kammuri）、"洛鞍"（Nokaen）取代"巴蓬"（Phanfone）。

** "黄蜂"（Vongfong）、"莲花"（Linfa）、"莫拉菲"（Molave）、"天鹅"（Goni）和"环高"（Vamco）被从命名表中除名，新的名字将在2022年初举行的第54届台风委员会届会大会进行审议后，再行给出新的命名。

表 A.2 西北太平洋和南海热带气旋名称的意义

第 1 组			
英文名	中文名	名字来源	意 义
Damrey	达维	柬埔寨	大象
Haikui	海葵	中国	一种形状如花朵的海洋动物
Kirogi	鸿雁	朝鲜	一种候鸟，在朝鲜秋来春去，和台风的活动很相似
Yun-yeung	鸳鸯	中国香港	一种水鸟
Koinu	小犬	日本	星座名称
Bolaven	布拉万	老挝	高原
Sanba	三巴	中国澳门	澳门旅游名胜
Jelawat	杰拉华	马来西亚	一种淡水鱼
Ewiniar	艾云尼	密克罗尼西亚	传统的风暴神（Chuuk 语）
Maliksi	马力斯	菲律宾	快速
Gaemi	格美	韩国	蚂蚁
Prapiroon	派比安	泰国	雨神
Maria	玛莉亚	美国	女士名（Chamarro 语）
Son-Tinh	山神	越南	山神
Ampil	安比	柬埔寨	罗望子
Wukong	悟空	中国	孙悟空
Jongdar	云雀	朝鲜	云雀
Shanshan	珊珊	中国香港	女孩儿名
Yagi	摩羯	日本	摩羯星座
Leepi	丽琵	老挝	老挝南部最美丽的瀑布
Bebinca	贝碧嘉	中国澳门	澳门牛奶布丁
Pulasan	普拉桑	马来西亚	一种水果
Soulik	苏力	密克罗尼西亚	传统的 Pohnpei 酋长头衔
Cimaron	西马仑	菲律宾	菲律宾野牛
Jebi	飞燕	韩国	燕子
Krathon	山陀儿	泰国	一种水果
Barijat	百里嘉	美国	沿岸地区受风浪影响的意思（马绍尔语）
Trami	潭美	越南	一种花

(续表)

第 2 组			
英文名	中文名	名字来源	意 义
Kong-rey	康妮	柬埔寨	高棉传说中的可爱女孩儿
Yinxing	银杏	中国	一种原产于中国的树
Toraji	桃芝	朝鲜	朝鲜深山中的一种花，开花时无声无息不惹人注意，花能食用和入药
Man-yi	万宜	中国香港	海峡名，现为水库
Usagi	天兔	日本	天兔星座
Pabuk	帕布	老挝	大淡水鱼
Wutip	蝴蝶	中国澳门	一种昆虫
Sepat	圣帕	马来西亚	一种淡水鱼
Mun	木恩	密克罗尼西亚	6月的意思（Yapese语）
Danas	丹娜丝	菲律宾	经历
Nari	百合	韩国	一种花
Wipha	韦帕	泰国	女士名字
Francisco	范斯高	美国	男子名（Chamarro语）
Co-May	竹节草	越南	一种植物
Krosa	罗莎	柬埔寨	鹤
Bailu	白鹿	中国	白色的鹿，意指吉祥
Podul	杨柳	朝鲜	一种在城乡均有种植的树，闷热天气时人们喜欢在其树荫下休息聊天
Lingling	玲玲	中国香港	女孩儿名
Kajiki	剑鱼	日本	剑鱼星座
Nongfa	蓝湖	老挝	老挝境内的湖泊
Peipah	琵琶	中国澳门	一种在澳门受欢迎的宠物鱼
Tapah	塔巴	马来西亚	一种淡水鱼
Mitag	米娜	密克罗尼西亚	女士名字（Yap语）
Ragasa	桦加沙	菲律宾	快速移动
Neoguri	浣熊	韩国	狗
Bualoi	芭洛	泰国	泰式椰奶
Matmo	麦德姆	美国	大雨
Halong	夏浪	越南	越南一海湾名

(续表)

第 3 组				
英文名	中文名	名字来源	意 义	
Nakri	娜基莉	柬埔寨	一种花	
Fengshen	风神	中国	神话中的风之神	
Kalmaegi	海鸥	朝鲜	一种海鸟	
Fung-wong	凤凰	中国香港	山峰名	
Koto	天琴	日本	天琴星座	
Nokaen	洛鞍	老挝	燕子	
Vongfong	黄蜂	中国澳门	一类昆虫	
Nuri	鹦鹉	马来西亚	一种蓝色冠羽的鹦鹉	
Sinlaku	森拉克	密克罗尼西亚	传说中的 Kosrae 女神	
Hagupit	黑格比	菲律宾	鞭子	
Jangmi	蔷薇	韩国	花名	
Mekkhala	米克拉	泰国	雷天使	
Higos	海高斯	美国	无花果（Chamarro 语）	
Bavi	巴威	越南	越南北部一山名	
Maysak	美莎克	柬埔寨	一种树	
Haishen	海神	中国	神话中的大海之神	
Noul	红霞	朝鲜	红色的天空	
Dolphin	白海豚	中国香港	生活在香港水域的中华白海豚，亦是香港的吉祥物	
Kujira	鲸鱼	日本	鲸鱼星座	
Chan-hom	灿鸿	老挝	一种树	
Linfa	莲花	中国澳门	一种花	
Nangka	浪卡	马来西亚	一种水果	
Saudel	沙德尔	密克罗尼西亚	传说中的将领"苏迪罗"的首席守卫/士兵	
Molave	莫拉菲	菲律宾	一种常用于制造家具的硬木	
Goni	天鹅	韩国	一种鸟	
Atsani	艾莎尼	泰国	闪电	
Etau	艾涛	美国	风暴云（Palauan）	
Vamco	环高	越南	越南南部一河流	

(续表)

第4组			
英文名	中文名	名字来源	意　义
Krovanh	科罗旺	柬埔寨	一种树
Dujuan	杜鹃	中国	一种花
Surigae	舒力基	朝鲜	一种鹰
Choi-wan	彩云	中国香港	天上的云彩
Koguma	小熊	日本	小熊星座
Champi	蔷琶	老挝	一种花
In-Fa	烟花	中国澳门	烟花
Cempaka	查帕卡	马来西亚	以其芬芳的花闻名的植物
Nepartak	尼伯特	密克罗尼西亚	著名的勇士（Kosrae语）
Lupit	卢碧	菲律宾	残酷
Mirinae	银河	韩国	宇宙的银河
Nida	妮妲	泰国	女士名字
Omais	奥麦斯	美国	漫游（Palauan语）
Conson	康森	越南	古迹
Chanthu	灿都	柬埔寨	一种花
Dianmu	电母	中国	神话中的雷电之神
Mindulle	蒲公英	朝鲜	一种小黄花，春天开放，蒲公英属，是朝鲜妇女淳朴识礼的象征
Lionrock	狮子山	中国香港	香港一座远眺九龙半岛的山峰名称
Kompasu	圆规	日本	圆规星座
Namtheun	南川	老挝	河
Malou	玛瑙	中国澳门	玛瑙
Nyatoh	妮亚图	马来西亚	一种在东南亚热带雨林环境中生长的树木
Rai	雷伊	密克罗尼西亚	雅浦岛石币
Malakas	马勒卡	菲律宾	强壮，有力
Megi	鲇鱼	韩国	鱼
Chaba	暹芭	泰国	热带花
Aere	艾利	美国	风暴（Marshalese语）
Songda	桑达	越南	越南西北部一河

(续表)

第 5 组				
英文名	中文名	名字来源	意 义
Trases	翠丝	柬埔寨	啄木鸟
Mulan	木兰	中国	木兰花——一种原产于中国的花
Meari	米雷	朝鲜	回波
Ma-on	马鞍	中国香港	山峰名
Tokage	蝎虎	日本	蝎虎星座
Hinnamnor	轩岚诺	老挝	老挝一个国家保护区的名称
Muifa	梅花	中国澳门	一种花
Merbok	苗柏	马来西亚	一种鸟
Namadol	南玛都	密克罗尼西亚	著名的 Pohnpei 废墟
Talas	塔拉斯	菲律宾	锐利
Noru	奥鹿	韩国	狍鹿
Kulap	玫瑰	泰国	一种花
Roke	洛克	美国	男子名（Chamarro 语）
Sonca	桑卡	越南	一种会唱歌的鸟
Nesat	纳沙	柬埔寨	渔夫
Haitang	海棠	中国	花
Nalgae	尼格	朝鲜	有生气，自由翱翔
Banyan	榕树	中国香港	一种树
Yamaneko	山猫	日本	一种动物
Pakhar	帕卡	老挝	生长在湄公河下游的一种淡水鱼
Sanvu	珊瑚	中国澳门	一种水生物
Mawar	玛娃	马来西亚	玫瑰花
Guchol	古超	密克罗尼西亚	一种香料（调味品）（Yapese 语）
Talim	泰利	菲律宾	明显的边缘
Doksuri	杜苏芮	韩国	一种猛禽
Khanun	卡努	泰国	泰国水果
Lan	兰恩	美国	风暴的意思（马绍尔语）
Saola	苏拉	越南	越南最近发现的一种珍贵动物

附录 B 2021 年热带气旋在西北太平洋和南海活动时的气象卫星云图

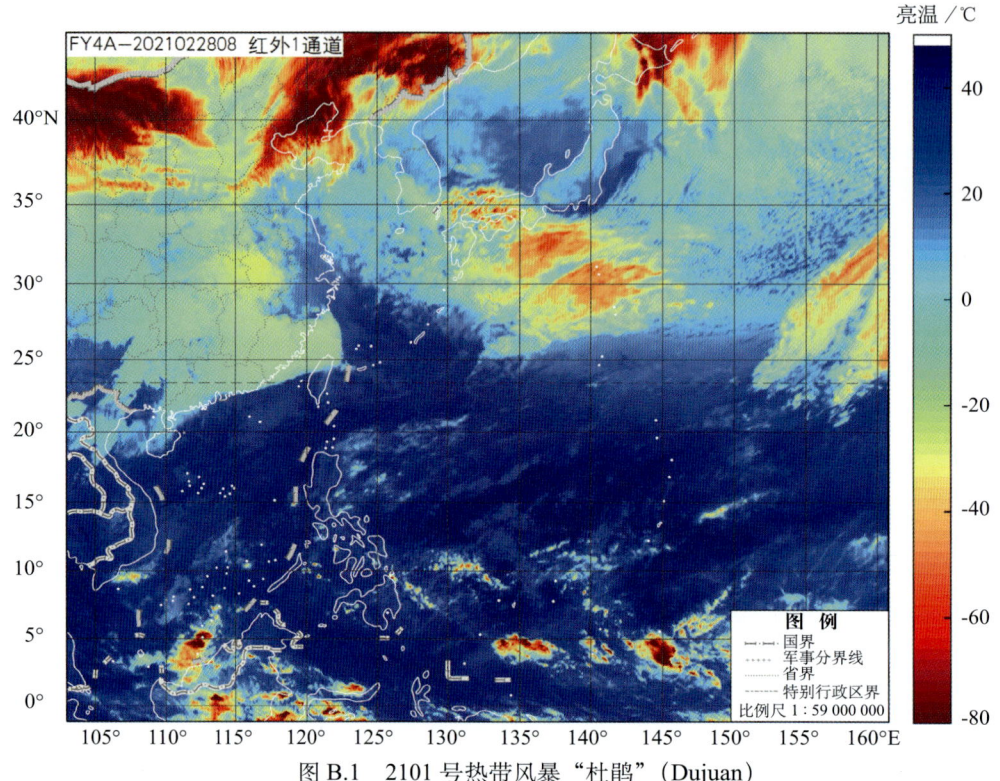

图 B.1 2101 号热带风暴"杜鹃"(Dujuan)

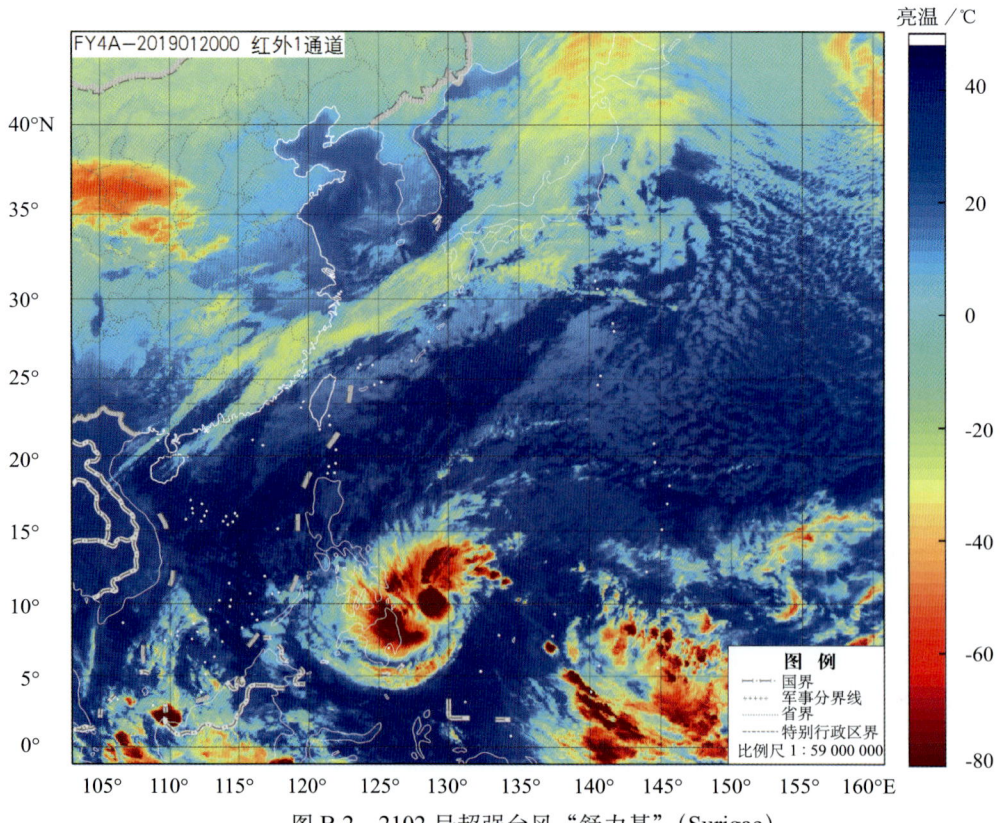

图 B.2 2102 号超强台风"舒力基"(Surigae)

附录 B

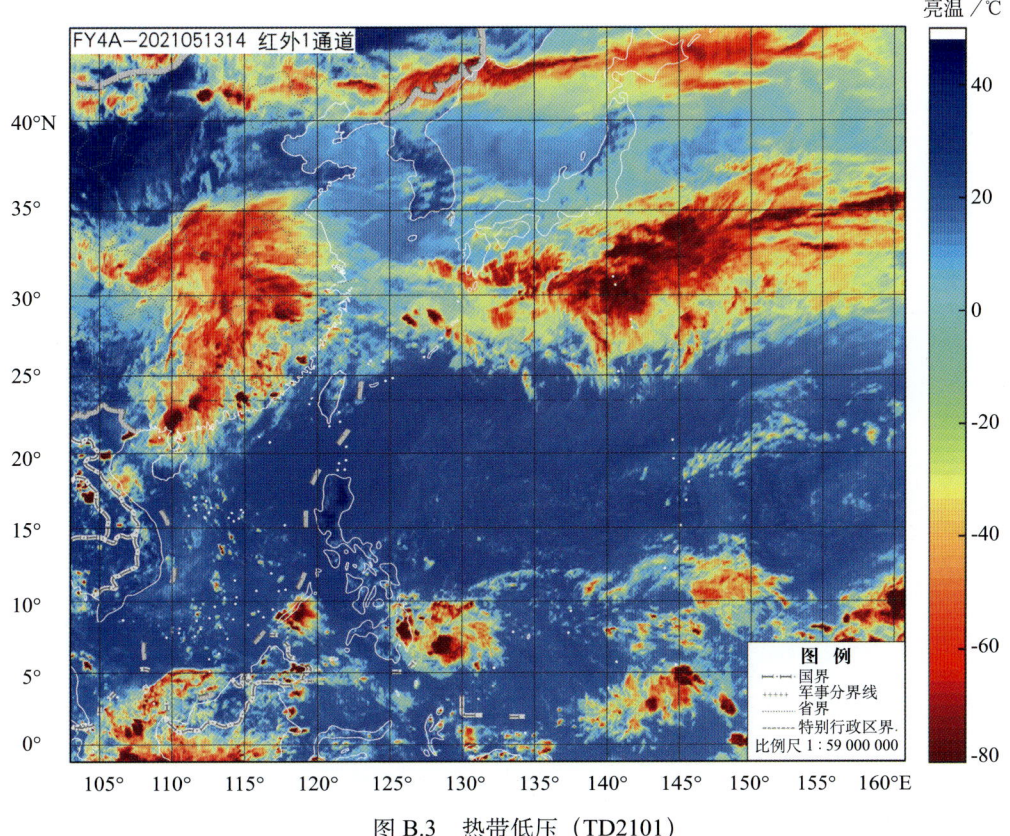

图 B.3　热带低压（TD2101）

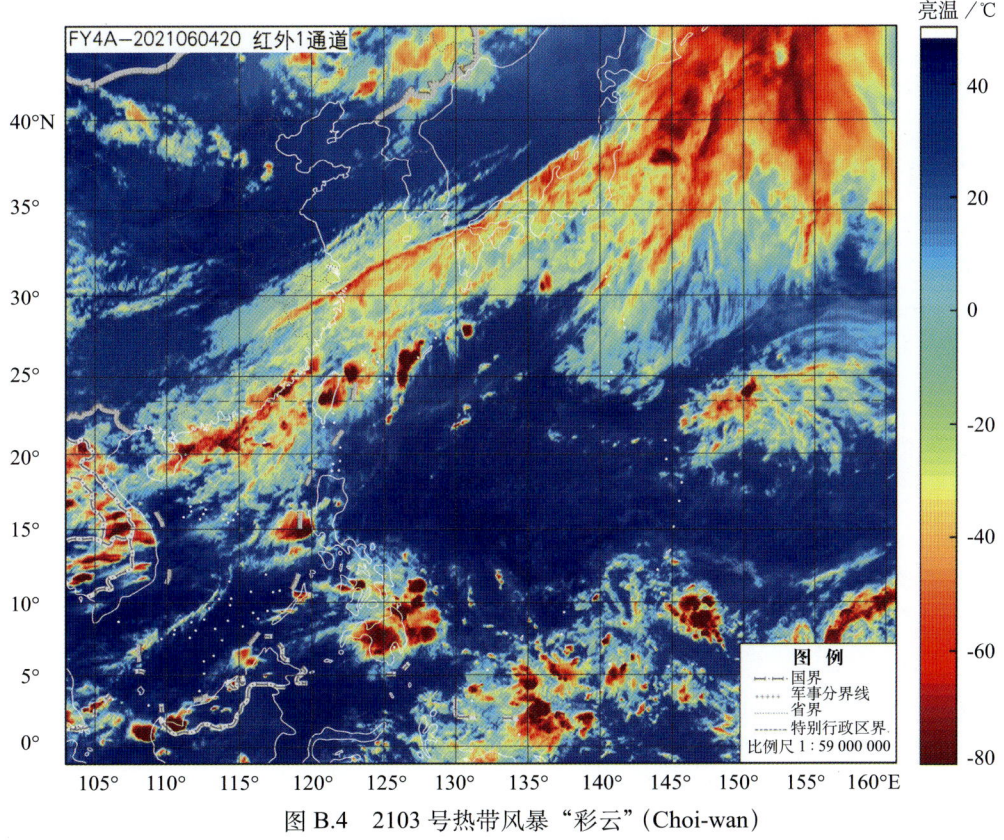

图 B.4　2103 号热带风暴"彩云"（Choi-wan）

·197·

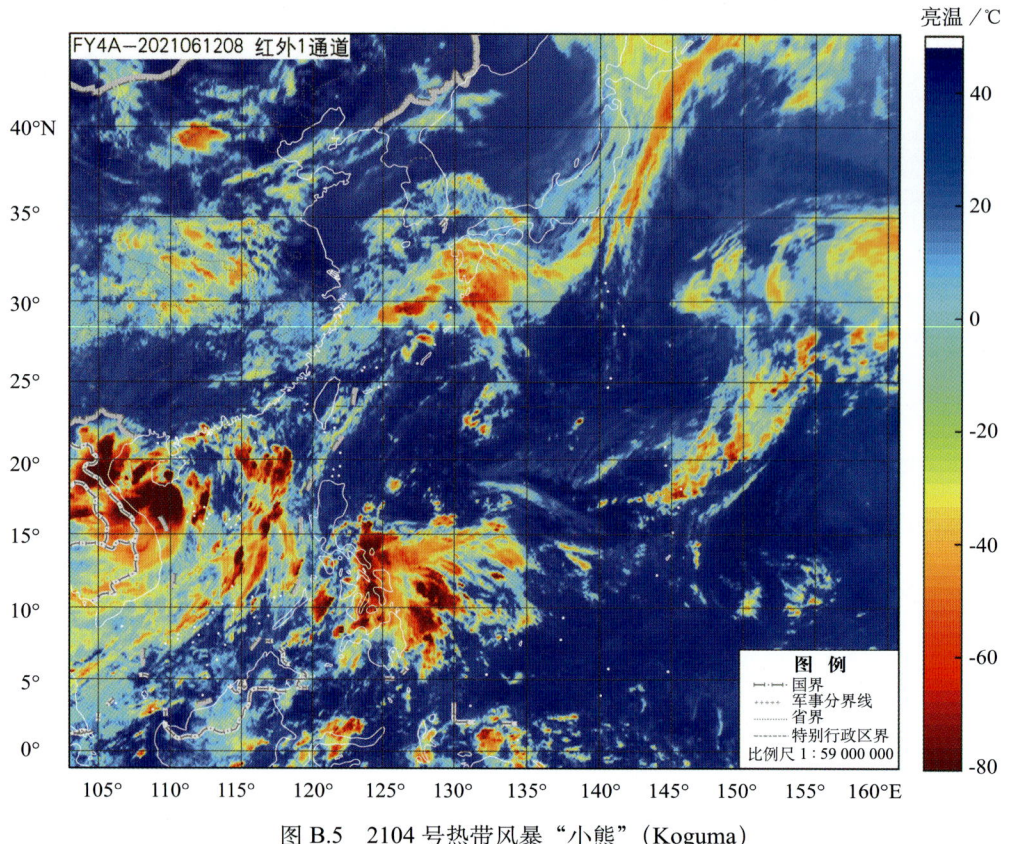

图 B.5　2104 号热带风暴"小熊"（Koguma）

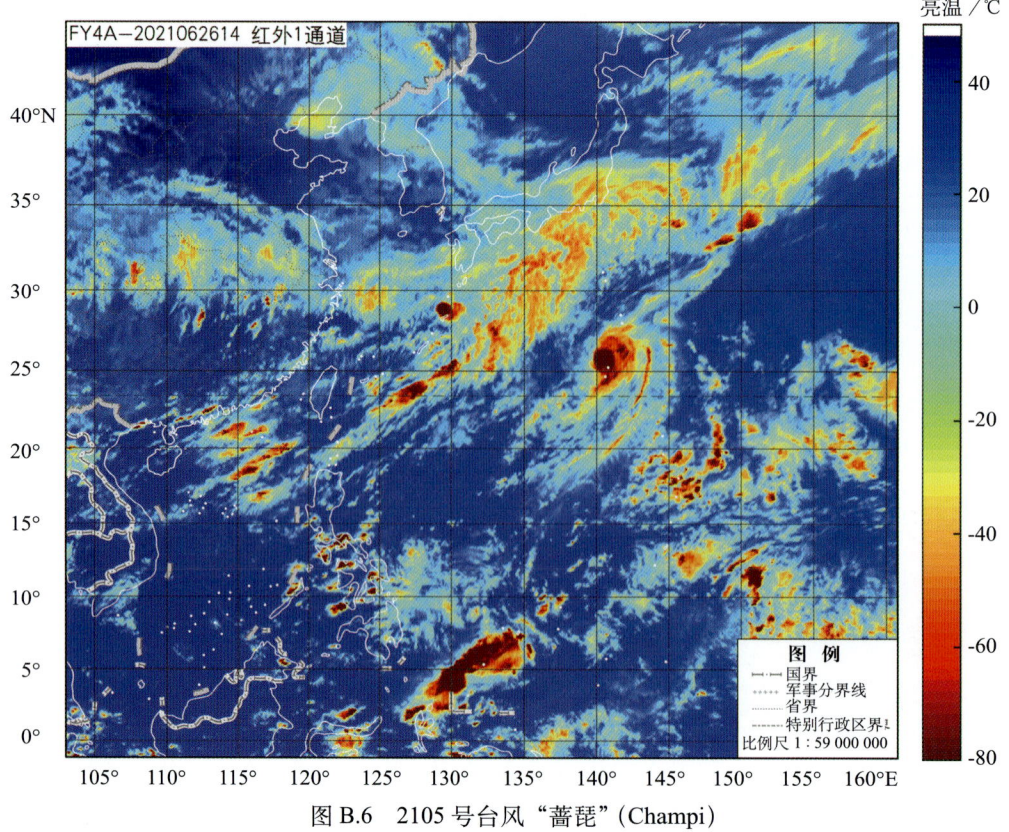

图 B.6　2105 号台风"蔷琵"（Champi）

附录 B

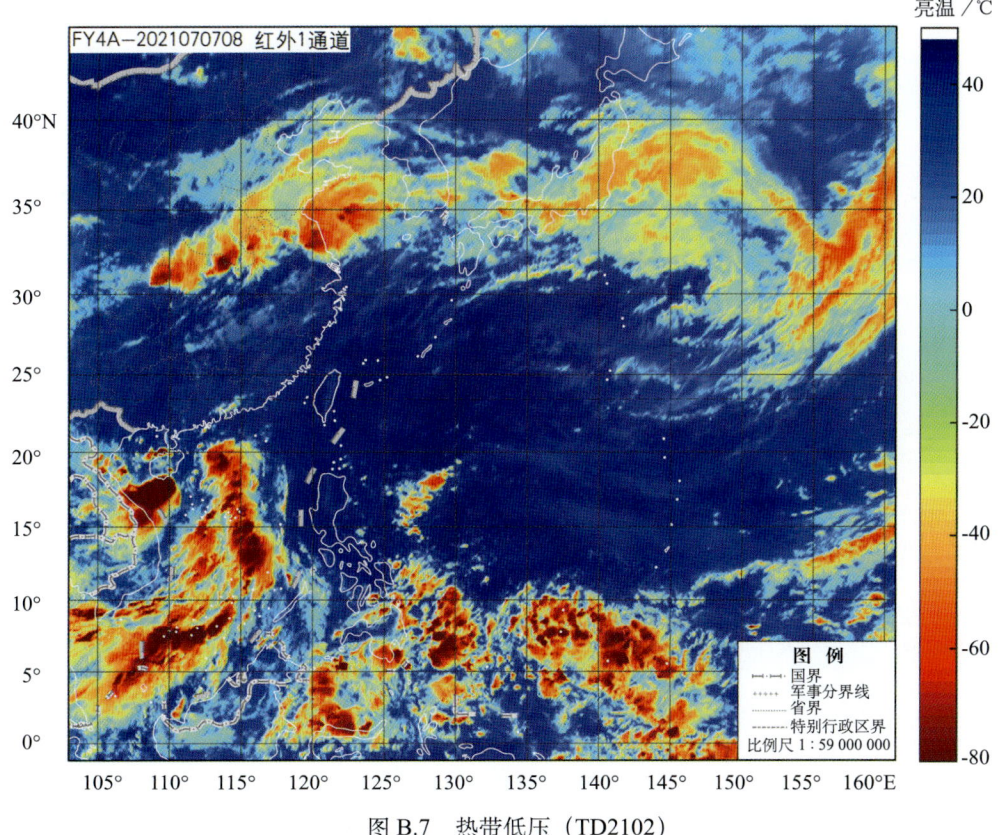

图 B.7　热带低压（TD2102）

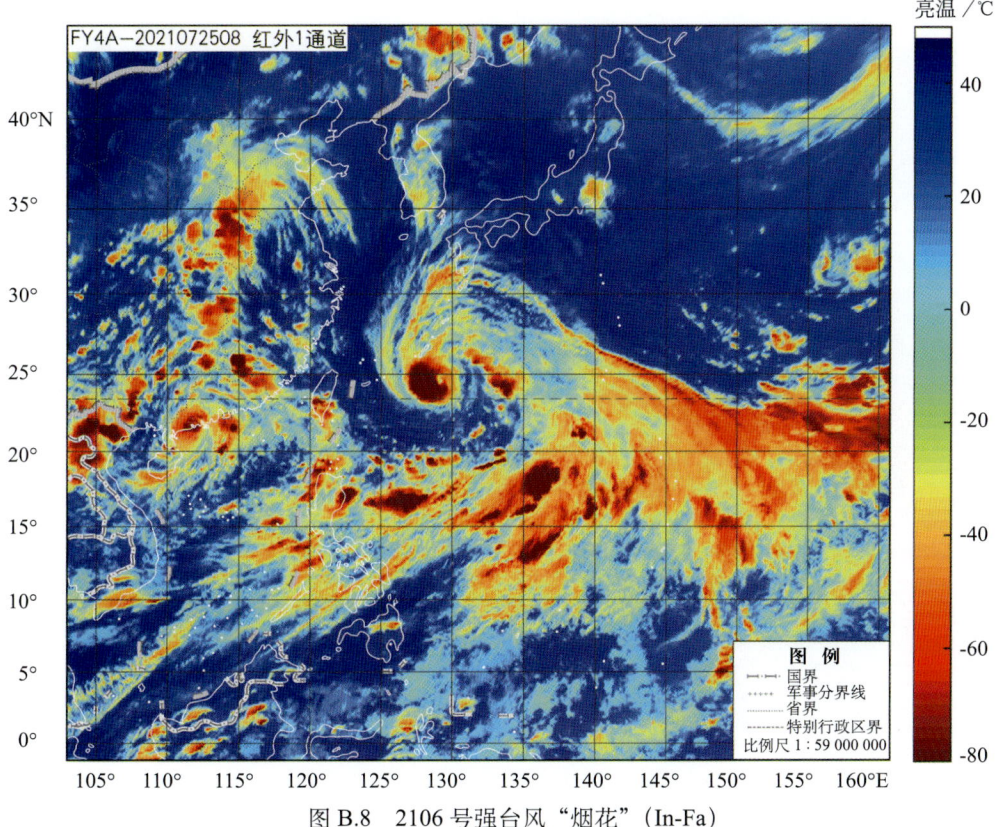

图 B.8　2106 号强台风"烟花"（In-Fa）

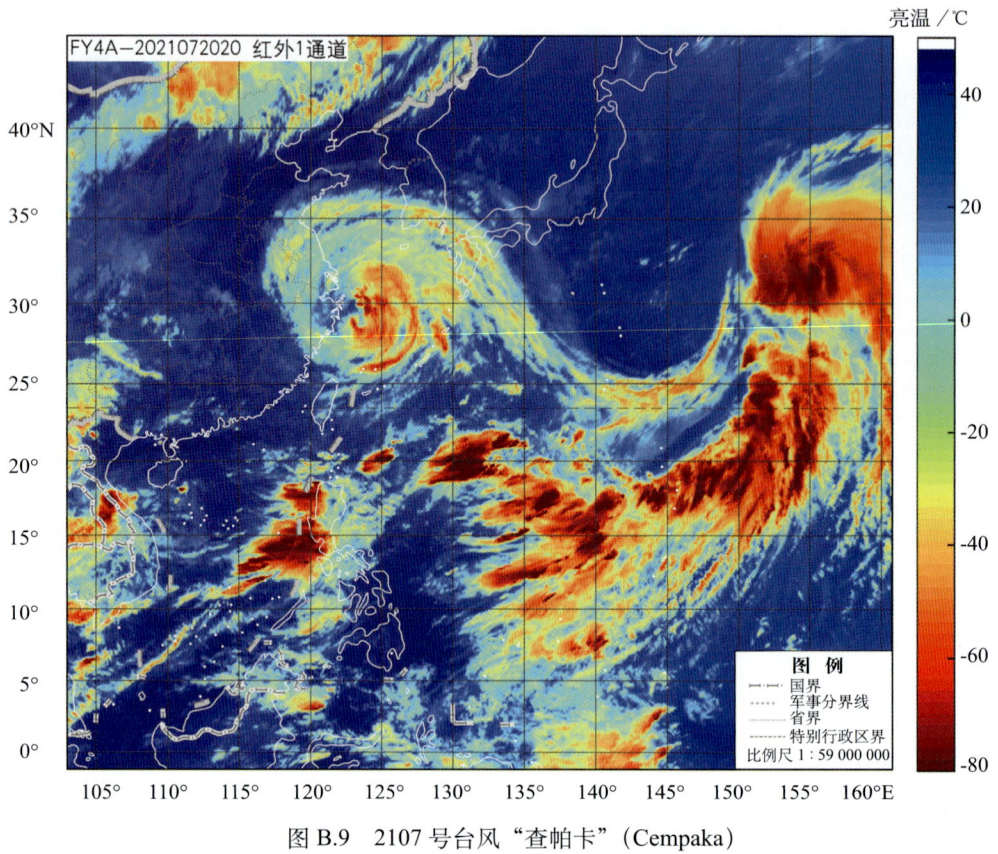

图 B.9　2107 号台风"查帕卡"(Cempaka)

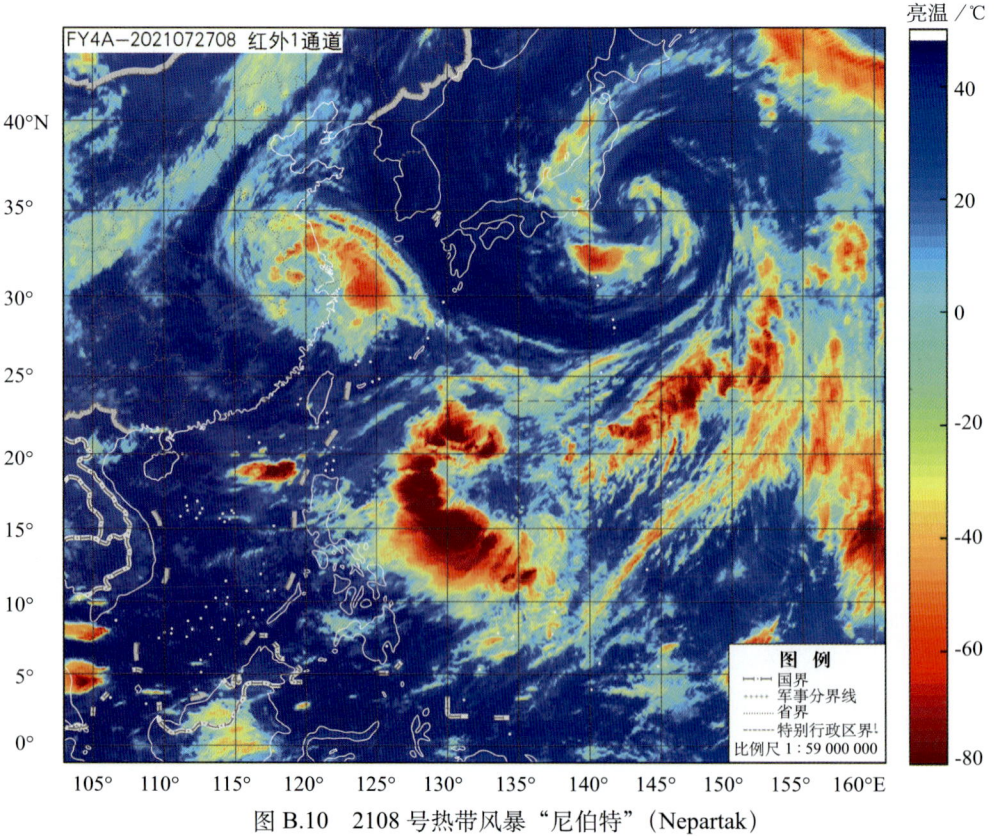

图 B.10　2108 号热带风暴"尼伯特"(Nepartak)

附录 B

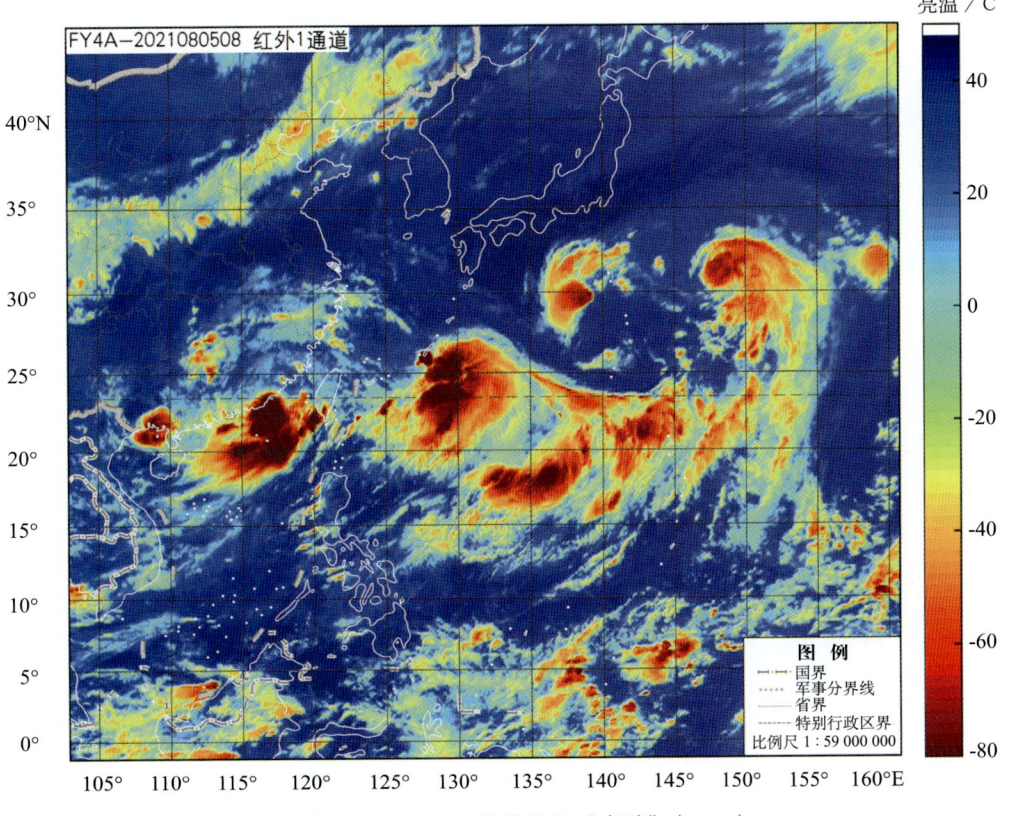

图 B.11　2109 号热带风暴"卢碧"（Lupit）

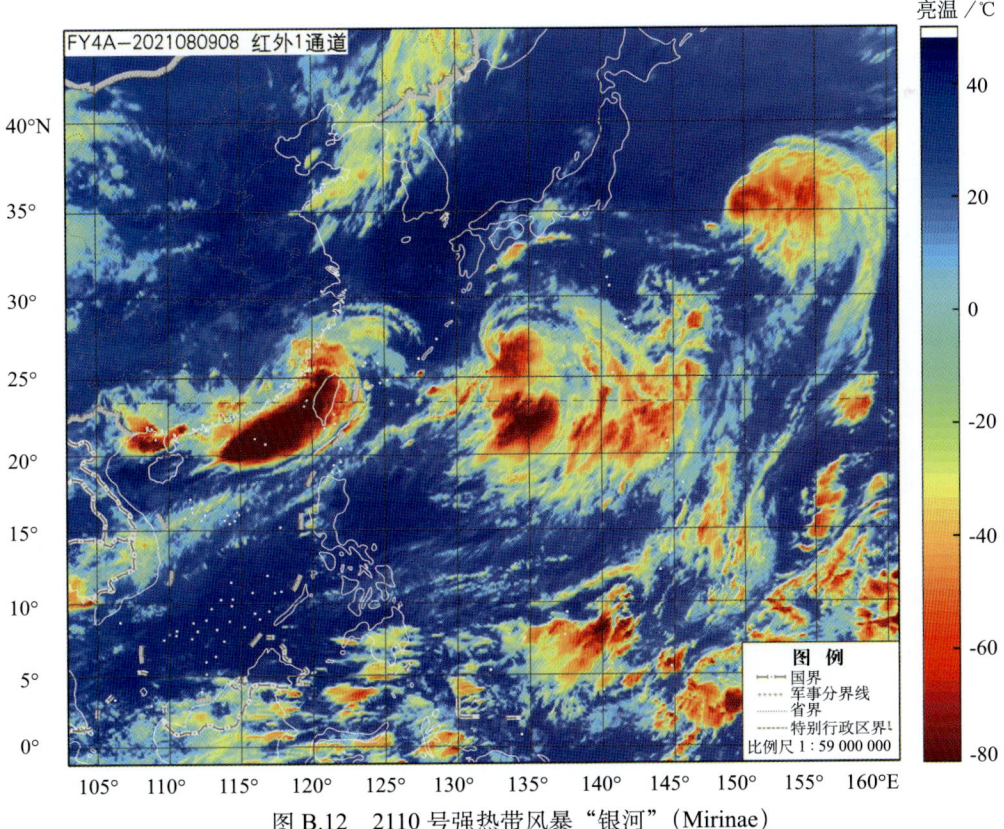

图 B.12　2110 号强热带风暴"银河"（Mirinae）

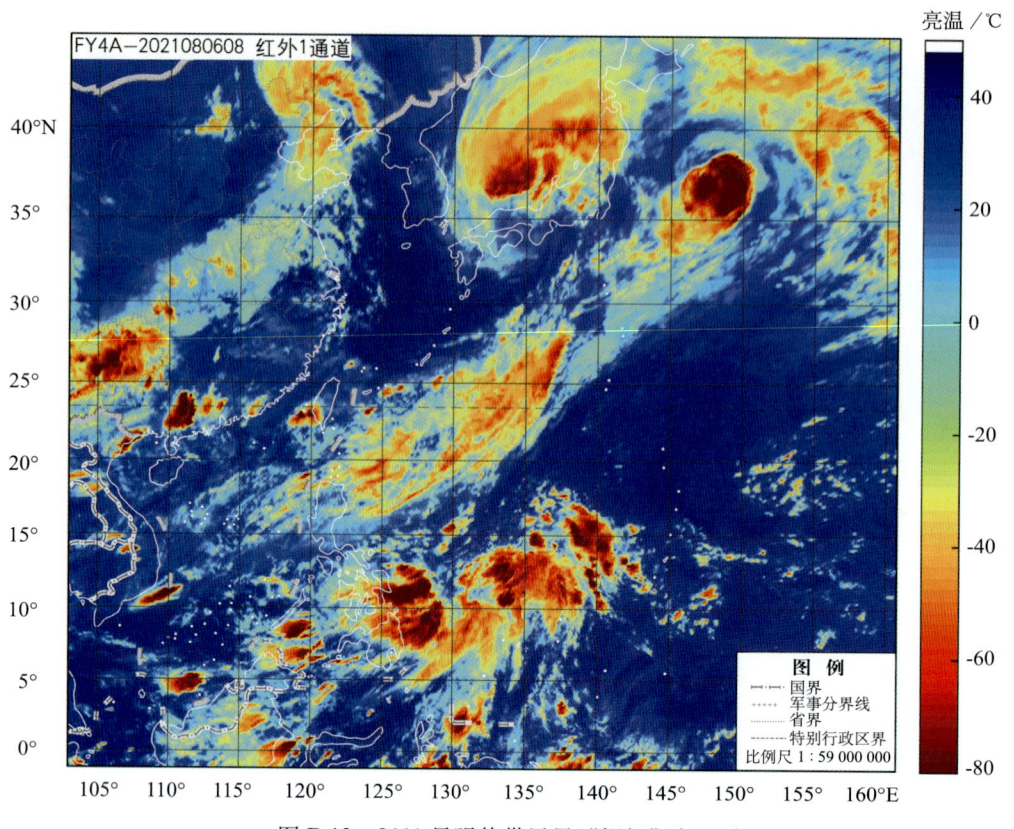

图 B.13　2111 号强热带风暴"妮妲"（Nida）

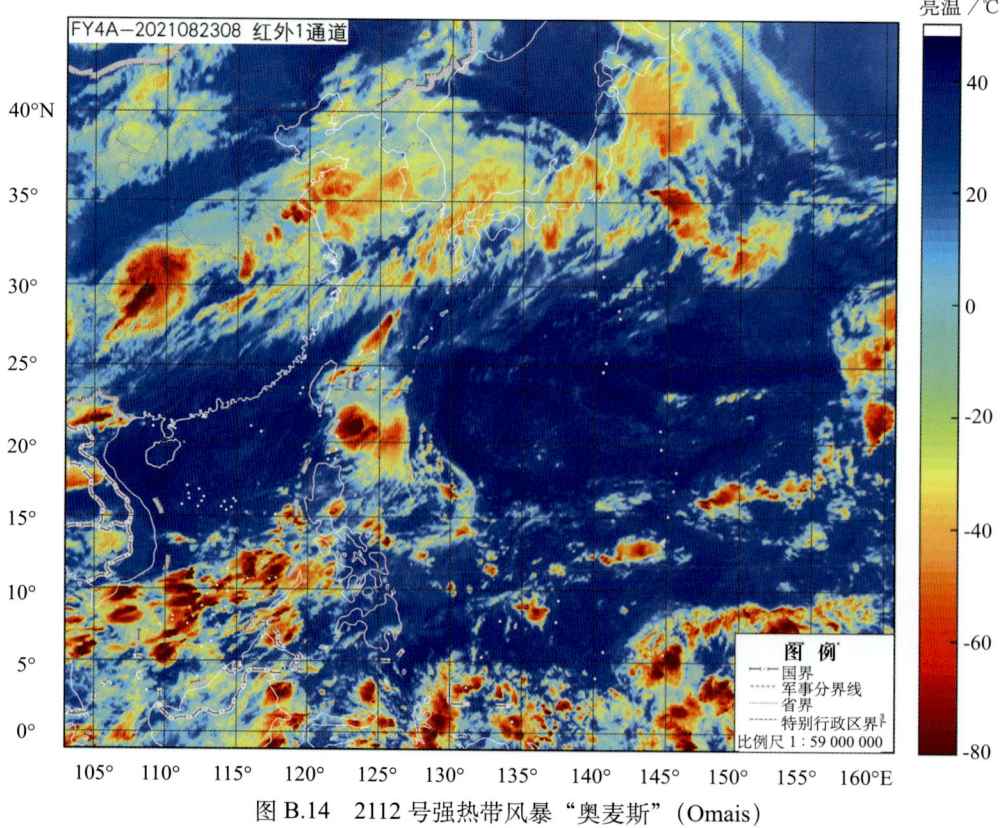

图 B.14　2112 号强热带风暴"奥麦斯"（Omais）

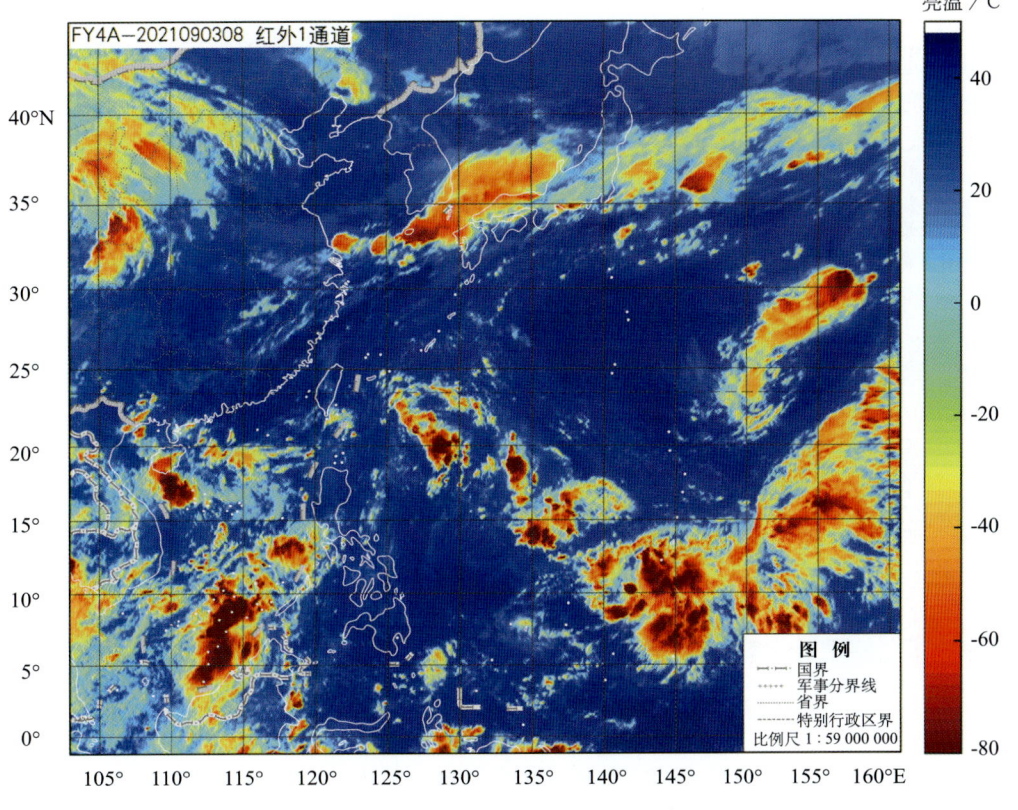

图 B.15 热带低压（TD2103）

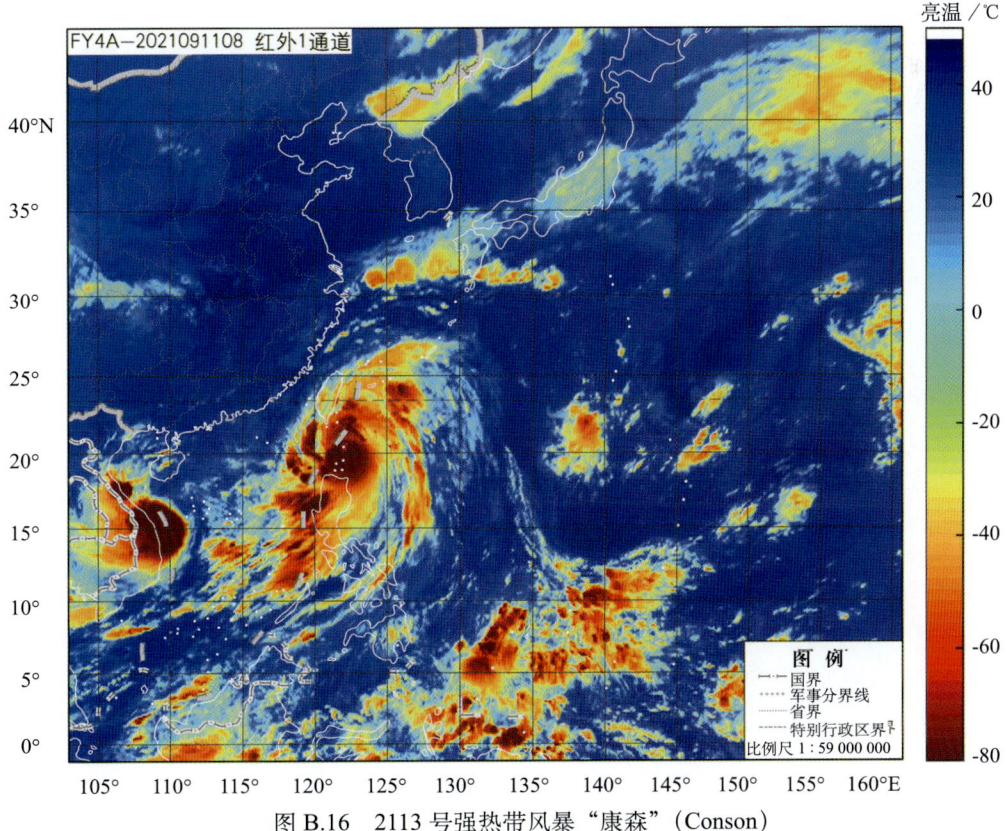

图 B.16 2113 号强热带风暴"康森"（Conson）

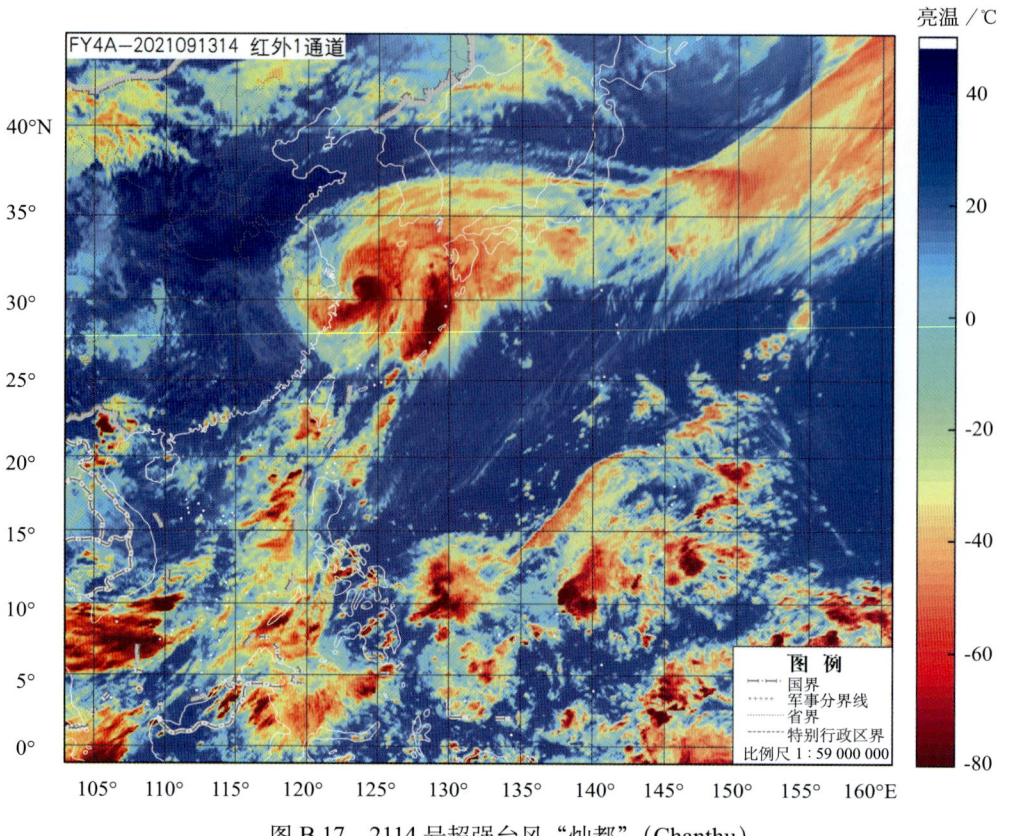

图 B.17　2114 号超强台风"灿都"(Chanthu)

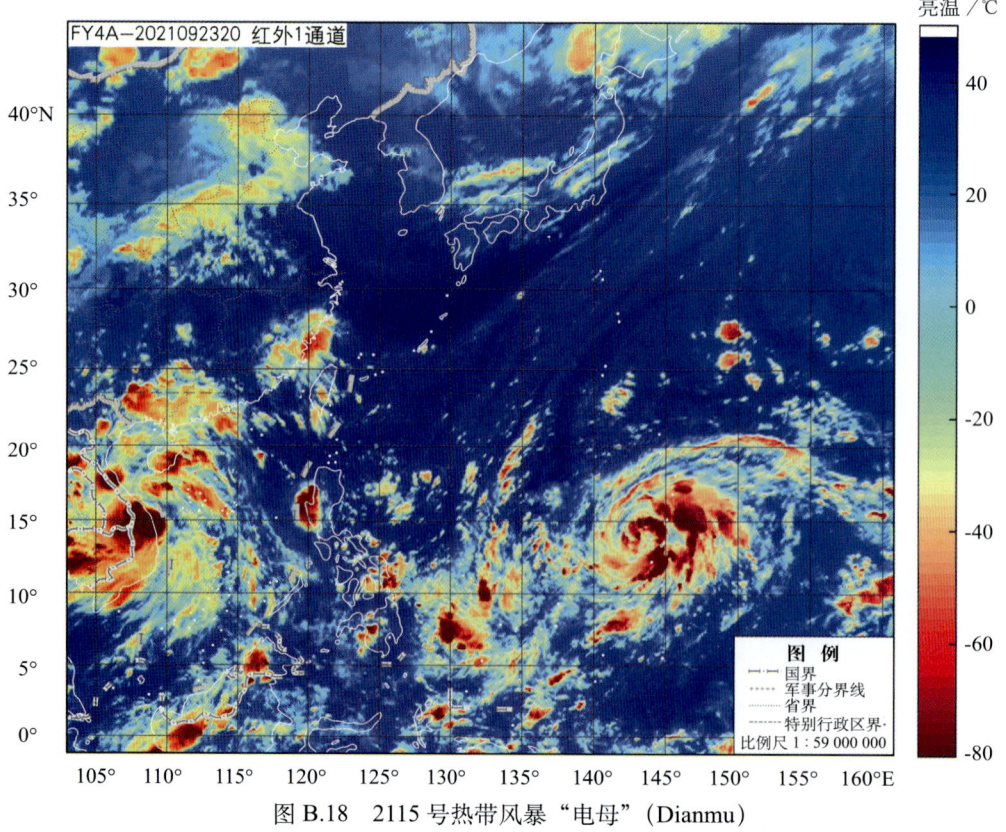

图 B.18　2115 号热带风暴"电母"(Dianmu)

附录 B

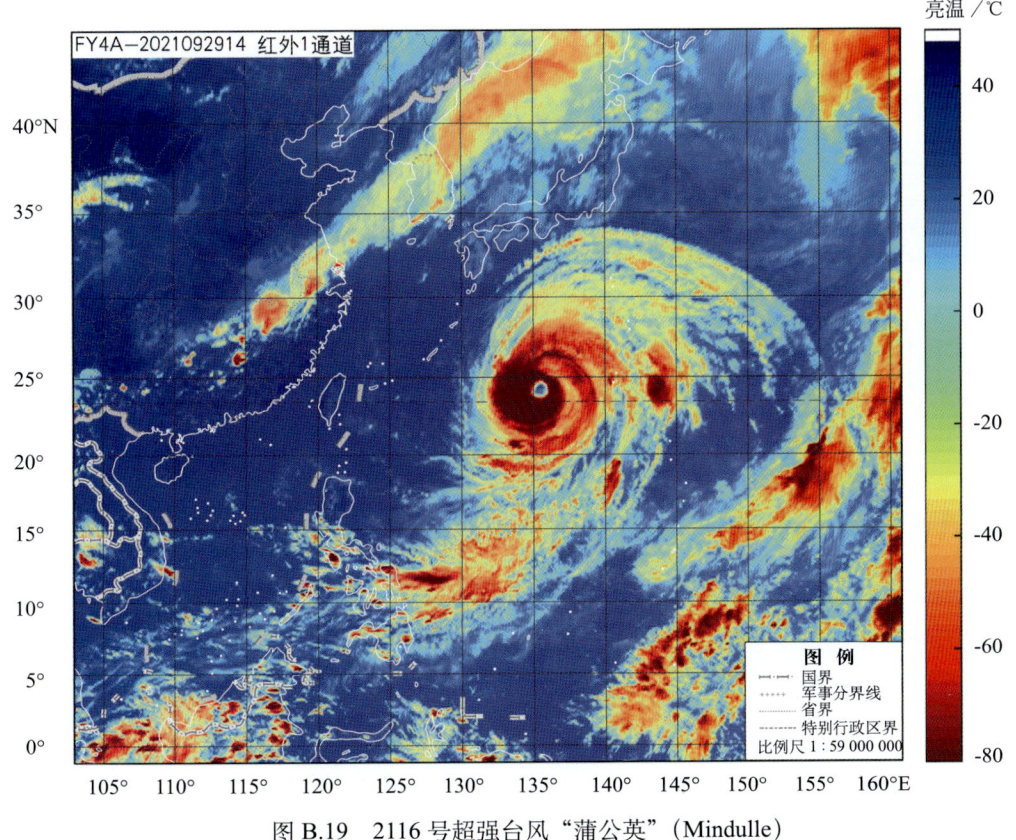

图 B.19　2116 号超强台风"蒲公英"(Mindulle)

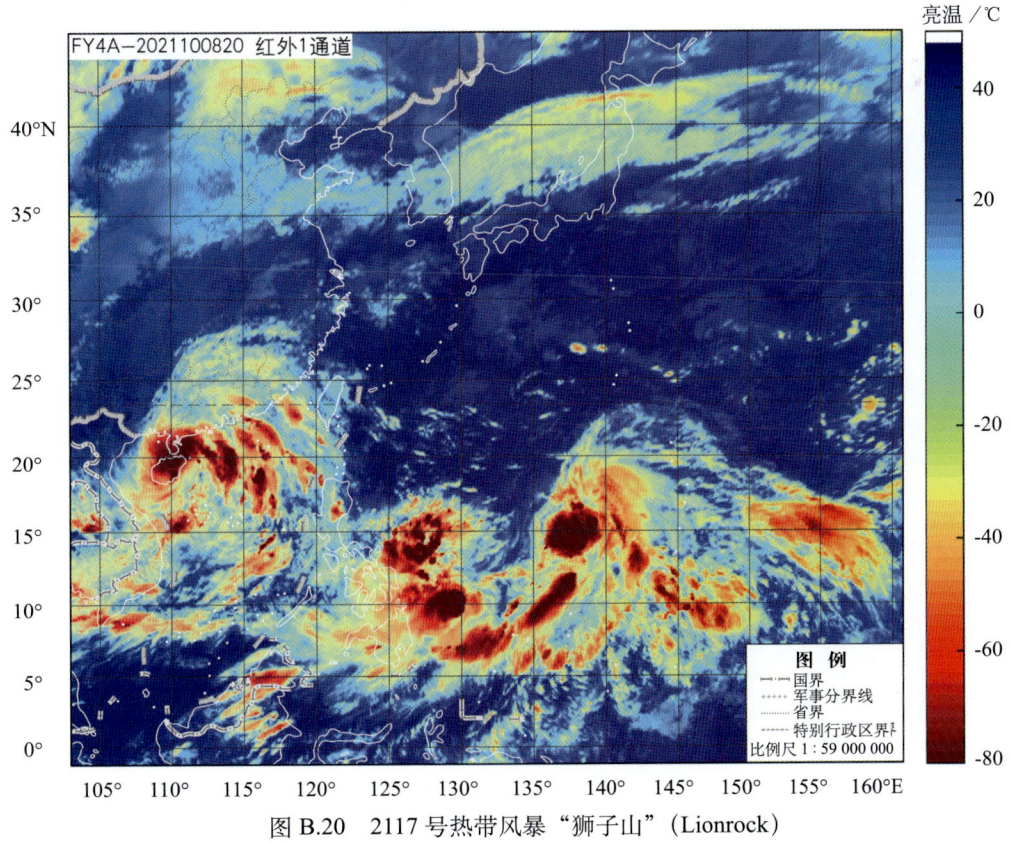

图 B.20　2117 号热带风暴"狮子山"(Lionrock)

热带气旋年鉴 2021

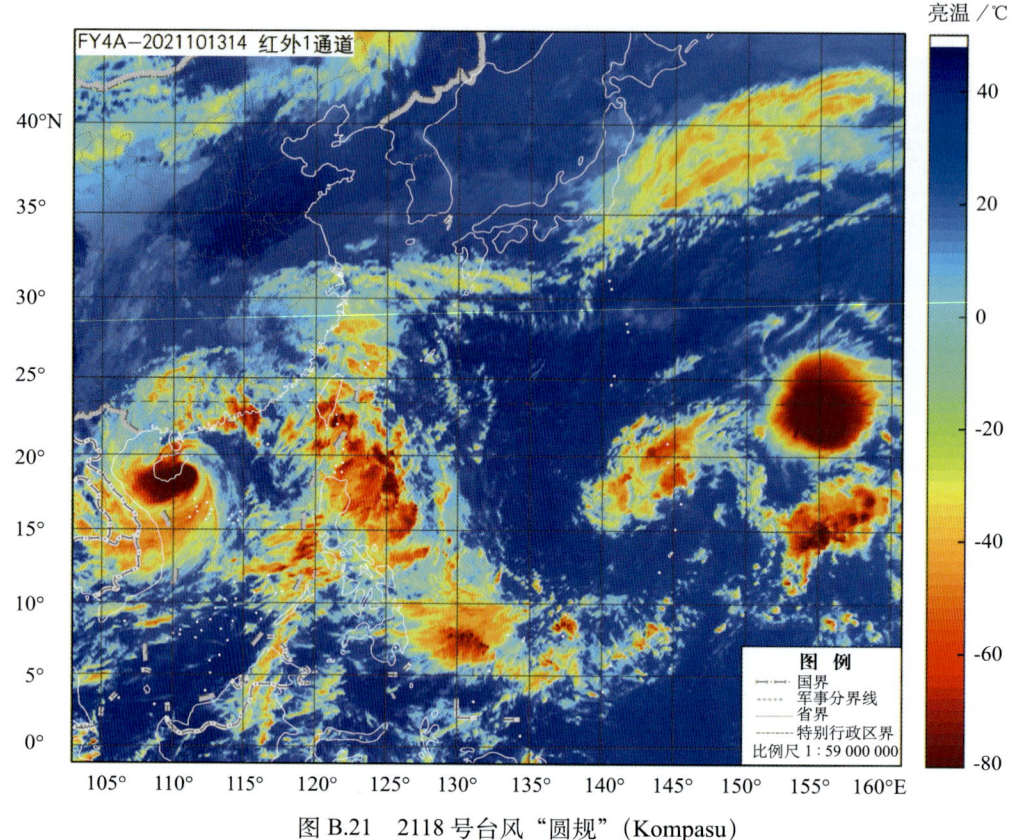

图 B.21　2118 号台风"圆规"（Kompasu）

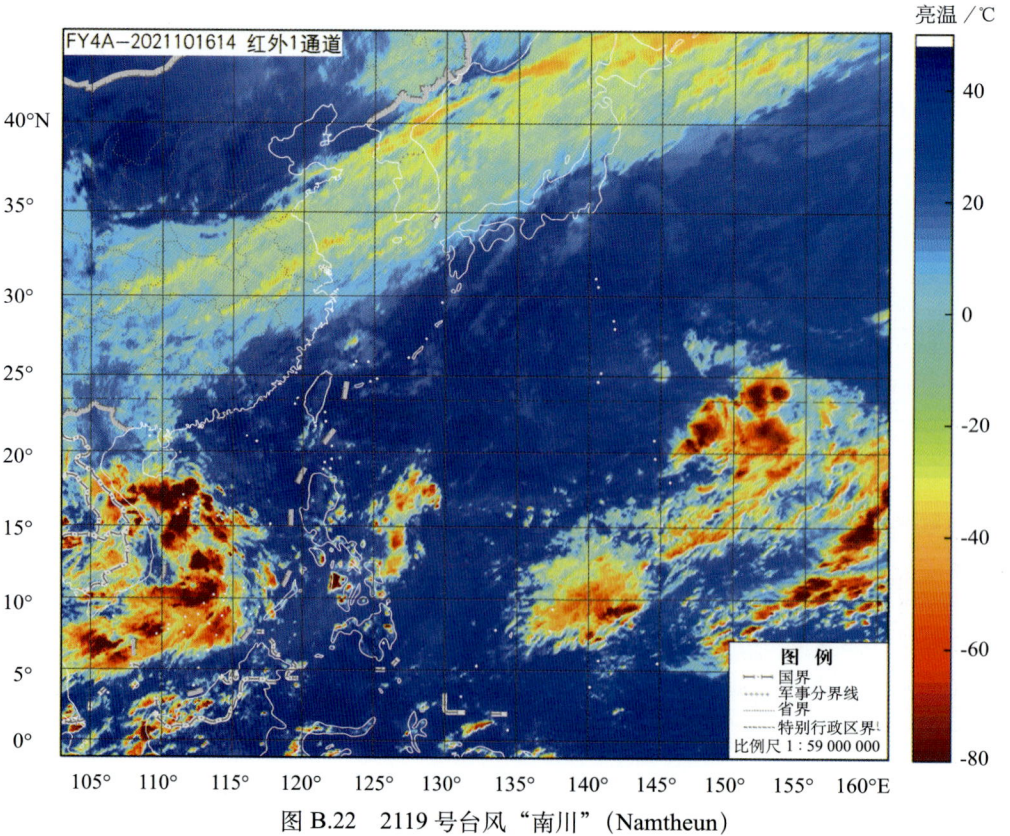

图 B.22　2119 号台风"南川"（Namtheun）

附录 B

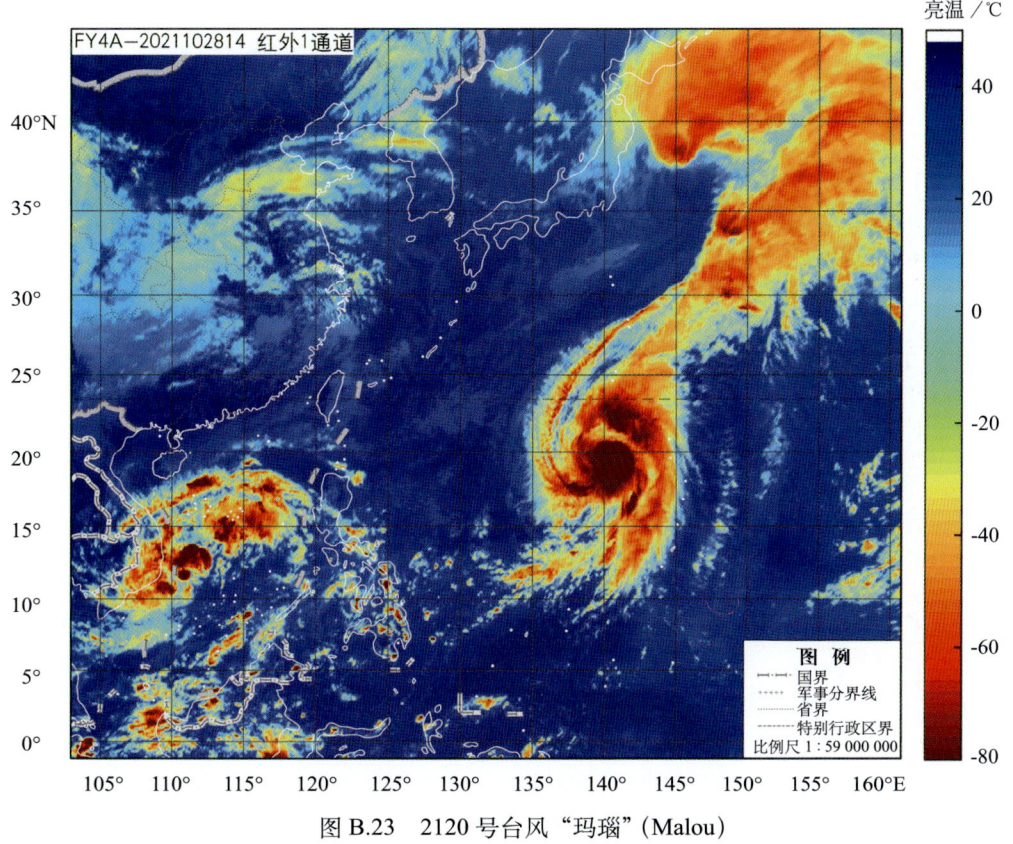

图 B.23　2120 号台风"玛瑙"(Malou)

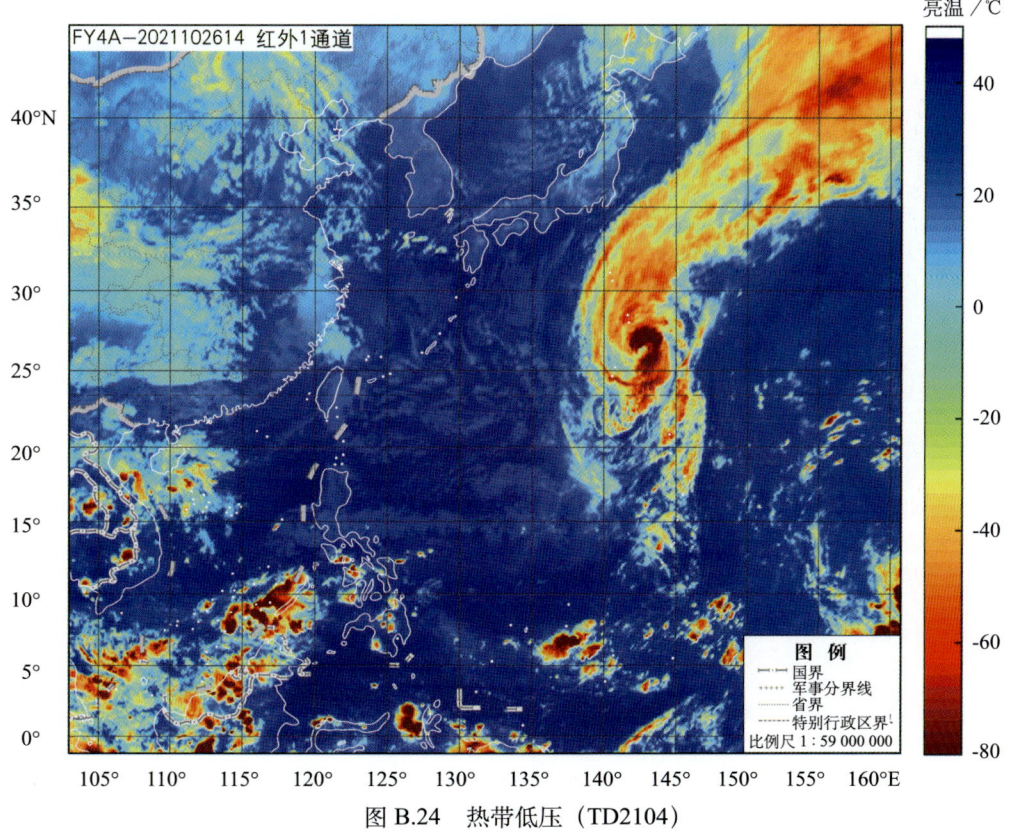

图 B.24　热带低压 (TD2104)

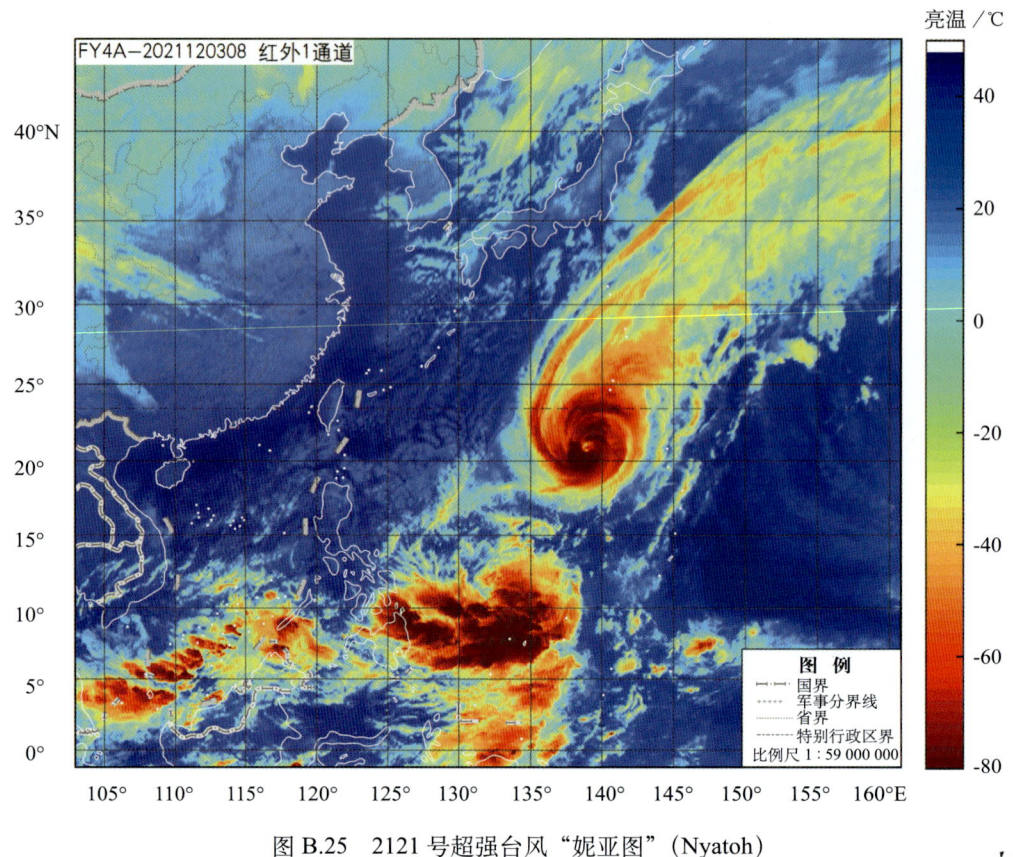

图 B.25　2121 号超强台风"妮亚图"(Nyatoh)

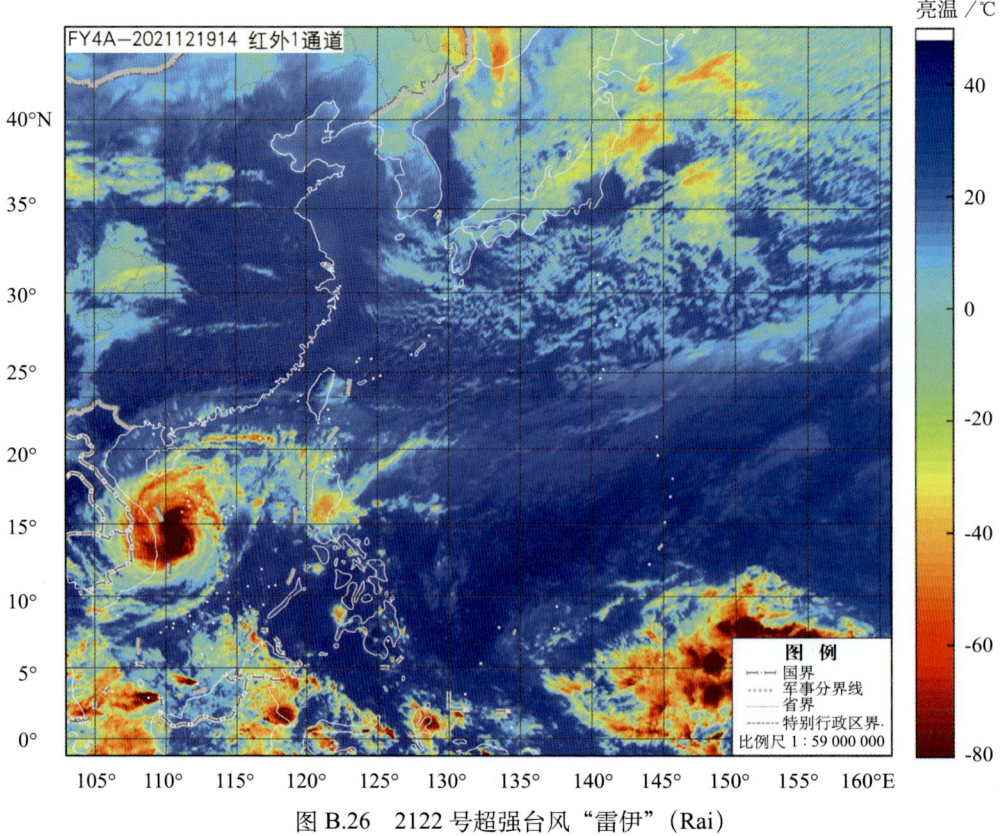

图 B.26　2122 号超强台风"雷伊"(Rai)